地下水污染控制
（第二版）

U0278969

主　编　郑天元

副主编　林国庆　韩志勇

参　编　胡荣庭　郑西来

华中科技大学出版社

中国·武汉

内 容 提 要

地下水污染控制是水文地质学与环境工程交叉形成的一门新兴分支学科,已经逐渐成为环境工程、地下水科学与技术、岩土工程和水文水资源的重要研究领域。本书在系统总结国内外最新研究成果的基础上,吸收了编者多年的教学和研究成果。全书分为地下水污染概论、地下水污染场地调查、地下水污染评价、地下水污染原位修复技术 4 篇,具体包括地下水系统的基本特征、地下水污染源与途径、污染场地水文地质调查、地下水污染调查、地下水污染现状评价、地下水脆弱性评价、地下水环境影响评价、地下水污染的抽出-处理方法、渗透性反应墙技术、气相抽提技术、生物通风技术、原位曝气技术、海水入侵防治技术共 13 章,内容上具有系统性、完整性和新颖性,特别是全面介绍了地下水污染原位治理的新技术和新方法。

本书可作为环境科学与工程、水文与水资源工程、土木工程、地质工程、地下水科学与工程等专业的本科生教材,也可供研究生、科研人员和工程技术人员学习和参考。

图书在版编目(CIP)数据

地下水污染控制/郑天元主编. —2 版. —武汉:华中科技大学出版社,2024.5
ISBN 978-7-5772-0803-9

Ⅰ.①地… Ⅱ.①郑… Ⅲ.①地下水污染-污染控制 Ⅳ.①X523.06

中国国家版本馆 CIP 数据核字(2024)第 082877 号

地下水污染控制(第二版)

郑天元 主编

Dixiashui Wuran Kongzhi(Di-er Ban)

策划编辑:王新华
责任编辑:王新华
封面设计:潘 群
责任校对:朱 霞
责任监印:周治超
出版发行:华中科技大学出版社(中国·武汉) 电话:(027)81321913
　　　　　武汉市东湖新技术开发区华工科技园 邮编:430223
录　排:华中科技大学惠友文印中心
印　刷:武汉开心印印刷有限公司
开　本:787mm×1092mm　1/16
印　张:12.75
字　数:325 千字
版　次:2024 年 5 月第 2 版第 1 次印刷
定　价:39.80 元

前　　言

随着工业生产的高速发展，我国地下水污染的问题日益突出，地下水污染所带来的对环境和经济发展的影响也日趋严重。党的二十大报告指出，"要推进美丽中国建设，坚持山水林田湖草沙一体化保护和系统治理，统筹产业结构调整、污染治理、生态保护、应对气候变化，协同推进降碳、减污、扩绿、增长，推进生态优先、节约集约、绿色低碳发展。""深入推进环境污染防治。坚持精准治污、科学治污、依法治污，持续深入打好蓝天、碧水、净土保卫战。加强污染物协同控制，基本消除重污染天气。""基本消除城市黑臭水体。加强土壤污染源头防控，开展新污染物治理。提升环境基础设施建设水平，推进城乡人居环境整治。"

目前，我国在地下水污染调查及地下水污染物迁移转化模式方面做了不少基础性工作，但在具体的地下水污染治理技术方面的研究和开发与国外差距还较大。自 20 世纪 70 年代以来，国外（尤其是欧美国家）在地下水点源污染治理方面取得很大的进展，且逐渐发展形成较为系统的地下水污染治理技术。在地表以下，地层岩性变化很大，地下水流动极其缓慢。因此，地下水污染具有过程缓慢、不易发现和难以治理的特点。一旦地下水受到污染，即使彻底消除其污染源，也需要几年、几十年，甚至上百年才能使地下水水质恢复。如果要对污染的含水层进行人工恢复，不但涉及的治理技术复杂，而且费用很高。为此，必须对地下水进行必要的长期监测，一旦发现地下水遭受污染，就应及时采取控制措施，尽量减少污染物进入地下含水层的机会和数量。同时，必须加强对地下水污染控制和治理技术的开发，对地下水污染场地进行原位治理。对地下水污染场地进行原位治理是一个复杂、系统的工程。如果要对一个地下水污染场地进行治理，必须首先进行水文地质调查和监测，掌握污染场地地下水的赋存规律、地下水的水化学特征、地下水的补给-排泄-径流、地下水动态、地下水污染源与途径、地下水污染现状及污染物的迁移-转化规律，以最短时间、最低投入使地下水污染场地恢复功能。

本书第一版由郑西来主编，郑西来编写第 1 章"地下水系统的基本特征"、第 2 章"地下水污染源与途径"、第 3 章"污染场地水文地质调查"、第 4 章"地下水污染调查"。韩志勇、郑西来编写第 5 章"地下水污染现状评价"，郑西来、李涛编写第 6 章"地下水脆弱性评价"，韩志勇编写第 7 章"地下水环境影响评价"，陈余道编写第 8 章"地下水污染的抽出-处理方法"，于玲红编写第 10 章"气相抽提技术"和第 11 章"生物通风技术"，韩志勇编写第 9 章"渗透性反应墙技术"和第 12 章"原位曝气技术"。

随着滨海地区社会和经济的快速发展，海水入侵已经成为滨海地区严重的地质灾害。在多年教学和研究工作的基础上，郑天元、林国庆、韩志勇、胡荣庭、郑西来对全书进行了修订并增加了第 13 章"海水入侵防治技术"。《地下水污染控制》（第二版）的出版得到中国海洋大学教材出版基金（2024）的资助。这里特别要感谢中国海洋大学环境工程专业研究生高绍博、余晓萍、郝玉洁等，他们帮助清绘和修订了书中部分图件和表格。

在本书的编写过程中,得到华中科技大学出版社的大力支持和帮助,出版社的编辑们对书稿提出了不少好的意见和建议,为保证成书质量付出了辛勤劳动。作者在此表示深切的谢意。

编　者

2024 年 1 月

目　　录

第1篇　地下水污染概论

第4篇　地下水污染原位修复技术

第 1 篇

地下水污染概论

第1章　地下水系统的基本特征

　　地下水是指赋存于地面以下岩石空隙中的水。地下水的质和量，都在不断地变化。影响其变化的因素有天然的和人为的两种。天然因素的影响往往是缓慢的、长期的。而人为因素对地下水质和量的影响越来越突出。地下水污染是指人为因素影响下的地下水水质的明显变化。

　　流动性这一基本特征，决定了地下水不会孤立赋存于某一空间之中，其内部各要素之间存在相互作用，而且与外部环境发生联系，所以研究地下水质和量的变化，研究污染物在地下水系统中的迁移，就必须用系统论的思想与方法把地下水及其环境看成一个整体，即以地下水系统的观点，从整体的角度去考察、分析与处理。为此，首先需要认识地下水系统的基本特征。

1.1　地下水系统的组成特征

　　地下水系统实际是由两个要素组成：一是具有空隙的岩石；二是赋存于岩石空隙中的水。

1.1.1　岩石中的空隙

　　地壳表层一定深度范围内的岩石或多或少存在空隙，这种空隙是地下水的储存场所和运动通道。空隙的多少、大小、形状、连通情况和分布规律，对地下水的分布和运动具有重要影响。按岩石空隙的形态可将其分为三类，即松散岩石中的孔隙、坚硬岩石中的裂隙和可溶岩石中的溶隙（穴）。

　　1. 孔隙

　　松散岩石是由大小不等的颗粒组成的。颗粒或颗粒集合体之间的空隙称为孔隙。

　　岩石中孔隙的多少是影响其储容地下水能力大小的重要因素，孔隙的多少可用孔隙度表示。孔隙度（又称孔隙率）是指某一体积岩石（包括孔隙在内）中孔隙体积所占的比例。

$$n = \frac{V_p}{V} \times 100\% \tag{1-1}$$

式中：n——岩石的孔隙度，无量纲；

　　　V_p——岩石中孔隙的体积，量纲为 L^3；

　　　V——包括孔隙在内的岩石体积，量纲为 L^3。

　　孔隙度的大小主要取决于松散岩石中颗粒的分选程度及颗粒的排列情况，颗粒形状及胶结充填情况也影响孔隙度。对于黏性土，结构孔隙及次生孔隙（如虫孔、根孔等）常是影响孔隙度的重要因素。一般来讲，自然界中松散岩石分选程度愈差，颗粒大小愈悬殊，孔隙度便愈小。组成岩石的颗粒形状愈不规则，棱角愈明显，通常排列就愈松散，孔隙度也就愈大。

　　孔隙大小对地下水运动影响很大。孔隙通道最细小的部分称为孔喉，最宽大的部分称为孔腹。孔喉对水流起着阻滞作用，讨论孔隙大小时常以孔喉直径进行比较。

　　孔隙大小取决于颗粒大小。对于分选程度较好的松散岩石,组成颗粒愈大,一般孔隙就愈大。对于颗粒大小悬殊的松散岩石,由于粗大颗粒形成的孔隙被细小颗粒填充,孔隙大小取决于实际构成孔隙的细小颗粒的直径。

　　颗粒排列方式也影响孔隙大小,通常在同等粒径组成情况下,颗粒排列愈松散,则孔隙愈大。

　　2. 裂隙

　　固结的非可溶性的坚硬岩石包括沉积岩、岩浆岩和变质岩,在应力作用下岩石破裂变形而产生的各种裂隙,按其成因分为成岩裂隙、构造裂隙和风化裂隙。

　　成岩裂隙是岩石在成岩过程中受内部应力作用而产生的原生裂隙。沉积岩固结脱水、岩浆岩冷凝收缩等均产生成岩裂隙,这些裂隙常常是闭合的,连通性差,例如在陆地喷溢的玄武岩中有柱状裂隙发育。浅成岩浆岩冷凝收缩时,由于内部张力作用,可产生垂直于冷凝面的六方柱状节理和层面节理,其大多张开,且密集均匀,连通性好。

　　构造裂隙是在地壳运动过程中岩石受构造应力作用产生的裂缝或断层,比其他类型的构造裂隙更为常见。这类裂隙具有强烈的非均匀性、各向异性和随机性的特点。构造裂隙的张开宽度、延伸长度、密度、连通性等很大程度上受岩石性质(如岩性、岩层厚度、相邻岩层的组合情况)的影响。塑性岩石(如泥岩、页岩等)常形成闭合裂隙,往往其密度很大,但张开性很差,延伸不远,多构成相对隔水层。脆性岩石(如岩浆岩、钙质胶结的砂岩等)中的构造裂隙一般比较稀疏,但张开性好,延伸远,具有较好的导水性。

　　风化裂隙是暴露于地表附近的岩石在温度变化和水、空气、生物等风化营力作用下形成的。这类裂隙常在成岩裂隙与构造裂隙的基础上进一步发育,形成密度均匀、无明显方向性、连通性好的裂隙网络。其厚度一般可达数米到数十米。

　　裂隙的多少以裂隙率表示,一般用体积裂隙率(K_r)表示。

$$K_r = \frac{V_r}{V} \times 100\% \tag{1-2}$$

式中:K_r——岩石的体积裂隙率,无量纲;

　　V_r——岩石裂隙的体积,量纲为 L^3;

　　V——包括裂隙在内的岩石体积,量纲为 L^3。

　　3. 溶隙(穴)

　　可溶的沉积岩(如岩盐、石膏、石灰岩和白云岩等)在地下水溶蚀下会产生空洞,这种空隙称为溶隙(穴)。溶隙(穴)的多少以溶隙率表示,一般用体积溶隙率表示。

$$K_k = \frac{V_k}{V} \times 100\% \tag{1-3}$$

式中:K_k——岩石的体积溶隙率,无量纲;

　　V_k——岩石溶隙的体积,量纲为 L^3;

　　V——包括溶隙在内的岩石体积,量纲为 L^3。

　　溶隙(穴)的规模悬殊,大的溶洞可宽达数十米,高数十米乃至百余米,长达几至几十千米,而小的溶孔直径仅几毫米。岩溶发育带的溶隙率可达百分之几十,而其附近岩石的溶隙率几乎为零。

　　自然界岩石中空隙的发育状况远较上面所说的复杂,可溶岩石由于溶蚀不均匀,有的部分发育成溶隙(穴),而有的部分则成为裂隙,有时还可保留原生的孔隙与裂缝。可溶岩石的溶隙(穴)是一部分原有裂隙与原生孔缝溶蚀扩大而成的,空隙大小悬殊且分布极不均匀。因此,赋存于可溶岩石中的地下水分布与流动通常极不均匀。

1.1.2 岩石空隙中的水

岩石空隙中的水主要包括结合水、毛细水和重力水。

结合水存在于松散岩石的颗粒表面及坚硬岩石空隙壁面,受固相表面束缚,不能在自身重力作用下运动。

毛细水存在于地下水面以上一定高度内,松散岩石细小的孔隙通道中,随地下水面的升降,毛细水亦会上升或下降。此外,还存在孔角毛细水。

结合水与毛细水不参与地下水流动,从供水的角度讲它们没有取用价值。一般而言,它们对污染物运移的影响也不是主要的。

重力水是指岩石空隙中能够在自身重力作用下运动的水。重力水能够自由流动,人们由井、泉取用的地下水都是重力水。一旦这部分水被污染,污染物即会在其中扩散与迁移。

广义地讲,结合水、毛细水与重力水都是地下水。人们又称赋存于松散孔隙岩石中的地下水为孔隙水,赋存于坚硬岩石裂隙中的地下水为裂隙水,赋存于可溶岩石空隙(溶隙)中的地下水为岩溶水。

1.2 地下水系统的结构特征

地球表层的岩石,其空隙发育程度各异,由此决定了其允许水透过能力(称为透水性)的差别。岩层按其透水性不同,可分为透水层与隔水层。饱含水的透水层称为含水层。

严格地讲,自然界中不存在绝对不透水的岩层,只不过某些岩层的透水性极小,以至于其透过的水量微不足道而已,所以透水层与隔水层在概念上具有相对性。现在人们已经认识到,岩层透水与否取决于时间尺度、发生渗透的过水断面的大小和驱动水流动的水力梯度的大小等。

地球表层复杂的地貌特征、地质构造、岩层分布和岩性特征,决定了地下水系统的含水层与隔水层的分布和组合关系是十分复杂的。同时,这也决定了地下水的运动形式、水质和水量变化。根据含水层在地质剖面中所处的部位及隔水层限制的情况,将地下水分为包气带水、潜水和承压水(图1-1)。

1.2.1 包气带水

地表以下一定深度上,岩石中的空隙被重力水充满,形成地下水面。地下水面以上称为包气带,地下水面以下称为饱水带。包气带中以各种形式存在的水(结合水、毛细水、气态水)统称为包气带水。

包气带水来源于大气降水、灌溉水的入渗及地表水体的渗漏,也有地下水面通过毛细作用向上输送的水分,以及地下水蒸发形成的气态水。

包气带是饱水带与大气圈、地表水圈联系必经的通道。饱水带通过包气带获得大气降水和地表水的补给,又通过包气带蒸发与蒸腾排泄到大气圈。所以包气带的含水量及其水盐运动受气象因素影响极为显著,天然和人工植被也对其产生很大的影响。特别应该指出的是,人类生产与生活活动对包气带水的影响已经愈来愈强烈,由此而直接或间接地影响着饱水带

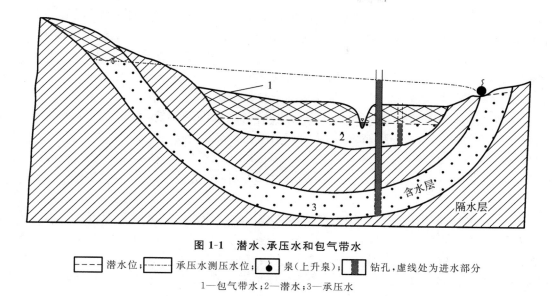

图 1-1　潜水、承压水和包气带水

⎯ ⎯ 潜水位　----- 承压水测压水位；● 泉(上升泉)；▮ 钻孔,虚线处为进水部分

1—包气带水；2—潜水；3—承压水

的形成与变化。研究污染物在地下水系统中的运移与转化,应重视对包气带水形成及其运动规律的研究。

1.2.2　潜水

饱水带中第一个具有自由表面的含水层中的水称为潜水(图 1-1)。潜水没有隔水顶板,或只有局部的隔水顶板。潜水的表面称为潜水面,从潜水面到隔水底板的距离为潜水含水层的厚度,潜水面到地表的距离称为潜水埋藏的深度。潜水含水层的厚度与潜水埋藏的深度随潜水面的升降而发生相应的变化。

潜水与大气圈及地表水圈联系密切。潜水在其全部分布范围都可以通过包气带接受大气降水及地表水的补给,它在重力作用下由水位高的地方向水位低的地方径流。除流入其他含水层外,它还径流到地形低洼处,以泉、泄流等形式向地表或地表水体排泄,或是通过地面蒸发或植物蒸腾的形式排入大气。

潜水的水质主要取决于气候、地形和岩性。另一方面,潜水很容易受到人为作用的污染,故应对潜水水源加强保护。

1.2.3　承压水

充满于两个隔水层(或弱透水层)之间的含水层中的水称为承压水。承压含水层上部的隔水层称为隔水顶板,而下部的隔水层称为隔水底板。隔水顶、底板之间的距离为承压含水层的厚度(图 1-1)。

承压含水层从出露位置较高的补给区获得补给,向另一侧出露位置较低的排泄区排泄。承压含水层不仅充满水,而且含水层顶面的水承受大气压以外的附加压力。当钻孔揭穿隔水顶板时,钻孔中的水位将上升到含水层顶面以上一定的高度才会静止下来。钻孔中静止水位到含水层顶面之间的距离称为承压高度。井中静止水位的高程就是承压水在该点的测压水位。

承压水主要来源于大气降水与地表水的入渗补给,补给区主要是含水层出露地表的范围,而以泉或其他径流方式向地表或地表水体排泄。在一定的条件下,当含水层顶、底板为弱透水层时,它还可以从上、下含水层获得越流补给,也可向上、下部含水层进行越流排泄。

承压水的水质取决于它的成因、埋藏条件及其与外界联系的程度,可以是淡水或含盐量较高的卤水。一般情况下,它与外界联系越密切,参与水循环越积极,承压水的水质就越接近入渗区的大气降水与地表水。反之,承压水的含盐量就变高。

总之,由于承压水与大气圈、地表水圈的联系较差,水循环缓慢,因此承压水不像潜水那样容易受到污染。但是,一旦被污染则很难使其净化。

1.3　地下水运动特征

地下水在岩石空隙中的运动称为渗透(渗流)。发生渗透的区域称为渗流场。由于受到介质的阻滞,地下水的流动远较地表水缓慢。在狭小岩石空隙中流动时,重力水受介质的吸引力较大,水的质点作有秩序的、互不混杂的流动,称为层流运动。在宽大的空隙中(大的溶隙、宽大裂隙)水的流速较大时,水的质点无秩序地互相混杂的流动,称为紊流运动。作紊流运动时,水流所受阻力比层流状态大,消耗的能量较多。

水在渗流场内运动,各个运动要素(水位、流速、流向等)不随时间改变时,称为稳定流。运动要素随时间变化的水流运动,称为非稳定流。严格地讲,自然界中地下水都属于非稳定流。但是,为了便于分析和运算,也可以将某些运动要素变化微小的渗流,近似地看成稳定流。

1.3.1　达西定律

1856 年法国水利学家达西(H. Darcy)通过大量的实验,得到一个线性渗透定律。其实验是在装有沙的圆筒中进行的(图 1-2)。水由筒的上端加入,流经沙柱,由下端流出。上游用溢水设备控制水位,使实验过程中水头始终保持不变。在圆筒的上、下端各设一根测压管,分别测定上、下两个过水断面的水头。下端出口处设管嘴以测定流量。根据实验结果,得到下列关系式,此公式即达西定律的表达式。

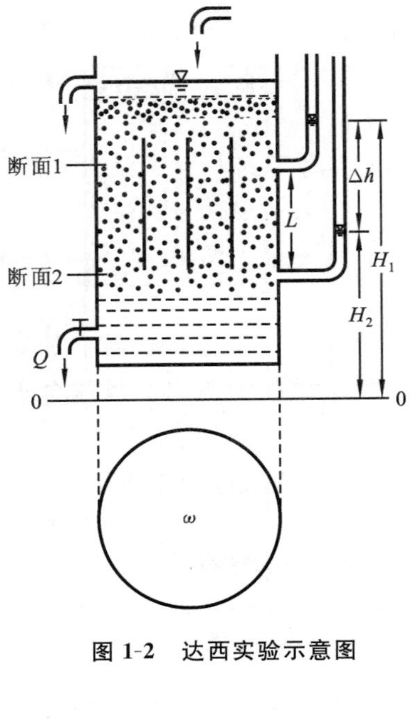

$$v = KI$$

或

$$Q = KI\omega = K\omega \frac{H_1 - H_2}{L} = K\omega \frac{\Delta h}{L} \qquad (1\text{-}4)$$

式中:v——渗透流速;

　　Q——渗透流量(出口处流量,即通过沙柱各断面的流量);

　　ω——过水断面(在实验中相当于沙柱横断面面积);

　　Δh——水头损失($\Delta h = H_1 - H_2$,即上、下游过水断面的水头差);

　　L——渗透途径(上、下游过水断面间的距离);

　　I——水力梯度(相当于 $\Delta h/L$,即水头差除以渗透途径);

　　K——渗透系数。

图 1-2　达西实验示意图

1.3.2　渗透流速

过水断面 ω 系指沙柱的横断面面积,该面积包括沙颗粒
所占据的面积及空隙所占据的面积,而水流实际流过的乃是扣除结合水所占据的范围以外的
空隙面积 ω' ,即

$$\omega' = \omega n_e \qquad\qquad (1\text{-}5)$$

式中:n_e——有效空隙度。

既然 ω 不是实际的过水断面,渗透流速 v 也就并非真实的流速,而是假设水流通过包括
骨架与空隙在内的断面(ω)时所具有的一种虚拟流速。

1.3.3　渗透系数

从达西定律可以看出,水力梯度是无量纲的,故渗透系数 K 的量纲与渗透流速相同,
一般采用 m/d 或 cm/s 为单位。渗透系数为水力梯度等于 1 时的渗透流速。水力梯度为定
值时,渗透系数愈大,渗透流速就愈大;渗透流速为一定值时,渗透系数愈大,水力梯度就愈
小。由此可见,渗透系数可定量说明岩石的渗透性能。渗透系数愈大,岩石的透水能力就
愈强。

水流在岩石空隙中运动,需要克服隙壁与水及水质点之间的摩擦阻力,所以渗透系数不
仅与岩石的空隙性质有关,还与水的某些物理性质有关。设有黏滞性不同的两种液体在同一
岩石中运动,则黏滞性大的液体渗透系数就会小于黏滞性小的液体渗透系数。一般情况下研
究地下水运动时,当水的物理性质变化不大时,可把渗透系数看成单纯说明岩石渗透性能的
参数。但在研究卤水或热水的运动时,就不能不考虑水的物理性质变化的影响。松散岩石渗
透系数的常见值可参见表 1-1。

表 1-1　松散岩石渗透系数常见值

松散岩石名称	渗透系数/(m/d)	松散岩石名称	渗透系数/(m/d)
亚黏土	0.001~0.10	中沙	5~20
亚沙土	0.10~0.50	粗沙	20~50
粉沙	0.50~1.0	砾石	50~150
细沙	1.0~5.0	卵石	100~500

在达西定律中,渗透流速与水力梯度的一次方成正比,故达西定律又称线性渗透定律。
过去认为,达西定律适用于所有作层流运动的地下水。但是,20 世纪 40 年代以来的多次实验
表明,只有雷诺数(Re)在 1~10 之间的层流运动才服从达西定律,超过此范围,v 与 I 不呈线
性关系。但在绝大多数情况下,地下水的运动都符合线性渗透定律。

综上所述,达西定律适用范围很广,它不仅是水文地质定量计算的基础,还是定性分析各
种水文地质过程的重要依据。深入掌握达西定律的物理实质,可以灵活地运用它来分析各种
水文地质问题。

1.4　地下水化学特征

地下水不是化学意义上的纯水,而是一种复杂的溶液。赋存于岩石圈中的地下水不断与
岩土发生化学反应,并在与大气圈、水圈和生物圈进行水量交换的同时,产生各种化学成分。

人类活动对地下水化学成分的影响,在时间上虽然只占悠久地质历史的一瞬间,但在许多情况下这种影响已深刻地改变了地下水的化学面貌。地下水的化学成分是地下水与环境——自然地理、地质背景以及人类活动长期相互作用的产物。一个地区地下水的化学特征,反映了该地区地下水的历史演变。研究地下水的化学成分,可以帮助人们回溯一个地区的水文地质历史,阐明地下水的起源与形成。水是最为常见的良好溶剂。它溶解岩土的化学组分,并搬运这些组分,在某些情况下将某些组分从水中析出,所以水是地球中元素迁移、分散与富集的载体。许多地质过程(岩溶、沉积、成岩、变质、成矿)都涉及地下水的化学作用。

为了各种实际目的而利用地下水,都对水质有一定要求(例如,饮用水要求不含对人体有害的物质,锅炉用水要求硬度低),为此要进行水质评价。含大量盐类(如 $NaCl$、KCl)或富集某些稀散元素(Br、I、B、Sr 等)的地下水是宝贵的工业原料,而某些具有特殊物理性质与化学成分的水具则有医疗意义。地下水中含有各种气体、离子、胶体物质、有机质以及微生物等。

1.4.1　地下水中主要气体成分

地下水中常见的气体成分有 O_2、N_2、CO_2、CH_4 及 H_2S 等,尤以前两种为主。通常情况下地下水中气体含量不高,每升水中只有几毫克到几十毫克。但是,对地下水中的气体成分的研究很有意义。一方面,气体成分能够说明地下水所处的地球化学环境;另一方面,地下水中的有些气体会增加水溶解盐类的能力,促进某些水文地球化学反应。

1. 氧气、氮气

地下水中的氧气(O_2)和氮气(N_2)主要来源于大气。它们随同大气降水及地表水补给地下水。因此,与大气圈关系密切的地下水中含 O_2 及 N_2 较多。溶解氧含量愈多,说明地下水所处的地球化学环境愈有利于氧化作用进行。O_2 的化学性质远较 N_2 活泼,在较封闭的环境中,O_2 将耗尽而只留下 N_2。因此,N_2 的单独存在通常可说明地下水起源于大气,并处于还原环境。

2. 硫化氢、甲烷

与出现氧气相反,地下水中出现硫化氢(H_2S)与甲烷(CH_4),说明处于还原的地球化学环境。这两种气体的生成均在与大气比较隔绝的环境中,常有有机物存在,与微生物参与的生物化学过程有关,其中,H_2S 是 SO_4^{2-} 的还原产物。

3. 二氧化碳

作为地下水补给源的降水和地表水虽然也含有二氧化碳(CO_2),但其含量通常较低。地下水中的 CO_2 主要来源于土壤,有机质残骸的发酵作用与植物的呼吸作用使土壤中源源不断地产生 CO_2,并溶入流经土壤的地下水中。含碳酸盐类的岩石,在高温下也可以变质生成 CO_2。工业与生活应用化石燃料(煤、石油、天然气),使大气中人为产生的 CO_2 明显增加。据统计,19 世纪中叶,大气中 CO_2 浓度为 2.90×10^{-4} $\mu g/g$;到1980 年,CO_2 浓度上升至 3.38×10^{-4} $\mu g/g$,由此引起了温室效应,使气温上升。

1.4.2　地下水中主要离子成分

地下水中分布最广、含量较多的离子共 7 种,即氯离子(Cl^-)、硫酸根离子(SO_4^{2-})、重碳酸根离子(HCO_3^-)、钠离子(Na^+)、钾离子(K^+)、钙离子(Ca^{2+})及镁离子(Mg^{2+})。构成这些离子的元素,或是地壳中含量较高,且较易溶于水的(如 O、Ca、Mg、Na、K);或是地壳中含量虽不大,但极易溶于水的(Cl^-、以 SO_4^{2-} 形式出现的 S)。Si、Al、Fe 等元素,虽然在地壳中含量很大,但由于其难溶于水,因此地下水中含量通常不高。一般情况下,随着总矿化度(总溶解性固体)的变化,地下水中占主要地位的离子成分也随之发生变化。低矿化水中常以 HCO_3^- 及 Ca^{2+}、Mg^{2+} 为主;高矿化水中则以 Cl^- 及 Na^+ 为主;中等矿化地下水中,阴离子常以 SO_4^{2-} 为主,主要阳离子则可以是 Na^+,也可以是 Ca^{2+}。地下水的矿化度与离子成分间之所以往往具有这种对应关系,一个主要原因是水中盐类的溶解度不同。

总的说来,氯盐的溶解度最大,硫酸盐次之,碳酸盐较小。钙、镁的碳酸盐溶解度最小。随着矿化度增大,钙、镁的碳酸盐首先达到饱和,并且沉淀析出;继续增大时,钙的硫酸盐也饱和析出。所以高矿化水中便以易溶的氯和钠占优势了。

1. 氯离子

氯离子(Cl^-)在地下水中广泛分布,但在低矿化水中一般含量仅数毫克每升到数十毫克每升,高矿化水中可达数克每升乃至 100 g/L 以上。地下水中的 Cl^- 主要来自沉积岩中所含岩盐或其他氯化物的溶解;来自岩浆岩中含氯矿物(氯磷灰石 $Ca_5(PO_4)_3Cl$、方钠石 $NaAlSiO_4 \cdot NaCl$)的风化溶解;来自海水补给地下水,或者海面的风将细沫状的海水带到陆地,使地下水中 Cl^- 增多;来自火山喷发物的溶滤;来自人为污染,如工业、生活污水及粪便中含有大量 Cl^-。

Cl^- 不为植物及细菌所摄取,不被土粒表面吸附,氯盐溶解度大,不易沉淀析出,Cl^- 是地下水中最稳定的离子。Cl^- 的含量随着矿化度增长而不断增加,它的含量常可用来说明地下水的矿化程度。

2. 硫酸根离子

在高矿化水中,硫酸根离子(SO_4^{2-})的含量仅次于 Cl^-,可达数克每升,个别情况下达数十克每升;在低矿化水中,一般含量仅数毫克每升到数百毫克每升;中等矿化水中,SO_4^{2-} 常成为含量最多的阴离子。地下水中的 SO_4^{2-} 来自石膏($CaSO_4 \cdot 2H_2O$)或其他硫酸盐的溶解。另外,硫化物的氧化则使本来难溶于水的 S 以 SO_4^{2-} 形式大量进入地下水中。例如:

$$2FeS_2 + 7O_2 + 2H_2O \longrightarrow 2FeSO_4 + 4H^+ + 2SO_4^{2-}$$

（黄铁矿）

煤系地层中常含有很多黄铁矿,因此流经这类地层的地下水中阴离子往往以 SO_4^{2-} 为主,金属硫化物矿床附近的地下水也常含大量 SO_4^{2-}。化石燃料的燃烧给大气提供了人为作用产生的 SO_2 和氮氧化物(每年 $(2\sim2.5)\times10^8$ t),氧化并吸收水分后构成富含硫酸及硝酸的降水——酸雨,从而使地下水中 SO_4^{2-} 增加。由于 $CaSO_4$ 的溶解度较小,限制了 SO_4^{2-} 在水中的含量,因此地下水中的 SO_4^{2-} 远不如 Cl^- 来得稳定,最高含量也远低于 Cl^-。

3. 重碳酸根离子

地下水中的重碳酸根离子(HCO_3^-)有几个来源。首先来自碳酸盐和含碳酸盐的沉积岩与变质岩(如大理岩)的溶解:

$$CaCO_3 + H_2O + CO_2 \longrightarrow 2HCO_3^- + Ca^{2+}$$
$$MgCO_3 + H_2O + CO_2 \longrightarrow 2HCO_3^- + Mg^{2+}$$

$CaCO_3$ 和 $MgCO_3$ 本身是难溶于水的。但是,当水中有 CO_2 存在时,有一定数量溶解于水,水中 HCO_3^- 的含量取决于与 CO_2 含量的平衡关系。在岩浆岩与变质岩地区,HCO_3^- 主要来自铝硅酸盐矿物的风化溶解,但地下水中 HCO_3^- 的含量一般为数毫克至数百毫克每升,

HCO_3^- 几乎总是低矿化水的主要阴离子成分。

4. 钠离子

钠离子(Na^+)在低矿化水中的含量一般很低,仅数毫克每升到数十毫克每升,但在高矿化水中则是主要的阳离子,其含量最高可达数十克每升。Na^+ 来自沉积岩中岩盐及其他钠盐的溶解,还可来自海水。在岩浆岩和变质岩地区,则来自含钠矿物的风化溶解。酸性岩浆岩中有大量含钠矿物(如钠长石)。因此,在 CO_2 和 H_2O 的参与下,将形成低矿化的以 Na^+ 及 HCO_3^- 为主的地下水。由于 Na_2CO_3 的溶解度比较大,故当阳离子以 Na^+ 为主时,水中 HCO_3^- 的含量可超过与 Ca^{2+} 伴生时的上限。

5. 钾离子

钾离子(K^+)的来源以及在地下水中的分布特点与 Na^+ 相近。它来自含钾盐类沉积岩的溶解,以及岩浆岩、变质岩中含钾矿物的风化溶解。在低矿化水中含量甚微,而在高矿化水中含量较高。虽然在地壳中钾的含量与钠相近,钾盐的溶解度也相当大,但是在地下水中 K^+ 的含量要比 Na^+ 小得多。这是因为 K^+ 大量地参与形成不溶于水的次生矿物(水云母、蒙脱石、绢云母),并易被植物摄取。

6. 钙离子

钙离子(Ca^{2+})是低矿化地下水中的主要阳离子,其含量一般为数毫克至数百毫克每升。在高矿化水中,由于阴离子主要是 Cl^-,而 $CaCl_2$ 的溶解度相当大,故 Ca^{2+} 的绝对含量显著增大,但通常仍远低于 Na^+。矿化度格外高的水,Ca^{2+} 也可成为主要离子。地下水中的 Ca^{2+} 来源于碳酸盐类沉积物及含石膏沉积物的溶解,以及岩浆岩、变质岩中含钙矿物的风化溶解。

7. 镁离子

镁离子(Mg^{2+})的来源及其在地下水中的分布与 Ca^{2+} 相近。它来自含镁的碳酸盐类沉积岩(白云岩、泥灰岩)的溶解。此外,还来自岩浆岩、变质岩中含镁矿物的风化溶解。Mg^{2+} 在低矿化水中含量通常较 Ca^{2+} 少,通常不成为地下水中的主要离子,部分原因是地壳组成中 Mg^{2+} 比 Ca^{2+} 少。

1.4.3　地下水中的其他成分

除了以上主要离子成分外,地下水还有一些次要离子,如 H^+、Fe^{2+}、Fe^{3+}、Mn^{2+}、NH_4^+、OH^-、NO_2^-、NO_3^-、CO_3^{2-}、SiO_3^{2-} 及 PO_4^{3-} 等。地下水中的微量组分有 Br、I、F、B、Sr 等。地下水中以未解离的化合物构成的胶体主要有 $Fe(OH)_3$、$Al(OH)_3$ 及 H_2SiO_3 等,它们有时可占到相当比例。有机质也经常以胶体方式存在于地下水中。有机质的存在,常使地下水酸度增加,并有利于还原作用。

地下水中还存在各种微生物。例如,在氧化环境中存在硫细菌、铁细菌等;在还原环境中存在脱硫酸细菌等;此外,在污染水中,还有各种致病细菌。

地下水中所含各种离子、分子与化合物的总量称为总矿化度(总溶解性固体),以每升中所含溶质的质量(g/L)表示。为了便于比较不同地下水的矿化程度,习惯上以 $105\sim110$ ℃ 时将水蒸干所得的干涸残余物总量来表征总矿化度。也可以将分析所得阴、阳离子含量相加,求得理论干涸残余物总量。因为在蒸干时有将近一半的 HCO_3^- 分解生成 CO_2 及 H_2O 而散失,所以阴、阳离子含量相加时,HCO_3^- 只取质量的一半。

1.5　地下水中污染物迁移特征

1.5.1　水动力弥散机理

水动力弥散是指示踪剂进入含水层以后,在孔隙介质中逐渐扩展,占据的范围越来越大,超过了按平均流动所预计范围的现象。水动力弥散包括机械弥散和分子扩散。

1. 机械弥散

当流体在多孔介质中流动时,由于孔隙系统的存在,流速大小和方向在孔隙中都不均匀。具体说来,可分为三种情况:由于流体的黏滞性,通道轴处的流速大,而靠近通道壁处的流速小(图 1-3(a));由于颗粒间孔隙大小不同,沿不同孔隙运动的流体产生速率差(图 1-3(b));由于颗粒骨架的阻挡,流线相对于平均流动产生起伏,流体质点的实际运动是迂回曲折的(图 1-3(c))。图中的圆点表示流体质点在 t 时刻和 $t+\Delta t$ 时刻的位置。孔隙中微观流速的不一致,使得开始时彼此靠近的示踪剂质点逐渐扩展开,并超出按平均流速所预期的扩展范围。可见,造成机械弥散的主要原因是微观流速和宏观流速在大小和方向上不一致,其中,两者大小不同产生纵向弥散,方向不同则产生横向弥散。

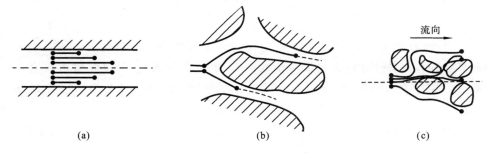

(a)　　　　　　　　(b)　　　　　　　　(c)

图 1-3　多孔介质中机械弥散示意图

2. 分子扩散

它是由于液相中示踪剂浓度不均匀而引起的一种物质运移现象。浓度梯度的存在使得高浓度物质向低浓度处迁移,以求浓度趋于均匀,所以分子扩散是让孔隙系统中各部分的物质浓度均匀化的过程。它依赖于时间,并且可以在静止的流体中单独存在,故在水流速率较小的情况下,分子扩散将成为水动力弥散中的重要组成部分。

实际上,这两个过程之间的划分完全是人为的。当流体在多孔介质中流动时,机械弥散和分子扩散以不可分开的形式同时起作用,联合起来就形成了水动力弥散。机械弥散使得示踪剂质点沿着微观的孔隙运移,分子扩散不仅使孔隙中的物质浓度趋于均匀,而且可以使示踪剂质点从一个孔隙运移到另一个孔隙。当流速较大时,机械弥散是主要的,这是常见的情形;而当流速甚小时,则分子扩散作用变得更加明显。

1.5.2　水动力弥散方程

1. 水动力弥散通量与弥散系数

由于弥散作用引起的单位时间通过单位过水断面的溶质质量称为弥散通量。它包括分子扩散通量和机械弥散通量两部分,是分别由分子扩散作用和机械弥散作用引起的质量通量。

　　实验和多孔介质中溶质运移问题的简化模型研究表明,可以采用计算溶液中分子扩散通量的菲克(Fick)定律来计算多孔介质中的分子扩散通量和机械弥散通量。但这时算式中系数的性质已发生了很大的变化,一般不再是标量,而是二阶张量。

　　多孔介质中分子扩散通量可用下式表示:

$$\boldsymbol{F}_d = -n\boldsymbol{D}_d \cdot \nabla c \tag{1-6}$$

式中:$\boldsymbol{F}_d$——分子扩散通量;

　　　$\boldsymbol{D}_d$——多孔介质中分子扩散系数,在各向同性介质中为标量,在各向异性介质中为二阶张量;

　　　∇c——溶质浓度(c)的梯度。

　　多孔介质中机械弥散通量可用下式计算:

$$\boldsymbol{F}' = -n\boldsymbol{D}' \cdot \nabla c \tag{1-7}$$

式中:$\boldsymbol{F}'$——机械弥散通量;

　　　$\boldsymbol{D}'$——机械弥散系数,为二阶张量。

　　由式(1-6)和式(1-7),多孔介质中水动力弥散通量可以表示为

$$\boldsymbol{F} = \boldsymbol{F}_d + \boldsymbol{F}' = -n\boldsymbol{D} \cdot \nabla c \tag{1-8}$$

式中:$\boldsymbol{F}$——水动力弥散通量;

　　　$\boldsymbol{D}$——$\boldsymbol{D}_d$和$\boldsymbol{D}'$之和,为多孔介质中的水动力弥散系数,是二阶张量。

　　弥散系数和各向异性介质中的渗透系数一样,也是二阶张量,所以弥散系数也有主轴和主值的概念。在直角坐标系中,能使弥散系数($\boldsymbol{D}$)成为对角型的三个坐标轴称为弥散系数($\boldsymbol{D}$)的主轴,相应的三个方向称为弥散的主方向。式(1-9)中的三个非零元素 D_{xx}、D_{yy} 和 D_{zz} 称为弥散系数的主值,并常把 D_{xx} 称为纵向弥散系数,把 D_{yy} 和 D_{zz} 称为横向弥散系数。

$$\boldsymbol{D} = \begin{pmatrix} D_{xx} & 0 & 0 \\ 0 & D_{yy} & 0 \\ 0 & 0 & D_{zz} \end{pmatrix} \tag{1-9}$$

　　在各向同性介质中,若弥散系数有一个主轴和水流方向一致,则其余两个主轴就处处与水流方向垂直。若取水流方向和 x 轴方向一致,水动力弥散通量在三个坐标轴上的投影 F_x、F_y、F_z 可分别表示为

$$\begin{pmatrix} F_x \\ F_y \\ F_z \end{pmatrix} = -n \begin{pmatrix} D_{xx} & 0 & 0 \\ 0 & D_{yy} & 0 \\ 0 & 0 & D_{zz} \end{pmatrix} \begin{pmatrix} \partial c/\partial x \\ \partial c/\partial y \\ \partial c/\partial z \end{pmatrix} \tag{1-10}$$

　　2. 水动力弥散方程的推导

　　过渗流区内任一点 $P(x,y,z)$ 取一个长、宽、高分别为 Δx、Δy 和 Δz 的微六面体,研究该控制体内溶质的质量守恒关系,就可以得水动力弥散方程。

　　按溶质质量守恒原理,当溶质无源无汇时,控制体内溶质质量的变化必定等于通过控制面流入与流出控制体的溶质质量的代数和。根据以上分析,示踪剂的运移包括对流和水动力弥散两部分,所以控制体内任一时刻溶质质量的增量是由对流质量通量(cV)和水动力弥散通量($\boldsymbol{F}$)的变化所致。

1) 水动力弥散引起微六面体内溶质质量的增量

沿 x 方向通过前、后两个控制面流入、流出的量和质量增量分别为

流入量

$$F_x \Delta y \Delta z$$

流出量

$$\left(F_x + \frac{\partial F_x}{\partial x} \Delta x \right) \Delta y \Delta z$$

增量

$$- \frac{\partial F_x}{\partial x} \Delta x \Delta y \Delta z$$

同理,沿 y 和 z 方向通过微六面体左、右和上、下控制面后,引起相应的溶质质量增量分别为

y 方向

$$- \frac{\partial F_y}{\partial y} \Delta x \Delta y \Delta z$$

z 方向

$$- \frac{\partial F_z}{\partial z} \Delta x \Delta y \Delta z$$

综合以上结果,由于水动力弥散作用所引起的微六面体内溶质质量增量为

$$\Delta m_p = - \left(\frac{\partial F_x}{\partial x} + \frac{\partial F_y}{\partial y} + \frac{\partial F_z}{\partial z} \right) \Delta x \Delta y \Delta z \tag{1-11}$$

2) 对流作用引起微六面体内溶质质量的增量

作上面类似处理,易得沿 x、y 和 z 方向由对流作用所引起微六面体内溶质质量增量分别为

x 方向

$$- n \frac{\partial (c V_x)}{\partial x} \Delta x \Delta y \Delta z$$

y 方向

$$- n \frac{\partial (c V_y)}{\partial y} \Delta x \Delta y \Delta z$$

z 方向

$$- n \frac{\partial (c V_z)}{\partial z} \Delta x \Delta y \Delta z$$

那么,对流作用引起微六面体内溶质质量增量为

$$\Delta m_V = - n \left[\frac{\partial (c V_x)}{\partial x} + \frac{\partial (c V_y)}{\partial y} + \frac{\partial (c V_z)}{\partial z} \right] \Delta x \Delta y \Delta z \tag{1-12}$$

由于对流和弥散共同作用所引起的同一时刻微六面体内溶质质量变化显然为

$$\Delta m = n \frac{\partial c}{\partial t} \Delta x \Delta y \Delta z \tag{1-13}$$

根据质量守恒,则

$$\Delta m = \Delta m_P + \Delta m_V \tag{1-14}$$

将式(1-11)、式(1-12)和式(1-13)代入式(1-14),并化简得

$$n \frac{\partial c}{\partial t} = - \left(\frac{\partial F_x}{\partial x} + \frac{\partial F_y}{\partial y} + \frac{\partial F_z}{\partial z} \right) - n \left[\frac{\partial (c V_x)}{\partial x} + \frac{\partial (c V_y)}{\partial y} + \frac{\partial (c V_z)}{\partial z} \right] \tag{1-15}$$

代入式(1-10)中的 F_x、F_y 和 F_z，得到对流-弥散方程为

$$\frac{\partial c}{\partial t} = \left[\frac{\partial}{\partial x}\left(D_{xx}\frac{\partial c}{\partial x}\right) + \frac{\partial}{\partial y}\left(D_{yy}\frac{\partial c}{\partial y}\right) + \frac{\partial}{\partial z}\left(D_{zz}\frac{\partial c}{\partial z}\right) \right] - \left[\frac{\partial(cV_x)}{\partial x} + \frac{\partial(cV_y)}{\partial y} + \frac{\partial(cV_z)}{\partial z} \right] \quad (1\text{-}16)$$

对于一个流场，可以通过水流模型来确定水头的时空变化量 $h(x,y,z,t)$，进而可以确定流场中的速率分布。那么，如果能确定水动力弥散系数，就可以通过流场确定特定条件下非反应性溶质的浓度分布 $c(x,y,z,t)$。

3. 反应性溶质运移方程

以上描述了保守溶质的对流-弥散方程，而实际上往往要考虑溶质所发生的各种化学反应，根据化学过程中溶质的得失来修正上述的方程。由质量守恒原理可得

溶质的输入率－溶质的输出率±溶质反应速率＝溶质储量的变化率

其中的加号或减号表示源或汇，并且对不同的反应采用不同的形式。这样，对于一维的溶质运移，反应性溶质的运移方程可以表示为

$$D_L\frac{\partial^2 c}{\partial x^2} - V\frac{\partial c}{\partial x} \pm \frac{r}{n} = \frac{\partial c}{\partial t} \quad (1\text{-}17)$$

式中：D_L——纵向弥散系数；

n——孔隙度；

r——单位时间内单位体积产生或消耗的溶质量。

对于一级动力学方程，最常见的例子是放射性衰变和生物降解，即

$$r = \frac{\mathrm{d}(nc)}{\mathrm{d}t} = \lambda nc \quad (1\text{-}18)$$

式中：λ——衰变或降解常数。

其一维的溶质运移方程可以表示为

$$D_L\frac{\partial^2 c}{\partial x^2} - V\frac{\partial c}{\partial x} - \lambda c = \frac{\partial c}{\partial t} \quad (1\text{-}19)$$

对于吸附反应，其反应速率方程一般可以表示为

$$r = \frac{\partial^2 c^*}{\partial t}\rho\frac{\partial S}{\partial t} \quad (1\text{-}20)$$

式中：c^*——单位体积含水介质中吸附的溶质量；

S——单位质量含水介质吸附的溶质量；

ρ——含水介质的密度。

耦合了吸附反应的一维溶质运移方程为

$$D_L\frac{\partial^2 c}{\partial x^2} - V\frac{\partial c}{\partial x} - \frac{1}{n}\frac{\partial c^*}{\partial t} = \frac{\partial c}{\partial t} \quad (1\text{-}21)$$

溶质的吸附等温线为直线，则

$$\frac{\partial S}{\partial t} = K_d\frac{\partial c}{\partial t} \quad (1\text{-}22)$$

式中：K_d——分配系数；

c——水相中的溶质浓度。

由式(1-20)至式(1-22)可以得到

$$D_L\frac{\partial^2 c}{\partial x^2} - V\frac{\partial c}{\partial x} = \frac{\partial c}{\partial t}\left(1 + \frac{\rho}{n}K_d\right) \quad (1\text{-}23)$$

令

$$R_f = 1 + \frac{\rho}{n}K_d \tag{1-24}$$

式中：R_f——阻滞系数，是一个大于 1 的常数。

式(1-23)可以表示为

$$D'_L\frac{\partial^2 c}{\partial x^2} - V'\frac{\partial c}{\partial x} = \frac{\partial c}{\partial t} \tag{1-25}$$

式中：$D'_L = D_L/R_f$，$V' = V/R_f$。

这样，式(1-25)在形式上和保守溶质的运移方程完全一样，就是 D_L 和 V 值变为原来的 $1/R_f$。

思　考　题

1. 孔隙度、裂隙率、溶隙率的含义和表达式分别是什么？
2. 简述空隙中水的类型及其含义。
3. 简述潜水的水文地质特征。
4. 简述达西定律的数学表达式及式中各项的意义。
5. 简述地下水的气体成分及其来源。
6. 简述地下水中的主要离子成分及其与矿化度的关系。
7. 水动力弥散的机理与数学表达式分别是什么？

主要参考文献

[1] 王大纯,张人权,史毅虹,等. 水文地质学基础[M]. 北京:地质出版社,1995.

[2] 雅·贝尔. 地下水水力学[M]. 许涓铭,译. 北京:地质出版社,1985.

[3] 王焰新. 地下水污染与防治[M]. 北京:高等教育出版社,2007.

[4] 郑西来,王秉忱,佘宗莲,等. 土壤-地下水系统石油污染原理与应用研究[M]. 北京:地质出版社,2004.

第2章　地下水污染源与途径

在天然地质环境和人类活动的影响下,地下水中的某些组分可能产生相对富集。特别是在人类活动影响下能很快地使地下水水质恶化。只要查清其原因及途径,并采取相应措施,就可以防止。

因此,地下水污染的定义应该是:凡是在人类活动的影响下,地下水水质变化朝着水质恶化方向发展的现象,统称为地下水污染。不管此种现象是否使水质达到影响其使用的程度,只要这种现象发生,就应称为污染。至于在天然地质环境中所产生的地下水某些组分相对富集,并使水质不合格的现象,不应视为污染,而应称为地质成因异常。所以判断地下水受到污染,必须具备两个条件:第一,水质朝着恶化的方向发展;第二,这种变化是人类活动引起的。

当然,在实际工作中要判别地下水是否被污染及其污染程度,往往是比较复杂的。首先要有一个判别标准,这个标准最好是地区背景值(或称本底值),但这个值通常很难获得。所以,有时也用历史水质数据,或用无明显污染来源的水质对照值来判别地下水是否受到污染。

2.1　地下水污染源

引起地下水污染的各种物质来源称为地下水污染源。地下水污染源的种类繁多,分类方法各异。

按污染源的形成原因,可以分为自然污染源和人为污染源(表2-1)。

表 2-1　地下水污染源分类

分 类 名 称	主 要 原 因
自然污染源	海水、咸水、含盐量高及水质差的其他含水层中地下水进入开采层
人为污染源	城市液体废物:生活污水、工业废水、地表径流 城市固体废物:生活垃圾,工业固体废物,污水处理厂、排水管道及地表水体的污泥 农业活动:污水灌溉、施用农药、化肥及农家肥 矿业活动:矿坑排水、尾矿淋滤液、矿石洗选

按产生污染物的行业(部门)或活动,可划分为工业污染源、农业污染源和生活污染源。这种分类方法便于掌握地下水污染的特征。

按污染源的空间分布特征,可分为点状污染源、带状污染源和面状污染源。这种分类方法便于评价、预测地下水污染的范围,以便采取相应的防治措施。

按污染源发生污染作用的时间动态特征,可分为连续性污染源、间断性污染源和瞬时性(偶然性)污染源。这种分类方法对评价和预测污染物在地下水中的运移是必要的。

下面仅讨论按产生污染物的行业(部门)或活动划分的各种污染源的特征。

2.1.1　工业污染源

工业污染源是地下水的主要污染来源,特别是其中未经处理的污水和固体废物的淋滤液,如直接渗入地下水中,会对地下水造成严重污染。

工业污染源可以再细分为三类:居首位的是在生产产品和矿业开发过程中所产生的废水、废气和废渣,俗称"三废",其数量大,危害严重;其次是储存装置和输运管道的渗漏,这往往是一种连续性污染源,通常不易被发现;第三种是由于事故而产生的偶然性污染源。

1. 工业"三废"

当前,造成我国地下水污染的工业"三废"主要来源于各工业部门所属的工厂、采矿及交通运输等活动。工业"三废"包含的各种污染物与工业生产活动的特点密切相关,不同的工业性质、工艺流程、管理水平、处理程度,其排放的污染物种类和浓度有较大的差别,对地下水产生的影响亦各不相同(表 2-2)。

表 2-2　工业污染源分类

工业部门	污染源	主要污染物		
		气　体	液　体	固　体
动力工业	火力发电	粉尘、SO_2、NO_x、CO	冷却系统排出的热水	粉煤灰
	核电站	放射性粉尘	放射性废水	核废料
冶金工业	黑色冶金:选矿、烧结、炼焦、炼铁、炼钢、轧钢等	粉尘、SO_2、CO、CO_2、H_2S 及重金属	酚、氰、多环芳烃化合物、冷却水、酸性洗涤水	矿石渣、炼钢废渣
	有色金属冶炼:选矿、烧结、冶炼、电解、精炼等	粉尘、SO_2、CO、NO_x 及重金属 Cu、Pb、Zn、Hg、Cd、As 等烟尘	含重金属 Cu、Pb、Zn、Hg、Cd、As 的废水,酸性废水,冷却水	冶炼废渣
化学工业	化学肥料、有机和无机化工品、化学纤维、合成橡胶、塑料、油漆、农药、医药等的生产	CO、H_2S、NO_x、SO_2、F 等	各种盐类、Hg、As、Cd、酚、氰化物、苯类、醛类、醇类、油类、多环芳烃化合物等	
石油化工工业	炼油、蒸馏、裂解、催化等工艺以及合成有机化学产品等的生产	石油气、H_2S、烯烃、烷烃、苯类、醛、酮等各种有机气体	油类、酚类及各种有机物等	
纺织印染工业	棉纺、毛纺、丝纺、针织印染等		染料、酸、碱、硫化物、各种纤维状悬浮物	
制革工业	皮革、毛发的鞣制		Cr、S、NaCl、硫酸、有机物等	纤维废渣、Cr 渣
采矿工业	矿山剥离和掘进、采矿、选矿等生产		选矿水及矿坑排水、含大量悬浮物及重金属的废水	废矿石及碎石

工业部门	污 染 源	主要污染物		
		气　　体	液　　体	固　　体
造纸工业	纸浆、造纸的生产	烟尘、硫酸、H_2S	碱、木质素、酸、悬浮物	
食品加工业	油类、肉类、乳制品、水产、水果、酿造等加工生产		营养元素有机物、微生物病原菌、病毒等	
机械制造工业	农机、交通工具及设备制造和修理,锻压及铸件,工业设备、金属制品加工制造	烟尘、SO_2	含酸废水、电镀废水、Cr、Cd、油类	金属加工碎屑
电子及仪器、仪表工业	电子元件、电信器材、仪器仪表等制造	少量有害气体、Hg、氰化物、铬酸	含重金属废水、电镀废水、酸等	
建材工业	石棉、玻璃、耐火材料、烧窑业及各种建筑材料加工	粉尘、SO_2、CO	悬浮物	炉渣
交通运输		CO、NO_x、乙烯、芳香族碳氢化合物		

1) 工业废水

工业废水是天然水体最主要的污染源之一。它们种类繁多,排放量大,所含污染物组成复杂。它们的毒性和危害较严重,且难于处理,不容易净化。

为了我国工业的可持续发展,国家各级主管部门已加大了管理的力度,采取了许多行之有效的对策和措施。但从整体看来,地下水污染仍呈恶化趋势,工业废水正是最重要的污染源。

2) 工业废气

一个大型工厂每天排放的废气量可达 10^5 m³ 以上,各类车辆亦排出各种废气,废气中所含各种污染物随着降雨、降雪落在地表,进而渗入地下,污染土壤和地下水。

3) 工业废渣

工业废渣及污水处理厂的污泥中都含有多种有毒有害污染物。若露天堆放或填埋,都会受到雨水淋滤而渗入地下水中。工业废渣成分相对简单,主要与生产性质有关。如采矿业的尾矿及冶炼废渣中主要的污染物为重金属;污水处理厂的污泥属于危险废物,污水中含有的重金属与有机污染物都会在污泥中聚积,使污泥中污染物成分也比较复杂,且其含量一般高于污水。

2. 储存装置和输运管道的渗漏

储存罐或池常用来储存化学品、石油、污水,特别是油罐、地下油库等的渗漏与流失常常是地下水的重要污染源。渗漏可能是长期的、不被人发现的、连续的污染源。例如,山西某农药厂管道的渗漏,使大量的三氯乙醛进入饮用的含水层中,迫使水源地报废。

3. 事故类污染源

由于事故而产生的偶然性污染源,对其往往没有防备,造成的污染就比较严重。例如,储罐爆炸造成的危险品突发性大量泄漏、输送石油的管道破裂以及江河湖海上的油船事故等造成的漏油。泄漏的污染物首先污染土壤及地表水,进而污染地下水。例如,2005 年 1 月 26 日,美国肯塔基州的一条输油管道发生破裂,22 万多升原油从裂缝溢出。由于管道距肯塔基河岸仅 17 m,原油全都流入河道内,并形成了 20 km 的浮油污染带,浮油蔓延到与肯塔基河交汇的俄亥俄河,威胁到饮用水源。泄漏的石油污染物还会随地表水的补给和雨水的渗透进一步污染地下水。

2.1.2 农业污染源

农业污染源有牲畜和禽类的粪便、农药、化肥以及农业灌溉引来的污水等,这些都会随下渗水流污染土壤和地下水。

1. 农药

农药是用来控制、扑灭或减轻病虫害的物质,包括杀虫剂、杀菌剂和除草剂等。与地下水污染有关的三大重要杀虫剂是有机氯(滴滴涕和六六六)、有机磷(1605、1059、苯硫磷和马拉硫磷)以及氨基甲酸酯。有机氯的特点是化学性质稳定,短期内不易分解,易溶于脂肪,在脂肪内蓄积,它是目前造成地下水污染的主要农药。有机磷的特点是较活跃、能水解、残留性小,在动植物中不易蓄积。氨基甲酸酯是一种较新的物质,一般属于低残留的农药。上述农药对人体都有毒性。

从地下水污染角度看,大多数除草剂都是中、低浓度时对植物有毒性,在高浓度时则对人类和牲畜产生毒性。农药以细粒、喷剂和团粒形式施用于农田,经土壤向地下水渗透。

2. 化肥

化肥有氮肥、磷肥和钾肥。当化肥淋滤到地下水中,就会形成严重的地下水污染,其中氮肥是引起地下水污染的主要物质。

3. 动物废物

动物废物是指与畜牧业有关的各种废物,包括动物粪便、垫草、洗涤剂、倒掉的饲料和丢弃的动物尸体。动物废物中含有大量的各种细菌和病毒,同时含有大量的氮,所以可以引起地下水污染。

4. 植物残余物

植物残余物包括大田或场地上的农作物残余物、草场中的残余物以及森林中的伐木碎片等,这些残余物的需氧特性对地下水水质是一种危害。

5. 污水灌溉

目前,我国城市污水回用于农田灌溉的比例很高,其中 50%～60% 为工业废水,其余为生活污水。因废水中含有多种有毒有害物质,尤其是重金属与持久性有机污染物(POPs),它们会在土壤中累积,并向下迁移,从而对土壤及地下水造成较严重的污染。

2.1.3 生活污染源

随着人口的增长和生活水平的提高,居民排放的生活污水量逐渐增多,其中污染物来自人体的排泄物和肥皂、洗涤剂、腐烂的食物等。除此之外，科研、文教单位排出的废水成分复杂，常含有多种有毒物质。医疗卫生单位的污水中则含有大量细菌和病毒，是流行病和传染病的重要来源之一。

生活垃圾也对地下水的污染有重要影响，也是地下水的污染源之一。垃圾渗透液中除含有低相对分子质量（相对分子质量不高于500）的挥发性脂肪酸、中等相对分子质量的富里酸类物质（主要组分相对分子质量为500～10 000）与高相对分子质量的胡敏酸类（主要组分相对分子质量为10 000～100 000）等主要有机物外，还含有很多微量有机物，如卤代烃、邻苯二甲酸酯类、酚类、苯胺类化合物等。垃圾填埋场是生活垃圾集中的地方，如防渗结构不合要求或垃圾渗滤液未经妥善处理排放，均可造成垃圾中污染物进入地下水。

2.2　地下水中污染物

凡是人类活动导致进入地下水环境，会引起水质恶化的溶解物或悬浮物，无论其浓度是否达到使水质明显恶化的程度，均称为地下水污染物。

地下水污染物种类繁多，按其性质可以分为三类，即化学污染物、生物污染物和放射性污染物。

2.2.1　化学污染物

化学污染物是地下水污染物的主要组成部分，种类多、分布广。为研究方便，按它们的性质亦可分为两类：无机污染物和有机污染物。

1. 无机污染物

地下水中最常见的无机污染物是 NO_3^-、NO_2^-、NH_4^+、Cl^-、SO_4^{2-}、F^-、CN^-、总溶解性固体及重金属汞、镉、铬、铅和类金属砷等。其中，总溶解性固体、Cl^-（氯化物）、SO_4^{2-}（硫酸盐）、NO_3^-（硝酸盐）和 NH_4^+ 等为无直接毒害作用的无机污染物，当这些组分达到一定的浓度之后，有可利用价值，也会对环境（甚至对人类健康）造成不同程度的影响。

硝酸盐在人胃中可能还原为亚硝酸盐，亚硝酸盐与仲胺作用会形成亚硝胺，而亚硝胺则是致癌、致突变和致畸的所谓"三致"物质。此外，饮用水中硝酸盐过高还会在婴儿体内产生变性血色蛋白症。

亚硝酸盐、氟化物、氰化物及重金属汞、镉、铬、铅和类金属砷是有直接毒害作用的一类污染物。根据毒性发作的情况，此类污染物可分两种：一种毒性作用快，易为人们所注意；另一种则是通过在人体内逐渐富集，达到一定浓度后才显示出症状，不易为人们及时发现，但危害一旦形成，后果可能十分严重，例如在日本发现的水俣病和骨痛病。

对于有直接毒害作用的非金属的氰化物、类金属砷和重金属中的汞、镉、铬、铅等，国际上公认为六大毒性物质，现就其来源、污染特征及对人类的危害分别简述如下。

1）非金属无机毒性物质——氰化物

氰化物是剧毒物质，急性中毒抑制细胞呼吸，造成人体组织严重缺氧。

排放含氰废水的工业主要有电镀，焦炉和高炉的煤气洗涤，金、银选矿和某些化学工业等，含氰废水也是比较广泛存在的一种污染物。电镀废水的氰含量一般在 20～70 mg/L，通常为 30～35 mg/L；在焦炉或高炉的生产过程中，煤中的碳与氨或甲烷与氰化合成氰化物，焦化厂粗苯分离水和纯苯分离水中氰含量一般可达 80 mg/L；矿石中提取金和银也需要氰化钾或氰化钠，因此金、银的选矿废水中也含有氰化物。

有机氰化物称为腈，是化工产品的原料，如丙烯腈（$CH_2{=}CHCN$）是制造合成纤维、聚烯腈的基本原料。有少数腈类化合物在水中能够解离为氰离子（CN^-）和氢氰酸（HCN），所以其毒性与无机氰化物同样强烈。

世界卫生组织（WHO）要求饮用水中氰化物含量不得超过 0.07 mg/L，美国环保局（EPA）规定饮用水中氰化物含量不得超过 0.02 mg/L，而我国饮用水标准规定氰化物含量不得超过 0.05 mg/L。农业灌溉水质标准规定氰化物含量不得超过 0.5 mg/L。

2）类金属无机毒性物质——砷

砷（As）是常见污染物之一，也是对人体毒性作用比较严重的无机有毒物质之一。三价砷的毒性大大高于五价砷。对人体来说，亚砷酸盐的毒性作用比砷酸盐大 60 倍，因为亚砷酸盐能够与蛋白质中的巯基反应，而三甲基砷的毒性比亚砷酸盐更大。砷也是累积性中毒的物质，当饮用水中砷含量大于 0.05 mg/L 时，就会导致砷的累积。近年来研究发现，砷还是致癌（主要是皮肤癌）元素。

工业排放含砷废水的有化工、有色冶金、炼焦、火电、造纸、皮革等企业，其中以冶金、化工企业排放砷量较高。

WHO 在《饮用水水质准则》中要求，饮用水中砷含量不得超过 0.01 mg/L；美国 EPA《国家饮用水水质标准》中规定，饮用水中砷含量不得超过 0.01 mg/L；我国饮用水标准规定，砷含量不应超过 0.05 mg/L。农田灌溉砷含量不应超过 0.05 mg/L，渔业用水砷含量不应超过 0.1 mg/L。

3）重金属无机毒性物质

从毒性和对生物体的危害方面来看，重金属污染物有以下特点：①在天然水中只要有微量浓度即可产生毒性效应，一般重金属产生毒性的浓度大致在 1～10 mg/L，毒性较强的重金属有汞、镉等，产生毒性的浓度在 0.001～0.01 mg/L；②微生物不仅不能降解重金属，某些重金属还可能在微生物作用下转化为金属有机化合物，产生更大的毒性，汞在厌氧微生物作用下的甲基化就是这方面的典型例子；③生物体从环境中摄取重金属，经过食物链的生物放大作用，逐级地在较高级的生物体内成千上万倍地富集起来，使重金属能够通过多种途径（食物、饮水、呼吸）进入人体，甚至通过遗传和母乳的途径侵入人体；④重金属进入人体后能够与生理高分子物质（如蛋白质和酶等）发生强烈的相互作用而使它们失去活性，也可能累积在人体的某些器官中，造成慢性累积性中毒，最终造成危害，这种累积性危害有时需要 10～20 年才显示出来。

（1）汞。

汞是重要的污染物，也是对人体毒害作用比较严重的物质。汞是累积性毒物，无机汞进入人体后随血液分布于全身组织，在血液中遇氯化钠生成二价汞盐累积在肝、肾和脑中，达到一定浓度后毒性发作。其毒理主要是汞离子与酶蛋白的巯基结合，抑制多种酶的活性，使细胞的正常代谢发生障碍。在体内的甲基汞约有 15% 累积在脑内，侵入中枢神经系统，破坏神经系统功能。

甲基汞是无机汞在厌氧微生物的作用下转化而成的。

含汞废水排放量较大的是氯碱工业，在工艺上以金属汞作流动阴电极，以制成氯气和苛性钠，有大量的汞残留在废水中。聚氯乙烯、乙醛、醋酸乙烯的合成工业均以汞作催化剂，因此上述工业废水中含有一定数量的汞。此外，在仪表和电气工业中也常使用金属汞，因此也排放含汞废水。

WHO 要求饮用水中总汞(包括无机汞和有机汞)含量不得超过 0.001 mg/L,美国 EPA 规定饮用水中无机汞含量不得超过 0.002 mg/L,而我国饮用水、农田灌溉水都要求总汞的含量不得超过 0.001 mg/L。渔业用水要求更为严格,总汞含量不得超过 0.000 5 mg/L。

(2)镉。

镉也是一种比较常见的污染物。镉是一种典型的累积富集型毒物,主要累积在肾脏和骨骼中,引起肾功能失调,骨质中钙被镉取代,使骨骼软化,引起自然骨折。这种病的潜伏期长,短则 10 年,长则 30 年,发病后很难治疗。

WHO《饮用水水质准则》中要求,饮用水中镉含量不得超过 0.003 mg/L;美国 EPA《国家饮用水水质标准》中规定,饮用水中镉含量不得超过 0.005 mg/L;我国饮用水标准规定,镉的含量不得大于 0.01 mg/L。农业用水与渔业用水标准则规定镉的含量要小于 0.005 mg/L。

镉主要来自采矿、冶金、电镀、玻璃、陶瓷、塑料等企业排出的废水。

(3)铬。

铬也是一种较普遍的污染物。铬在水中以六价和三价两种形态存在,三价铬的毒性低,作为污染物所指的是六价铬。人体大量摄入六价铬能够引起急性中毒,长期少量摄入也能引起慢性中毒。

六价铬是卫生标准中的重要指标,WHO《饮用水水质准则》中要求,饮用水中总铬含量不得超过 0.05 mg/L;美国 EPA《国家饮用水水质标准》中规定,饮用水中总铬含量不得超过 0.1 mg/L;我国要求饮用水中铬的含量不得超过0.05 mg/L。农业灌溉用水与渔业用水中铬的含量应小于 0.1 mg/L。

排放含铬废水的工业主要有电镀、制革、铬酸盐生产以及铬矿石开采等。电镀车间是六价铬的主要来源,电镀废水中铬的含量一般在 50～100 mg/L;生产铬酸盐的工厂,其废水中六价铬的含量一般在 100～200 mg/L;皮革鞣制工业排放的废水中六价铬的含量约为 40 mg/L。

(4)铅。

铅对人体也是累积性毒物。据美国资料报道,成年人摄取铅 0.32 mg/d 时,人体可排出而不产生累积作用;摄取 0.5～0.6 mg/d 时,可能有少量的累积,但尚不至于危及健康;摄取量超过 10 mg/d 时,将在体内产生明显的累积作用,长期摄入会引起慢性铅中毒。其毒理是铅离子与人体内多种酶配位,从而扰乱了机体多方面的生理功能,可危及神经系统、造血系统、循环系统和消化系统。

WHO《饮用水水质准则》中要求,饮用水中铅含量不得超过 0.01 mg/L;美国 EPA《国家饮用水水质标准》中规定,饮用水中铅必须处理至 0.015 mg/L 以下;我国饮用水要求铅的含量小于 0.05 mg/L。渔业用水及农田灌溉水都要求铅的含量小于 0.1 mg/L。

铅主要来自采矿、冶炼、化学、蓄电池、颜料工业等排放的废水。

2. 有机污染物

目前,地下水中已发现有机污染物 180 多种,主要包括芳香烃类、卤代烃类、有机农药类、多环芳烃类与邻苯二甲酸酯类等,且数量和种类仍在迅速增加,甚至还发现了一些没有注册使用的农药。这些有机污染物虽然含量甚微,一般在 ng/t 级,但其对人类身体健康造成了严重的威胁。因而,地下水有机污染问题越来越受到关注。WHO《饮用水水质准则》中对来源于工业与居民生活的 19 种有机污染物、来源于农业活动的 30 种有机农药、来源于水处理中应用或与饮用水直接接触材料的 18 种有机消毒剂及其副产物给出了限值。美国 EPA《国家饮用水水质标准》88 项控制指标中,有机污染物控制指标占 54 项。

人们常常根据有机污染物是否易于被微生物分解而将其进一步分为生物易降解有机污染物和生物难降解有机污染物两类。

1）生物易降解有机污染物——耗氧有机污染物

这一类污染物多属于碳水化合物、蛋白质、脂肪和油类等自然生成的有机物。这类物质是不稳定的,它们在微生物的作用下,借助于微生物的新陈代谢功能,大都能转化为稳定的无机物。如在有氧条件下,通过好氧微生物作用转化,能产生 CO_2 和 H_2O 等稳定物质。此分解过程都要消耗氧气,因而称之为耗氧有机污染物。在无氧条件下,则通过厌氧微生物作用,最终转化形成 H_2O、CH_4、CO_2 等稳定物质,同时放出硫化氢、硫醇等具有恶臭味的气体。

耗氧有机污染物主要来源于生活污水以及屠宰、肉类加工、乳品、制革、制糖和食品等以动植物残体为原料加工生产的工业废水。

这类污染物一般无直接毒害作用,它们的主要危害是其降解过程中会消耗溶解氧(DO),从而使水体 DO 值下降,水质变差。在地下水中此类污染物浓度一般比较小,危害性不大。

2）生物难降解有机污染物

这一类污染物性质比较稳定,不易被微生物分解,能够在各种环境介质(大气、水、生物体、土壤和沉积物等)中长期存在。一部分生物难降解有机污染物能在生物体内累积富集,通过食物链对高营养等级生物造成危害性影响,蒸气压大,可经过长距离迁移至遥远的偏僻地区和极地地区,在该环境浓度下可能对接触该化学物质的生物造成有害或有毒效应。这类有机污染物又称为持久性有机污染物(POPs),是目前国际研究的热点。

POPs 一般具有较强的毒性,包括致癌、致畸、致突变、神经毒性、生殖毒性、内分泌干扰特性、致免疫功能减退特性等,严重危害生物体的健康与安全。

2001 年 5 月,127 个国家的环境部长或高级官员代表各自政府在瑞典首都斯德哥尔摩共同签署了《关于持久性有机污染物的斯德哥尔摩公约》(简称《POPs 公约》),至今已有 186 个国家签署了该公约。《POPs 公约》中首批控制的 POPs 共有三大类 12 种化学物质。

（1）杀虫剂和杀菌剂。

杀虫剂包括艾氏剂(aldrin)、狄氏剂(dieldrin)、异狄氏剂(endrin)、氯丹(chlordane)、七氯(heptachlor)、灭蚁灵(mirex)、毒杀酚(toxaphene)、滴滴涕(DDT),其中曾应用最为普遍的是滴滴涕。

杀菌剂指六氯苯(hexachlorobenzene),主要用于防治真菌对谷类种子外膜的危害。

（2）多氯联苯。

多氯联苯于 1929 年首先在美国合成。由于其良好的化学性质、热稳定性、惰性及介电特性,常被用作增塑剂、润滑剂和电解液,工业上广泛用于绝缘油、液压油、热载体等。

（3）化学品的副产物。

化学品的副产物主要是多氯代二苯并对二噁英(PCDDs)和多氯代二苯并呋喃(PCDFs),两者统称二噁英。它们主要来源于城市和医院废弃物的燃烧过程、热处理过程、工业化学品加工过程等。

除以上 POPs 外,其他几种环境内分泌干扰物(也称环境激素)也不容忽视,如烷基酚、双酚 A、邻苯二甲酸酯等,其自身或降解中间产物具有难降解和内分泌干扰特性。虽然是微量污染物,但长期接触对人类的健康有严重的负面影响。

3）石油污染物

石油烃中含有多种有毒物质，其毒性按烷烃、环烷烃和芳香烃的顺序逐渐增加。现已确认，在具有致癌、致畸和致突变可能性的化学物质中，有许多就是石油或石油制品中所含的物质（如3,4-苯并芘、苯并蒽等）。石油进入水环境后，会对水生生物和人类等产生严重的危害。石油烃可以使水体中植物体内的叶绿素及其脂溶性色素在植物体外或细胞外溶解析出，使之无法进行正常的光合作用而大量死亡，破坏水体生态系统的平衡。当水中石油浓度为0.01 mg/L时，鱼类在一天之内会出现油臭而降低食用价值；浓度为20 mg/L时，鱼类不能生存。石油进入人体后，能溶解细胞膜，干扰酶系统，导致肾和肝等内脏发生病变。

虽然石油中主要是碳、氢两种元素，但这两种元素可以按一定的数量和空间关系结合成许多石油烃，主要有烷烃（正构烷烃和异构烷烃）、环烷烃和芳香烃（纯芳香烃和环烷芳香烃）三种烃类，不同油品中各种烃类的比例相差很大（图2-1）。

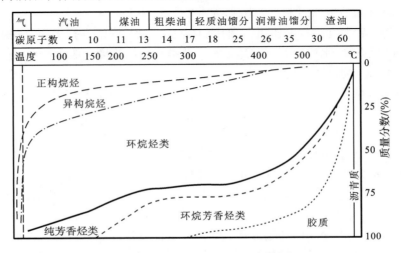

图 2-1　石油中不同馏分的烃类组成

（1）烷烃。

烷烃分为正构烷烃和异构烷烃，它们以气态、液态和固态存在于石油中。

① 正构烷烃。正构烷烃在原油中的含量一般占15%～20%，有时也可能很低，原油中已鉴别出C_1～C_{40}的各种正构烷烃，还有少数超过C_{40}的正构烷烃。在大多数原油中，高碳原子数的正构烷烃含量随碳原子数增加有规律地减少。

② 异构烷烃。原油中已鉴别出许多种异构烷烃，但C_{10}以内的异构烷烃含量较高。在C_5～C_8范围内，最常见的是一个叔碳原子（2-甲基或3-甲基）的构型，其次是两个叔碳原子的构型，其他类型少见。

（2）环烷烃。

环烷烃分为单环、双环、三环和多环几种类型。在低分子烷烃（C_{10}以内）中，环己烷、环戊烷及其衍生物是石油的主要组分，特别是甲基环己烷和甲基环戊烷常常是最丰富的。大部分碳原子数少于10个的烷基环烷烃是环戊烷或环己烷的衍生物，仅有少量是双环的。中等到重馏分（C_{10}～C_{35}）的环烷烃一般有1～5个五元环和六元环，其中单环和双环烷烃占环烷烃总量的50%～55%，在这些高相对分子质量的化合物中常有一个长链和几个甲基或乙基短链。石油中各种单、双环烷烃的丰度随相对分子质量（即碳原子数）的增加有规律地减少。

（3）芳香烃。

纯芳香烃是只包含芳环和侧链的分子，它们通常包含 1～5 个缩合环和少数短链。几种基本类型的芳香烃化合物有苯（benzene，1 环）、萘（naphthalene，2 环）、菲（phenanthrene）和蒽（anthracene，3 环）、苯并蒽（4 环），其通式为 C_nH_{2n-P}，式中 n 随环数变化。苯（$n=6$）、萘（$n=12$）和菲（$n=18$）三种类型的化合物是最丰富的，每一类型中多数组分常常不是母体化合物，而是带 1～3 个碳原子的烷基衍生物。如烷基苯中主要组分是甲苯（可占原油的 1.8%），有时是二甲苯（邻、间、对二甲苯含量可占原油的 1.3%），而苯通常是不多的（可达原油的 1%），同样情况对萘型化合物也是适合的。有人认为，萘、菲系列的分子大部分是由甾类、萜类化合物裂解而形成，那么二甲基和三甲基衍生物含量占优势的现象就得到合理的解释。

环烷芳香烃可以有各种结构形式，双环（1 个芳环和 1 个饱和环）的茚满、萘满（四氢化萘）和它们的甲基衍生物一般很丰富，三环的四氢化菲及其衍生物也比较常见，四环和五环分子多半与甾族化合物和匹烯化合物的结构有密切关系。

多环芳香族化合物（PAHs）包括萘、蒽、菲、芘、苯并（a）蒽和苯并（a）芘（Bap）等，以含有多个易断的苯环而著称。在所有的石油制品中都含有多环芳烃，尤其在煤焦油和渣油中富集。

综上所述，尽管各种石油的烃类组成有相似之处，但各烃类本身是很复杂的，烃的数量很多，含量相差很大，一般只有少数烃占有重要地位。

除此之外，石油中还含有非烃化合物。非烃化合物是指分子结构中除含碳、氢原子外，还含有氧、硫、氮等杂原子的化合物，主要有含氧化合物、含硫化合物、含氮化合物及胶质和沥青质。氧、硫、氮三种元素一般仅占石油的 2% 左右，但其化合物占 10%～20%。这些非烃组分主要集中在石油高沸点馏分中，且各种石油中非烃组分与烃类组分之间的比例相差很大。石油中非烃化合物在数量上不占主要地位，但它的组成和分布特点对石油的性质有很大影响。例如，石油中含硫化合物的多少直接影响着原油的质量好坏。

2.2.2　生物污染物

地下水中生物污染物可分为三类：细菌、病毒和寄生虫。在人和动物的粪便中有 400 多种细菌，已鉴定出的病毒有 100 多种。在未经消毒的污水中含有大量的细菌和病毒，它们有可能进入含水层污染地下水。而污染的可能性与细菌和病毒的存活时间、地下水流速、地层结构、pH 值等多种因素有关。

用作饮用水指标的大肠菌类在人体及热血动物的肠胃中经常发现，它们是非致病菌。在地下水中曾发现并引起水媒病传染的致病菌有霍乱弧菌（霍乱病）、伤寒沙门氏菌（伤寒病）、志贺氏菌、沙门氏菌、肠道产毒大肠杆菌、胎儿弧菌、小结肠炎耶氏菌等，后五种病菌都会引起不同特征的肠胃病。

病毒比细菌小得多，存活时间长，比细菌更易进入含水层。在地下水中曾发现的病毒主要是肠道病毒，如脊髓灰质炎病毒、人肠道弧病毒、甲型柯萨奇病毒、新肠道病毒、甲型肝炎病毒、胃肠病毒、腺病毒等，而且每种病毒又有多种类型，对人体健康危害较大。

寄生虫包括原生动物、蠕虫等。在寄生虫中值得注意的有梨形鞭毛虫、痢疾阿米巴和人蛔虫。

2.2.3　放射性污染物

表 2-3 是地下水中的 6 种放射性核素的一些物理及健康数据，除 ^{226}Ra 主要为天然来源

外,其余都是工业或生活污染源排放的。表中"标准器官"指接受来自放射性核素的最高放射性剂量的人体部位。目前的饮用水标准中,还没有 U 和 Rn 的标准,但在某些矿泉水中^{222}Rn的浓度很高,其放射性活度最高可达 $5.0×10^6$ pCi/L。

表 2-3　某些放射性核素的物理及健康数据

放射性核素	半衰期	MPC/(pCi/mL)	标准器官	主要放射物	生物半衰期
^{3}H	12.26 年	3	全身	β 粒子	12 天
^{90}Sr	28.1 年	3	骨骼	β 粒子	50 年
^{129}I	$1.7×10^7$ 年	6	甲状腺	β 粒子、γ 射线	138 天
^{133}Cs	30.2 年	2	全身	β 粒子、γ 射线	70 天
^{226}Ra	1 600 年	3	骨骼	α 粒子、γ 射线	45 年
^{239}Pu	24 400 年	5	骨骼	α 粒子	200 年

注:MPC 为 maximum permissible concentration 的英文缩写,即最大允许浓度。

2.3　地下水污染途径

地下水污染途径是指污染物从污染源进入地下水中所经过的路径。研究地下水的污染途径有助于制定正确的防治地下水污染的措施。按照水力学特点,可将地下水污染途径大致分为四类:间歇入渗型、连续入渗型、越流型和径流型(图 2-2)。

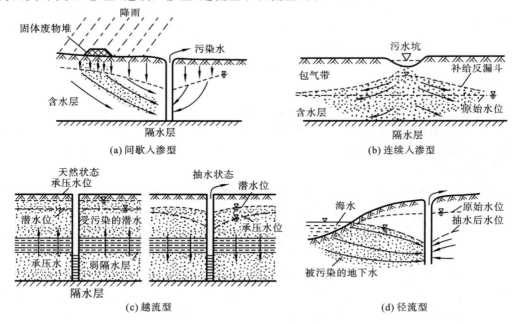

图 2-2　地下水污染途径

2.3.1　间歇入渗型

间歇入渗型的特点是污染物通过大气降水或灌溉水的淋滤,使固体废物、表层土壤或地层中的有毒或有害物质周期性(灌溉或降雨时)地从污染源通过包气带土层渗入含水层。

这种渗入一般呈非饱和入渗形式,或者呈短时间的饱水状态连续渗透形式。此种途径引起的地下水污染,其污染物往往来源于固体废物或表层土壤中。当然,也包括用污水灌溉大田作物,其污染物则是来自城市污水。因此,在进行污染途径的研究时,首先要分析固体废物、土壤及污水的化学成分,最好是能取得通过包气带的淋滤液,这样才能查明地下水污染的来源。此类污染,无论在其范围或浓度上,均可能有明显的季节性变化,受污染的对象主要是潜水。

2.3.2　连续入渗型

连续入渗型的特点是污染物随各种液体废物经包气带不断地渗入含水层,这种类型的污染物一般呈溶解态。最常见的是污水蓄积地段(污水池、污水渗坑、污水快速渗滤场、污水管道等)的渗漏,以及被污染的地表水体和污水渠的渗漏,当然污水灌溉的水田(水稻等)更会造成大面积的连续入渗。这种类型的污染对象也主要是潜水。

上述两种污染途径的共同特征是污染物都是自上而下经过包气带进入含水层的。因此,对地下水污染程度的大小主要取决于包气带的地质结构、物质成分、厚度以及渗透性能等因素。

2.3.3　越流型

越流型的特点是污染物通过层间越流的形式进入其他含水层。这种转移或者通过天然途径(天窗),或者通过人为途径 (结构不合理的井管、破损的老井管等),或者因为人为开采引起的地下水动力条件的变化而改变了越流方向,使污染物通过大面积的弱隔水层进入其他含水层。其污染来源可能是地下水环境本身的,也可能是外来的,它可能污染承压水或潜水。研究这一类型污染的困难之处是难以查清越流具体的地点及层位。

2.3.4　径流型

径流型的特点是污染物通过地下水径流的形式进入含水层,或者通过废水处理井,或者通过岩溶发育的巨大岩溶通道,或者通过废液地下储存层的隔离层的破裂部位进入其他含水层。海水入侵是海岸地区地下淡水超量开采而造成海水向陆地流动的地下径流。径流型的污染物可能是人为来源,也可能是天然来源,或污染潜水、承压水。其污染范围可能不很大,但由于缺乏自然净化作用,其污染程度往往显得十分严重。

地下水污染途径的特殊性使得地下水污染与地表水污染有明显的不同,主要有以下两个特点。

(1)隐蔽性。

即使地下水已受某些组分严重污染,它往往还是无色、无味的,不易从颜色、气味、鱼类死亡等鉴别出来。即使人类饮用了受有毒或有害组分污染的地下水,对人体的影响也只是慢性的长期效应,不易觉察。

(2)难以逆转性。

地下水一旦受到污染,就很难治理和修复,这主要是因为其流速极其缓慢,即使切断污染源,仅靠含水层本身的自然净化,所需时间也长达十年、几十年,甚至上百年。难以逆转的另一个原因是,某些污染物被介质和有机质吸附之后,会在水环境中通过解吸不断地释放出来。

思 考 题

1. 地下水中主要的无机与有机污染物各有哪些?

2. 什么是持久性有机污染物(POPs)? 从 POPs 与地下水污染的特点方面来分析,研究地下水中 POPs 有何意义?

3. 地下水中污染物的主要来源与途径有哪些?

4. 如何判断地下水已受到污染? 水质好的地下水就是没有受到污染,而水质差的地下水就是受到污染,这种观点对吗?

5. 试根据一份已受到污染的地下水的相关水质资料及其环境背景值,分析水中主要污染物的可能来源。

主要参考文献

[1] 刘兆昌,张兰生,聂永丰,等. 地下水系统的污染与控制[M]. 北京:中国环境科学出版社,1991.

[2] 林年丰,李昌静,钟佐燊,等. 环境水文地质学[M]. 北京:地质出版社,1990.

[3] 王占生,刘文君. 微污染水源饮用水处理[M]. 北京:中国建筑工业出版社,1999.

[4] 王大纯,张人权,史毅虹,等. 水文地质学基础[M]. 北京:地质出版社,1995.

[5] 王焰新. 地下水污染与防治 [M]. 北京:高等教育出版社,2007.

[6] 郑西来,王秉忱,佘宗莲,等. 土壤-地下水系统石油污染原理与应用研究 [M]. 北京:地质出版社,2004.

[7] World Health Organization. Guidelines for drinking-water quality,vol. 1:recommendations[R]. 3rd ed. Geneva:WHO,2006.

[8] U. S. EPA 816-f-02-013. Current drinking water standards:list of drinking water contaminants and MCLs[S]. U. S. :U. S. EPA,2002.

[9] 汪珊,孙继明,张宏达,等. 我国水环境有机污染现状与防治对策[J]. 海洋地质动态,2005,21(10):5-10.

[10] 汪民,吴永峰. 地下水微量有机污染[J]. 地学前缘,1996,3(1-2):169-175.

[11] 韩长绵. 水中石油污染的特点及分析中的若干问题[J]. 环境科学与技术,1988,3:20-22.

[12] 赵兵,刘征涛,黄民生,等. 持久性有机污染物的研究进展[J]. 净水技术,2005,24(2):30-34.

第 2 篇
地下水污染场地调查

第3章 污染场地水文地质调查

污染场地水文地质调查是地下水污染研究的基础和出发点,其主要目的是:探测与识别地下污染物,测定污染物的浓度,查明污染物在地下水系统中的运移特性,确定地下水的流向和速率,查明主径流方向及影响污染物运移的因素,定量描述控制地下水流动和污染物运移的水文地质参数。场地调查获得的水文地质信息对地下水污染评价、预测、控制和治理技术至关重要。

为达到以上目的,必须确定一个严格的、针对特定场地的调查程序。污染场地水文地质调查一般包括 4 个步骤(表 3-1),每个步骤都有特定的目标和工作内容,根据所获得的信息对已形成的水文地质概念模型进行修改和完善,前一步的结果和结论对后一阶段的工作内容有启示和指导作用。

表 3-1 污染场地水文地质调查的主要步骤

序 号	步 骤	工 作 内 容
1	污染场区资料收集与踏勘	已有资料的收集整理 初步现场踏勘
2	初步野外调查	布置初始监测孔 大体厘定含水层
3	详细场地调查	扩充监测孔网及沉积物采样 获取水文地质参数,评估污染物运移途径
4	调查工作总结及报告编写	绘制平面及剖面流网 列出重要参数值 总结(报告)及对以后的监测工作进行安排

3.1 污染场区资料收集与踏勘

这一阶段包括已有资料的收集、整理和现场踏勘。该阶段的目的是:收集当地的气象、水文资料,收集有关污染源和污染特性的资料,对已收集、整理的资料信息进行验证,描述场地的基本地质特征,确立或改进地下水系统概念模型,评价与健康和安全有关的潜在环境问题。

3.1.1 收集已有的资料

1. 水文

调查内容包括地表水的位置、流动情况、水质以及与地下水的联系方式等。有关地表水来源及流向的资料大多可由地形图中获得,更详细的情况则可在专门的水资源报告中找到。一些现有的资料在调查的后续阶段中还是有用的。例如,降雨资料在计算入渗补给量时可能起到很重要的作用。

　　2. 地质与水文地质

　　已有的现场调查报告可以提供有关地形、岩土体和填埋材料的厚度及分布、含水层的分布、基岩高程、岩性、厚度、区域地层、构造特征等方面的资料。航空图片可以为评价地质条件及地表排水特征提供重要信息,取水井的地质柱状图则有助于对水井附近的地层分布进行解释。

　　任何污染现场的水文地质条件都对地下水运动和污染物运移起着极其重要的作用。本阶段调查中,应以收集与整理有关水文地质资料为主,对地表排水方式、地下水位、地下水大致流向、污染物的排泄区等应有所了解。

　　3. 污染现场历史

　　1)已知污染物或可能存在的污染物的性质

　　对可能存在的污染物的物理化学性质、赋存状态与接触特性进行分析测定。另外,也需要收集相关的土壤、空气、水等污染迁移介质的环境管理标准。

　　2)污染物的可能来源

　　废物处置活动是污染物的来源之一。此外,用火车或卡车运输大批化学物质或石油产品时常常发生不可控制的溢出问题,这会对地表环境造成严重的积累性污染。虽然某些由废物处置活动及处置设备造成的污染可被很容易地发现,但其他可能的污染来源就只能从报告中寻找证据。

　　3)污染程度

　　已知或不明污染物的污染程度由下列因素决定:地下水环境中污染物的含量、物理化学性质、赋存状态及地下水系统的特征。

　　4)健康与安全

　　对于所研究的污染现场中可能存在的危害,应该制订具体的健康与安全计划。常见的危害来源包括用电设备、不稳定斜坡、地下岩溶、环境温度、辐射、疾病、感染、爆炸、火灾等。

　　如果可能的话,已有资料还应包括场地水文地质平面图、剖面图及初步的概念模型。

3.1.2　初步现场踏勘

　　在资料收集完成以后,必须进行初步现场踏勘,以证实从资料分析中得出的结论。需携带所有相关的平面图、剖面图及航空图等图件,用于近地表勘察的铁铲及手工钻,用于采集地表水或地下水的采样瓶。在这一阶段,应完成以下踏勘任务。

　　① 弄清欲用钻探设备场地的可进入性。观察现场地形及周边环境,以确定是否可进行地质测量和使用钻孔设备。

　　② 对现场的水源进行考察,以确定是否方便清洗钻孔,并获得可供钻探使用的清洁水。

　　③ 对现场的地质条件进行考察,以确定区域地质条件与所收集资料是否一致。

　　④ 观察现场地形、排水情况及植被分布,确定钻井液排放位置。

　　⑤ 查明导致污染的化学废物的性质,特别是其活动性及暴露程度。

　　⑥ 确定研究区域内监测设备的状况,特别是它们的放置条件、深度及地下水位。

　　⑦ 对现场气候进行调查,以获得降雨量及气温方面的资料。降雨量对于确定地下水、地表水、风力、风速、侵蚀程度等十分重要,而污染物在地下水环境中的反应速率、挥发、微生物降解等过程则常常与气温有关。

用铁铲及手工钻采集近地表岩土体样品,一般带回实验室进行测试。附近建筑场地、矿坑、公路的边坡常常是采集岩土体样品的理想场所。在本阶段中,应采集地表水及地下水样。这些水样的化学分析结果反映了当地水质的状况。在一些情况下,在地表就可观察到液体废物污染或从污染源释放出的淋滤液。在图上记录地表土壤污染状况、植被和处置废物的场所位置,并采集样品进行化学分析。

根据场地的复杂程度和已有资料的情况,在这一阶段的后期可以初步建立起一个场地水文地质概念模型,该模型应包括以下要素。

① 根据水动力学性质划分出不同的地层,并指出不同地层对地下水流动系统的重要性及其对地下水环境中污染物运移的潜在控制能力。

② 明确区域及局部的地下水流动系统与地表水之间的水力联系,弄清相互补给、排泄关系,画出地下水流动系统示意图。即使这样一个初步的模型可能随着调查工作的深入而有所改变,在踏勘后建立这样的概念模型有助于从一开始就带着系统的观点整体把握场地的水文地质特征。

③ 确定人类活动对地下水流动及污染物运移的影响。埋藏管道、地下设施、下水道及与它们相关的粗粒回填层都会为非水相液体和地下水污染物创造条件。现场周围的抽水井也会改变水力梯度和地下水流场。

④ 确定污染物运移途径及优势流的通道,这些通道包括渗透性很高的地层及土壤中的裂隙。

⑤ 确定污染物的性质。在概念模型中加入污染物的性质是非常重要的,这样可以确保污染物的产生与迁移成为现场监测与调查过程的中心。

⑥ 确定污染物的可能受体,包括人、植物、动物。

在第一阶段调查中,整理和评价已有的背景资料,并进行野外考察是非常必要的。工作计划应考虑现场的特征。例如,低渗透性岩层将使较深处的含水层免受附近地表污染物的影响。在一定的地质环境中,某些勘察技术将会比另外一些更为适用,地质条件对于勘察方法的选择至关重要。

在确定工作计划时,现场污染物的性质也应被考虑进去。这些需考虑的因素包括:现场勘察方法的适宜性;在进行现场调查时所使用的地球物理技术的适宜性;污染物与监测孔材料的相容性;安置钻孔、监测孔与取样技术的适宜性。

3.2　初步野外调查

第二阶段调查的主要目的是:划分和刻画主要的含水层,大体上确定地下水流向,收集足够的资料,以制订一个详细的场地调查计划。

本阶段调查包括对现场的调查及地下水监测孔的安装。在收集有关现场特征资料时,可采用许多不同的勘察技术。直接方法包括钻探、土壤采样、土工实验等,而间接方法则包括航片、卫片、探地雷达、电法等。调查者应该有机地结合直接方法与间接方法,以有效地获得全面的现场特征方面的资料。

在污染现场进行土样采集是为了确定有害物质的浓度是否达到足以影响环境和人类健康的水平。具体来说,土样采集可用于以下目的:确定不同污染物的来源;确定污染物对人类健康与环境的风险大小;确定污染物是否存在及其浓度大小;确定污染物的浓度及其空间与时间分布特征；确定控制及去除污染物方法的有效性；确定各特定污染物对动植物的风险水平；确定污染物的来源、迁移机理及途径，污染物的可能受体；确定污染物迁移模型的有效性；确定已有的采样程序是否符合有关环境法规和技术规程的要求。

在研究污染土壤的性质时，野外与室内实验都是必要的。野外实验可提供有关土壤性质、地下水运动、污染物迁移等方面的资料。对于那些缺乏有关地下信息的研究场地，可考虑使用地表物探技术来获取场地的一些地层信息。这些调查结果和已有的地质资料一起使用，有助于确定地层岩性。这些岩性特征在钻井过程中可进一步被检验，也有助于确定测井的深度。通过测井可确定含水层边界的位置。同样，使用地表物探可探测被掩埋的废弃容器（如金属罐和桶）。这些调查可以确定潜在污染源的位置，并指导监测孔的定位，以避免在钻井过程中穿破被掩埋的废弃容器。

地球物理技术可用来较好地了解地下条件及描述污染的程度。地球物理技术包括探地雷达（GPR）、电磁法（EM）、电法与地震法等。对于任何地球物理技术来说，在某一污染现场的研究中取得成功未必表明它在其他现场就一定取得成功。理解这一点是非常重要的，一个专业人员在承担地球物理勘察项目以前，应了解每一种地球物理技术所存在的缺陷。

一旦掌握了场地的一般地质特征，初步的测井就可以开始，这些测井可以用来对地层进行更为精确的描述。实践证明，使用按三角形排列的 3 个钻孔十分有效（图 3-1）。要详细编录每个钻孔，并安装监测孔。这 3 个钻孔往往不足以完整地描述水文地质系统，对于面积较大的场地或地质条件非常复杂的场地尤为如此。然而，它们可以提供足够的信息用于绘出一张初步的地下水流场图，也可指示含水层的连续性。这是第三阶段即详细场地调查所需的初始信息。

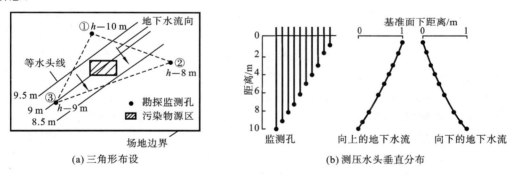

图 3-1　初步野外调查实验和监测孔的三角形布设及测压水头垂直分布

这一初步的钻探工作是为了了解场地主要的含水层，描述这些含水层是评价污染物从污染源扩展的风险和确定潜在迁移途径的基础。要详细记录在钻探过程中揭露的岩层，所选用的钻探及取样方法不仅取决于场地条件和设想的地质情况，也取决于所需样品的类型和钻孔的最终使用情况。

第二阶段的初步钻探和沉积物取样需提供以下信息：每组主要地层单元的相对位置和厚度、每个单元的物理性质、沉积物或岩石类型、矿物组成、粒径分布、主要孔隙（裂隙）和次要孔隙（裂隙）的发育、渗透性、饱水度等。

为了掌握这些资料，必须在钻孔中间隔进行岩土体的取样。如果对水文地质剖面了解甚少，就必须至少从一个钻孔中取一个相对连续的、未扰动的完整岩芯。通过仔细研究岩芯样品,就可以确定所有的钻孔中在什么深度段获取主要含水层的样品。

　　在第二阶段所获取的部分样品将被用于第三阶段的实验分析。岩芯应及时密封,保存在相对凉爽的地方,最好在 4 ℃条件下冷藏,以避免暴露于大气后土样发生物理化学性质上的变化。除了取岩芯样之外,应对岩芯进行编录和地球物理记录。

　　由于 3 个钻孔分别位于等边三角形的 3 个顶点,因此可以画出等水头线图。如果污染源较小,并有明显的界限,可以围绕它布孔,使污染源限制在三角形区域之内(图 3-1(a))。对于较大的场地,因为地下水流向在场地范围内可能发生较大变化,3 个钻孔的观测资料可能无法刻画地下水流场。三钻孔法可以提供基本数据,以便完善地下水系统概念模型,并有助于为第三阶段制定更为详细的野外工作程序。在偏远地区,钻探设备的运输是很昂贵的,必须快速、准确地完成第二阶段的评估,并尽快地设计和实施第三阶段的野外计划,以充分利用钻探设备。

　　在布置初始钻孔时应考虑以下几个因素。在特定的地表环境,如溪流可对地下水流场造成局部影响,使得对地下水流动模式的解释产生困难,所以应使最初的钻孔远离这些地貌单元。另外,污染源有时与人工的回填(如许多垃圾填埋场)有关,不能把最初的钻孔布置在这些地方。对这些地方的调查属于第三阶段的内容。

　　钻孔深浅应根据场地而定,但是一般应达到隔水底板。当没有相关地层渗透性信息时,钻孔应达到基岩。水文地质工作者应当判断钻孔是否应进入基岩。这取决于基岩的水力传导性、埋深以及作为含水层的重要性。如果低渗透性沉积层存在裂隙,一般钻井应加深。根据当地的场地条件及污染特性,可以布置单个测压管或多个测压管。如果在每个钻孔中安置多个测压管,就可由水头资料得到每个主要含水层的垂向水力梯度和地下水流向。

　　总体来说,在每个含水层中至少应安装一个测压管。如果含水层比较厚(>15 m),就应考虑使用两个测压管,监测并记录监测孔在安装后测压水位恢复情况。在渗透性较高的沉积物(如沙和砾石)中,水头恢复很快;而在渗透性较低的沉积物中,水头需数周到数月才能达到平衡状态。从监测孔中读取水头数据,并绘出水位平面图,然后进行插值,绘制等水头线图,如图 3-1(a)所示。从图中可以得出地下水的流动方向。对于每个渗透性较高的含水层应分别绘制地下水位线图。同时应注意,为了把监测孔的水头与监测网中其他监测孔的水头联系起来,必须使用水准仪准确测定每个监测孔在地面固定点(如套管顶部)的高程。

　　在每个监测现场,可以根据每个井不同深度的测压管水头,绘制水头垂向剖面图。根据这些图件可以得出在整个剖面上的垂向水力梯度分布情况,如图 3-1(b)所示。这些垂向和水平向水力梯度能够大体上指示潜在污染物的运移方向。

　　此外,在钻探过程中带到地表的岩芯可能受到严重污染。因此,应采取严格的安全预防措施,以免野外工作人员无意中扰动这些岩芯。这些预防措施包括防护罩及有挥发性污染物存在情况下的呼吸装置。

　　初步钻探结束后,就可以开始设计详细的调查计划。水文地质调查进入第三阶段。

3.3　详细场地调查

　　通过场地调查的第三阶段工作,要形成一个仿真度较高的地下水系统概念模型,能够刻画主要含水层,并绘制出场地附近地下水流场图,定性评价地下水脆弱性,并识别污染物可能的迁移途径。

在平缓地形的小型场地(如 500 m×500 m),含水层比较单一,且附近没有地表水体,那么初期的 3 个监测孔或许能够初步反映场地的水文地质状况。然而,若这些孔的主要目的是评估污染物的分布情况,那么必须明确,仅凭这 3 个孔的水位数据不足以准确描绘地下水流场的全貌,甚至可能导致误判(图 3-2)。因此,在地质条件复杂或需要精确评估污染分布的场地时,必须考虑设置更多的监测孔以获取更全面和准确的数据。

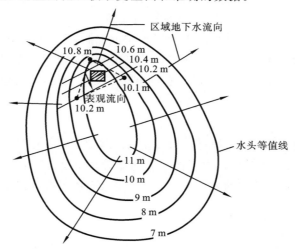

图 3-2　根据 3 个监测孔得出的对地下水流动方向的错误判断
●—勘探监测孔；▨—污染物源区

3.3.1　钻进方法

有几种钻进方法可用于地下水采样与地下水监测。在选择最佳钻进方案时,现场地质条件与成井材料的尺寸和类型是关键的因素。所要求的成井材料可能影响可利用的钻进方法。由聚氯乙烯材料或不锈钢所制成的套管和过滤器适合于采用螺旋钻进方法,而绳索冲击钻进则要求使用电镀钢套管。一般来说,在一个完整的监测孔成井过程中,通常需组合使用两种或更多的钻进方法。下面简要讨论几种常用的钻进方法。

1. 中空螺旋钻进

在监测孔施工时,中空螺旋钻进是最常用的钻进方法之一。这种钻进方法不需钻进液,因而对渗透性岩层的影响也是最小的。该方法的钻进深度一般不超过 50 m。当岩土层的渗透性很强的时候,通常不使用螺旋钻杆。成井后监测孔的直径不超过 100 mm。中空螺旋钻进还有一个优点,那就是它可在螺旋头末端取出连续的岩芯。

2. 实心钻杆螺旋钻进

实心钻杆螺旋钻进在细粒未固结地层中非常有用,在这些材料中形成的钻孔不会在未支护的情况下坍塌。利用实心钻杆钻进时所采用的方法与中空钻杆的钻进方法相同,只是在把套管和过滤器下入钻孔时需先将螺旋钻杆从钻孔中移出来。利用实心钻杆钻进时,无法进行岩芯采样,因此,必须依靠地面观察进行地质采样。由于在成井过程中可能发生污染物的混合,因此很难得到精确的测井记录。

3. 绳索冲击钻进

绳索冲击钻进是水井作业中最古老的成井方法之一。在监测孔施工时,该方法有许多优点:可以采集到质量很高的岩芯,并且能够探测到很薄的高渗透带的存在;在钻进过程中,套管被同时下入钻孔,这将在监测孔施工时起到理想的临时支护作用。

4. 空气回转钻进

在空气回转钻进过程中,空气被压入钻杆,并在钻孔中起到清除岩粉的作用。这项技术特别适合于在裂隙岩体中使用。如果监测是针对有机化合物的,那么必须对空气进行过滤以确保从压缩空气中除去污油,进而避免污油进入岩层而被探测到。空气回转钻进不应该在高污染环境中进行,因为从钻孔中流出的水和岩粉难以控制,且易对钻进操作人员与监测人员造成危害。当存在易挥发化合物时,空气回转钻进可能使这些化合物发生挥发现象,从而使采集到的废物样品不具有代表性。泡沫添加剂有利于去除岩粉,但会增加监测孔中有机污染物的含量。

5. 夯击中空螺旋钻进

在空气钻进的时候,利用夯击锤可以增加在高度裂隙化岩体中钻进的效率。夯击锤的使用提高了中空螺旋钻进在孔隙材料中下设套管的能力。由于可以在套管拔出以前就完成监测孔的施工,夯击中空螺旋钻进的效率大大增加。然而,在利用该技术时需考虑污染物及工作人员安全性的问题。

6. 反循环钻进

该方法仅限于在监测孔施工时使用。反循环钻进要求在钻孔中有大量的清水不停地循环,以清除钻杆上的岩粉。如果在渗透性岩层中采用反循环钻进,大量的水将涌入被监测的岩层,从而改变地下水的水质。

7. 泥浆钻进

泥浆钻进是成井工艺中最流行的方法。在采用泥浆钻进技术时,钻进泥浆始终在钻杆中循环,这可以用来清除钻孔中的岩粉。泥浆会在钻孔的一边形成屏障,在渗流区必须将这道屏障除去。然而在小孔井中,钻进泥浆并不总是能完全除去。大多数的钻进泥浆具有很高的离子交换能力,这将有效地降低随清水进入水井的阳离子的浓度。另外,如使用有生物分解能力的有机钻进泥浆,可能在采自水井的水样中混杂有机化合物。

3.3.2　监测孔设计

监测孔可用来采集地下水水样,并获取水位资料。监测孔的各个设计要素必须以不改变水样的水质为前提。对场地污染物化学性质与地质构造的了解,在钻进技术和成井材料的选择方面起着主要的作用。

1. 井径

监测孔的直径大小一般取决于获取地下水水样的设备(提桶、水泵等)的尺寸。在高渗透性的岩层中,含水层能提供大量的地下水。然而,在严重缺水区布设监测孔时,如果井的直径非常大,在低渗透性的岩层中大量抽取地下水将会产生水量不足的问题。此外,当地下水被有害液体废物污染时,抽取地下水进行处理需要大口径孔。因此,从安全和处理费用的角度来看,都应尽量使监测阶段抽取的地下水量最小化。鉴于以上原因,监测孔成井技术规程规定井径通常为 50 mm。如果监测工作完成后,还需要继续进行地下水及污染土壤的处理,可以将大口径的监测孔用作抽水井,以抽取被污染地下水进行处理。另外,由于大口径井具有更高的强度,它们常被用于深井监测。

2. 套管与过滤器材料

监测孔成井材料的类型对于所采集水样的水质有明显的影响。因而,成井材料应不吸收或过滤水样中的化学组分,且不应影响水样的代表性。通常所用成井材料的类型包括如下几种。

1) 聚氯乙烯

聚氯乙烯(PVC)材料由于非常便宜,且易于处理,因此广泛地应用于套管与水井过滤器的制造。聚氯乙烯在一般环境里不发生化学反应。然而,当聚氯乙烯与低分子酮、乙醛及氯化物溶液直接接触时,将会发生变质现象。一般来说,当溶液中的有机物含量增加的时候,将会对聚氯乙烯造成直接的破坏或发生吸收作用。

2) 聚四氟乙烯

聚四氟乙烯被认为是化学性质最不活泼的成井材料。但由于其价格昂贵,因此只在不允许任何化学干扰的情况下使用。

3) 电镀套管

电镀套管的性能要优于聚氯乙烯材料,这是由于电镀套管对于有机化合物来说是惰性的,而且在岩层中也更为经久耐用。电镀套管的电镀膜还可以防止生锈。但需要明确的是,电镀套管会增加地下水中铁、锰、锌、镉等元素的浓度。由于铁、锰浓度的增加,水样中污染物的浓度也可能增加。因此,在监测地下水中的重金属污染时,采用聚氯乙烯做成井材料更为适合。

4) 不锈钢套管

不锈钢套管在实质上对所有的污染物都是惰性的。然而,在 pH 值很低的情况下,不锈钢会向地下水中释放铬离子。这将对一些有机污染物的生物降解反应起到催化作用。不锈钢套管的另一个显著缺点是价格太高。

3. 密封材料

当钻进时采用回转、螺旋等方法时,成型后的钻孔直径要大于监测孔的套管直径,应在监测孔套管和钻孔壁之间充填止水材料(膨润土泥浆、水泥泥浆或膨润土与水泥的混合物等)。下面将对每一种充填材料在使用时的注意事项加以讨论。

1) 膨润土泥浆

膨润土泥浆一般用作钻进泥浆,也可以在成井后用作钻孔密封材料。膨润土的结构为铝硅键通过阳离子桥而联系起来。膨润土具有很强的铁离子交换能力,当作为密封材料靠近过滤器或监测孔入口时,所采集到的水样的化学组分可能发生改变。

2) 水泥泥浆

采用回转钻进法成孔并下入套管之后,水泥泥浆用于密封环形套筒。对于地下水来说,水泥的渗透性要高于膨润土,因此水泥有时被认为不适合用作充填材料。然而,水泥是刚性材料,而且极易在监测孔的套管周围形成整体。要注意的是,水泥的不正确使用可能影响水样的 pH 值。

3) 膨润土与水泥的混合物

膨润土与水泥的混合物常被用作充填泥浆。混合泥浆的强度略小于纯水泥,渗透性则略高于膨润土。混合物的变异作用有助于加强充填泥浆的结构强度与抗渗透性。

4. 过滤器长度及埋置深度

监测孔过滤器的长度及其在地下的埋设深度取决于污染物在饱水带与包气带的性质和

监测目的。当对某一用作供水源地的含水层进行监测时,在整个含水岩层的厚度范围内都应安置过滤器。然而,当需要在某一具体的深度区间内取样时,通常采用多个垂向监测点即定深取样(depth-specific sampling)的方式。当地下水的饱水带厚度太大,以致利用长过滤器都不足以进行监测时,这项技术也是非常必要的。

特别需引起注意的是,轻质非水相液体,即密度小于水的液体污染物,将会漂浮在地下水面之上。对这类漂浮污染物进行监测时,过滤器的长度必须扩展到整个地下水饱水带,以便这些轻质液体能够进入监测孔中。过滤器的长度与位置必须与地下水位及其变化幅度相对应。

5. 监测孔的位置与数目

在一个监测过程中,监测孔的位置与数目和该监测过程的目的密切相关。大多数的溶解性化合物在包气带以垂直迁移为主,一旦到达饱水带,就将随着地下水的流动做水平运动。

图3-3表示了一种典型的监测孔布置方式。A井为背景监测孔,位于现场中地形足够高的地方,要确保水井周围充填物不会对水力传导系数造成影响。B井则位于现场中可以探测到污染物迁移的地方,该井也用来验证污染治理措施的有效性。如果监测孔的水质并未随时间推移显示出改善的趋势,就表明污染现场需进行进一步的治理。为了阻止污染物向监测孔套管的垂向迁移,该监测孔必须小心施工,并加以密封。C井位于现场下坡度的地方,应尽可能地及时探测地下水水质的变化情况。治理工程实施一段时间后,该井应该显示出地下水的水质有改善的趋势。

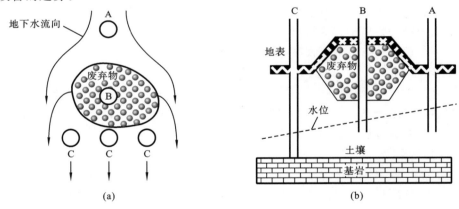

图 3-3 典型的监测孔布置方式

场地的地质条件、水文地质条件、污染物性质及勘察区域的范围都是确定监测孔的数目及布置方式的因素。当然,场地的地质条件与水文地质条件越复杂,污染物的运动情况也越复杂。勘察区域的范围越大,监测孔的数目应越多。

3.3.3 监测孔安装技术

在钻孔完成后,岩芯取样和岩性编录也已完成,可以在钻孔中安装适当的监测设备以获取地下水样、测定地下水位及开展地球物理测井(如果可能的话)。根据所遇到的岩土体类型、每个钻孔中所需垂向监测点的数目、所使用的钻进方法、所监测污染物的类型、监测设备的最终用途采用适当的监测孔设计和安装方法。

在监测孔安装过程中必须确保:在特定的深度下安装于钻孔中的井管滤网完全分开;井管滤网周围的孔壁没有在钻进过程中发生严重改变;地下水水质在钻探过程中没有发生显著改变;水位测定仪与地下水采样设备及地球物理设备可以自由放入(套管直径足够大);用于修建监测孔的材料与被监测污染物相容。

1. 点驱动监测孔

最简单、最省钱的监测孔安装方式是使用锤击设备,把井管滤网和套管一起击入到指定深度。这样,高质量的监测孔可快速安装完成。这种方法不需要钻进设备,例如可使用柴油机气锤或凿石器把驱动点驱入指定的深度。点驱动监测孔由钢或不锈钢尖端、井管滤网以及连接在井管滤网上的标准黑铁、钢或不锈钢管组成。在地表,把驱入头与套管连接起来,然后把它们击入地层中。

点驱动监测孔的孔径一般为 1.5～3 cm,在松散沙层及砾石层中安装深度达 20 m 以上,而在软质黏土中安装深度可达 30 m 以上。井管滤网的长度一般为 20～100 cm。这样,外部流体不会进入含水层中,现场条件的改变被限制到最低限度。由于安装过程为振动驱入,因此没有必要使用封填材料或回填来隔离监测孔底端。

2. 单个监测孔

最常见的情况是在钻孔中安装单个监测孔。在监测孔安装的过程中应考虑以下因素:监测孔的用途、钻孔特性、岩土体的类型、污染物类型、井管滤网的长度、套管的直径、过滤网及回填材料、监测孔修建材料、地表情况。

把所选井管滤网和套管下到钻孔中指定的位置。在井管滤网的上部回填渗透性反滤层,使相邻含水层的地下水可以自由地进入井管滤网中。这种填料应该是惰性的(如石英沙)。在反渗层的上部,应回填止水材料(如膨润土),把井管滤网与钻孔的其他部分分开。在止水材料的上部回填黏土或用水泥填充到地表。为安全起见,在套管接近地表处应安装覆盖层,以防雨水进入井中。这些监测孔直径通常为 2～10 cm。使用材料一般为钢、不锈钢、聚氯乙烯和聚四氟乙烯,具体视取样的化学需要而定。井管滤网的选择取决于土体的粒径分布特点和污染特性等因素。

3.3.4　群井及多水平监测孔

为了精确而全面揭示污染物在地下水系统中的时空分布特征和所经历的复杂过程,在多数场地调查过程中,必须测定水头及污染物浓度的垂向分布情况。为了获得这方面的信息,必须使用定深取样技术,即在单个钻孔中的不同深度上安装监测孔。这时,在单个钻孔中可以使用单个群井,也可使用多水平监测孔。选择方案包括:多个钻孔,每个钻孔安装一个监测孔;每个钻孔"捆绑式"安装不同深度滤网的多水平监测孔;每个钻孔安装一个具有多个取样口的监测孔;具有多个止水段的全长滤网监测孔。

方案的选择通常依赖于岩土体类型和钻探方法。与同等数量的单个监测孔相比,多水平监测孔的安装更经济快捷。对于在未固结沉积物中钻进,所有单井安装的钻探技术都适用于多水平监测孔的安装。必须确保不同深度间止水段的完整性。对于固结地层,应考虑使用反滤层-止水段系列(图 3-4(b))或封隔器(图 3-5)。

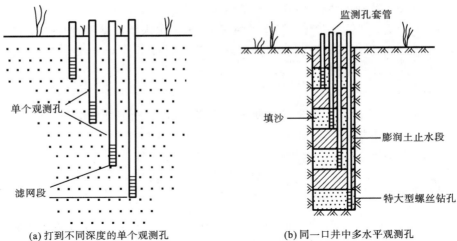

(a) 打到不同深度的单个观测孔   (b) 同一口井中多水平观测孔

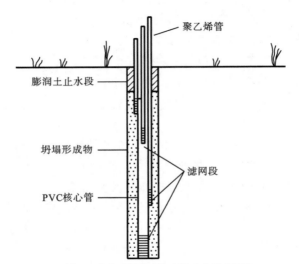

(c) 同一口井中"捆绑式"安装多水平观测孔

图 3-4 多水平(定深取样)监测孔

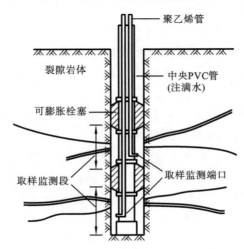

图 3-5 带栓塞系统的水平取样器(Waterloo 系统)

3.4　调查工作总结及报告编写

地下地质条件十分复杂,试图针对所有情况规定一套具体的调查方案既不切实际,也不科学。本章所述的分阶段方法具有相当大的灵活性。在选择适当的地球物理技术、钻孔技术和采样技术时,应由具有丰富经验的地球物理专家和水文地质专家共同抉择。一般有多种技术可供选择,通过仔细分析现场的具体情况,就可以选择最合适的技术,制订最经济有效的野外调查方案。

设计监测网、选择监测孔类型和形状时,野外水文地质专家应与污染水文地质专家、地球物理专家(有时甚至包括概率统计专家)进行磋商,以确保为最终用户建立有效的监测孔网络。

场地水文地质调查的最后一步是向有关部门报告结果。这就是场地调查工作的第四阶段。最终的报告应至少包括以下部分:场地水文地质条件的剖面图、每个主要含水层的水位等值线图、地下水侧向和垂向流动的剖面图、水位和物理参数值列表、污染物运移的主要途径及不同的途径污染风险评价、可能影响污染物运移的附加场地条件总结、对以后的数据收集和野外工作的建议、野外工作过程中使用的方法、所有监测孔的位置以及沉积物样品的处理和保存方法。

需要明确的是,这种报告通常是和地球物理探测、水文地球化学调查报告一并提交的。

思　考　题

1. 简要总结地下水监测的目的、任务和作用,举例说明监测在地下水资源保护中的作用。
2. 查阅有关土质土力学和土工实验方面的文献,简要论述原状土样的采样、分析方法。
3. 查阅有关钻探工程学书籍,详细了解 Packer 系统的工作原理,简要总结岩芯取样的具体原则和关键技术。

主要参考文献

[1] Rudolph D L. Hydrogeological site investigation[R]//Subsurface assessment handbook for contaminated sites. Report CCME EPC-NCSRP-48E,Waterloo Center for Groundwater Research,1994.

[2] Lerner D N,Teutsch G. Recommendations for level-determined sampling in wells[J]. Journal of Hydrology,1995,171:355-377.

[3] Mohamed A M O,Antia H E. Geoenvironmental engineering[M]. Amsterdam:Elsevier,1998.

[4] Zheng C M,Bennett G D. Applied contaminant transport modeling[M]. New York:John Wiley and Sons,Inc. ,2002.

[5] U. S. Department of the Interior Water and Power Resources Service. Ground water manual[R]. Denver:U. S. Government Printing Office,1981.

[6] 姚爱国,马明,吴翔,等. 岩土工程钻进原理[M]. 武汉:中国地质大学出版社,2000.

[7] 薛禹群. 地下水动力学[M]. 北京:地质出版社,1997.

[8] 王焰新. 地下水污染与防治[M]. 北京:高等教育出版社,2007.

第4章　地下水污染调查

地下水污染调查是地下水污染研究的关键一步。调查内容包括污染源、污染途径、水质现状及地下水质监测,通过这些监测工作确定地下水污染的信息,分析污染的规律,预测地下水污染的发展趋势。

4.1　污染源与途径的调查

地下水污染的水化学调查首先应查明地下水的污染来源、途径、分布、种类、性质、数量、排放形式、排放量及其对含水层可能产生的影响。为了确保调查质量,要把环境中各种污染源(污水排放口、排放渠道、排污渗坑、渗井、蒸发沉淀池、城市垃圾、工业废渣堆放场以及污灌区)的位置分别标绘在图上,记录污染物的排放量、物理和化学特征、附近的地质和水文地质条件、工业开挖情况及渗透特征等。应尽可能使用地理信息系统软件,在地形图或带地形信息的水文地质图上记录调查结果。遥感技术也是区域性污染源调查的重要手段,应积极采用新技术和新方法。这里主要论述地面调查内容。

4.1.1　工业污染源调查

查明有关工厂企业的主要产品和副产品、生产工艺过程中使用的化学药品及使用量、工业"三废"(特别是废液)中可能排放的有害物质、废液(或废水)的排放量、有害物质的排放浓度和排放途径。选择废水排放量大、排放范围广、有害物质浓度高的工矿企业,进行深入的调查研究。对工厂的工业废水排放量及其有害物质浓度应详细调查,以便计算进入地下水的污染物总量。

对于工业废渣,主要调查排放量、所含有害物质种类、处置的方式和地点等。

4.1.2　农业污染源调查

主要应调查污水灌区的污水成分、污灌范围、污灌次数和污灌量、多余污水入渗情况以及使用农药、化肥的种类及施放情况。调查的内容还应包括污灌、农药和化肥使用的历史。

4.1.3　固体废物调查

调查内容有固体废物的堆放地、地表填坑、尾矿沙等,调查废物的种类、成分、可溶性、面积、体积、表层土的岩性、填坑底有无衬砌、埋藏封闭的程度、堆放填埋的时间、污染地下水的淋滤。附近有井孔时应取水样分析。

4.1.4　地表水体调查

地表水体调查包括各种地表水体(河流、湖泊等)的污染情况及其与地下水的水力关系。在滨海地区、盐湖分布区,还应调查海水、盐水入侵的可能性。此外,对于地表各种形式的污水坑、池、塘、库等,应调查其面积、容量、结构、衬砌情况、投入使用的时间、周边植被、包气带厚度和岩性、污水种类和成分、排污规律、排放量、池中水位变化规律、渗漏情况等。坑塘附近有井孔等地下水取样点时,应取水样分析,并将坑塘位置标定在图上。对排污渠道的渗漏也应详细地调查。

对生活污染源应调查废水(废渣)的排放方式、排放量及有害物的种类和浓度。对于城区,应调查埋设在地下的污水管道、储油库的分布与渗漏情况、地下建筑物建设的年代、维修情况以及腐蚀和侵蚀等损坏情况。调查废弃勘探孔的封填情况,因为它可能成为连通污染水或盐水与洁净水的通道。在基岩山区,对溶洞、落水洞、大裂隙、废坑道等应进行调查和编录。矿区的旧坑道、老窑常常是污染源,同样应进行调查。

4.2　调查范围与地下水污染监测网设计

4.2.1　调查范围

地下水污染调查应从区域和局部两个方面着手。区域调查包括地下水的补给、径流和排泄的水文地质单元上的区域水质普查,目的是确定地下水中各种污染组分的背景值和异常值。局部调查是针对上述各种污染源进行,对重点污染区进行大比例尺的水化学调查,目的是调查污染的程度,查明污染物来源及污染途径,有助于分析地下水的水化学变化及其发展趋势。

4.2.2　地下水污染监测网设计

对地下水污染的水质监测,其监测网在布置原则上应当考虑污染源的分布和扩散形式、水文地质条件、地下水的开采情况和区域水化学特征等因素。一般来说,应当采取点面结合的方法,抓住重点污染地段,并对整个研究区进行适当控制。监测的主要对象应该是污染物危害性大、排放量大的污染源、重点污染区和重要的供水水源地。污染区监测点的布置方法应根据污染物在地下水中的扩散形式来确定。根据污染物在地下水的分布形式,监测点的布置有以下几种方式。

1.点状污染源监测

对于排污渗井、渗坑、堆渣地点等,可沿地下水流向,自排污点由密而疏布点,以控制污染带长度和观测污染物运移速率。对于含水层的透水性较好、地下水渗透速率较大的地区,污染物扩散较快,则监测点的距离可稀疏些,观测线的延伸长度可大些。反之,在地下水流速小的地区,污染物迁移缓慢,污染范围小,监测点应布置在污染源附近较小的范围内。监测点除沿地下水流向布置外,还应垂直流向布置,以便从空间上涵盖污染带的分布。

2.线状污染源监测

对于排污沟渠、受污染的河流等线状污染源的监测,应垂直线状污染体布置监测断面,监测点自排污体向外由密而疏。污染物浓度高、污染严重和河流渗漏性强的地段是监测的重点,应设置2～3个监测断面。在河渠水中污染物超标不严重或渗漏性较弱的地区,设置1～2个监测断面。对于基本未被污染的地段,可设一个监测断面或一个监测点以监测其变化规律。

3.面状污染源监测

对于污灌区的监测,可用网格法均匀布置监测点线。污染严重的地区多布置,污染较轻的地区则少布置。对不同类型的地下水,应分别设置监测点,特别是浅层水、深层水与第四系松散层地下水、基岩地下水等应分别进行监测。

4. 监测孔布置

除新建或专门建立的监测孔外,监测孔还可选择那些常年使用的生产井,以确保水样能代表含水层真实的化学成分。井筒结构、开采层位也应符合观测要求。在农业污灌区还应考虑监测井附近的交通条件,在满足监测要求的原则下,选择交通条件较好的井孔作监测井,以利于长期监测和采样。在无生产井的地区,必须打专门的水质监测孔,以满足监测工作的需要。废井、长期不用或管理不良的井都不宜作监测井。对每个监测井均应记录基本情况、所在位置、所属单位、井的深度、岩层结构、开采层位、开采量、井孔附近的水文地质概况,并建立监测孔的档案卡片。

4.2.3 监测项目

地下水污染监测项目应按地下水污染的实际情况而定。根据我国城市地下水污染的一般特征和当前的监测水平,按一般环境质量评价的要求,监测项目大体上可分为如下几类。

1. 地下水常规组分监测

它包括钾(K^+)、钠(Na^+)、钙(Ca^{2+})、镁(Mg^{2+})、硫酸根(SO_4^{2-})、氯化物(Cl^-)、重碳酸根(HCO_3^-)、pH 值、总溶解性固体(TDS)、总硬度、耗氧量、铵(NH_4^+)、硝酸根(NO_3^-)、亚硝酸根(NO_2^-)、氟离子(F^-)等。

2. 有害物质监测

根据工业区和城市中厂矿、企业类型及存在的主要污染物确定监测项目,常见的有汞(Hg)、铬(Cr)、镉(Cd)、铜(Cu)、铅(Pb)、锌(Zn)、砷(As)等重金属,有机有毒物质,酚(C_6H_5OH),氰化物(CN^-)及工业排放的其他有害物质。

3. 细菌监测

可取部分控制点或主要水源地进行监测。测试数据最好与环境背景值进行对比,尽可能采用精度高的新技术方法并实现测试自动化。

4. 特殊目的监测

根据用户的需求,对地下水中各种有机污染物、微量元素、放射性物质、溶解性气体等进行监测。

4.3　地下水样采集与保存

地下水样采集与分析是地下水污染研究中最重要的环节,它是获取地下水水化学特征必要的工作。地下水样采集与分析过程涉及一系列仔细的准备与操作,任何一处疏忽都将导致一个样品或全部的分析数据失去有效性。因此,地下水样的采集、保存和分析是获取真实的第一手资料的关键。

4.3.1 采样容器的选择与洗涤

除水样必须在现场分析的情况之外,从采样到分析总要经过一段时间。这就引出一个如何保持水样组分稳定性的问题。影响样品中组分稳定性的因素很多,例如样品的组成及性质、容器的材料与制造工艺以及保存样品的方法等。对于痕量元素的测定,这种影响更为明显。

理想的采样容器,应当不沾污样品,也不吸附样品中的化学组分。然而,即使材料的化学性质是最惰性的,也难免影响样品中某些组分的浓度。例如,氧、二氧化碳及水蒸气可透过容器壁的微小间隙;器壁的微小孔穴常是吸附的活泼据点;玻璃中的金属离子常不规则地分布在硅酸盐网格之间,有的具有不同强度的键,可以吸附溶液中的离子;塑料既能微溶于水,也能吸附某些化学物质。

溶液中离子的化学性质与其稳定性密切相关。已经证明,聚乙烯强烈吸附海水中磷酸根,而硬质玻璃却只有轻微吸附现象;储存于聚乙烯瓶中的海水,3 周后金、铂损失 75％以上;海水储存于硬质玻璃瓶中半年后银、锌、铬、锑未见显著变化。容器的透光性也有影响,例如用棕色瓶作为采集和测定溶解氧的专门容器,比用无色瓶采集样品的分析结果要更可靠些,后者的结果常显著偏高。目前认为,硼硅玻璃容器或聚乙烯瓶均可使用,而软质玻璃、胶塞或胶垫容易引起金属元素的沾污,均不宜使用;在检测含有有机成分的样品时,只能用玻璃容器,用聚乙烯瓶显然是不合适的。有的实验室习惯用铬酸液洗涤器皿,由于铬极易吸附在玻璃上,显然不能用作洗涤、盛装和测定铬的水样的器皿。塑料器皿也不应使用铬酸洗涤,因它会腐蚀塑料表面,使吸附金属离子的作用加强。在洗涤时,可先用自来水将容器表面灰尘洗净,然后用高级清洁剂将内、外油污洗净,用水冲洗干净,再用 1∶1 盐酸装满容器,浸泡一昼夜,倒出盐酸(若测定痕量组分,用水冲洗干净后,应再用 1∶1 硝酸浸泡一昼夜后,倒尽硝酸)。最后用去离子水洗涮,至洗出液呈中性(用精密 pH 试纸检查)。

容器洗净以后,都应检查洗涤质量。为此,将超纯水装满洗净的容器,如同保存水样一样,放置 48 h,然后用测定样品相同的方法,测定水中的杂质。对用于采集和测定一般项目水样的容器,可检测其 pH 值、Cl^- 及 NO_3^- 的含量。对于测定痕量金属元素用的水样瓶,要求更严。洗净的采样容器在干净房间晾干后,用纱布裹好瓶口,装于洗净的聚乙烯袋或清洁箱子内备用。

4.3.2　采样的基本要求

采样的基本要求如下。

①　采样前都要用待采集的水样润洗容器至少三次,然后正式取样。

②　取样时使水缓缓流入容器,并从瓶口溢出,直至塞上瓶塞为止。避免故意搅动水源,勿使泥沙、植物或浮游生物等进入瓶内。

③　水样不要装满水样瓶,应留 2～10 mL 空间,以防温度变化时瓶塞被挤掉。

④　取好水样和盖严瓶塞后,瓶口不应漏水,用石蜡或火漆封好瓶口。如样品运送较远,则应先用纱布或细绳将瓶口缠紧,再用石蜡或火漆封住。

⑤　从一个取样点采集多瓶样品时,则应先将水样注入一个大的容器中,再从大容器迅速分装到各个瓶中。

⑥　采集高温热水样时,水样注满后,在瓶塞上插入一内径极细的玻璃管,待冷至常温,拔去玻璃管,再密封瓶口。

⑦ 水样取好后,立即贴上标签,并在标签上写明水温、气温、取样地点及深度、取样时间、要求分析的项目名称以及其他地质描述。如样品经过化学处理,则应注明加入化学试剂的名称、浓度和数量,并同时在野簿上做好采样记录。

⑧ 尽量避免过滤样品。但当水样混浊时,金属元素可能被悬浮微粒吸附,也可能在酸化后从悬浮微粒中溶出,因此,应在采样时立即用 $0.45\ \mu m$ 滤器过滤;若条件不具备,也可以采取其他适当方式处理。

4.3.3 样品保存技术

水样采集后,大多因野外条件不能进行现场分析测试,通常的做法是将采集的样品予以保存,并及时送实验室进行分析。在运输和储存过程中,由于水质物理和化学性质易变化,因此水样的保存应严格按有关规定进行。样品保存可参考表4-1和表 4-2。

表 4-1　推荐的采样容器、采样量、保护剂、保存时间

组　　分	采样容器及采样量	保　护　剂	保存时间
钾	P:250 mL	加 HNO_3 至 pH1~2	14 天
钠	P:250 mL	加 HNO_3 至 pH1~2	14 天
硫酸盐	G、P:250 mL	0~4 ℃冷藏,避光保存	7 天
氯化物	G、P:250 mL	0~4 ℃冷藏,避光保存	30 天
(亚)硝酸盐	G、P:250 mL	0~4 ℃冷藏,避光保存	1 天
氨氮	G、P:250 mL	加 H_2SO_4 至 pH<2	1 天
铁	G、P:250 mL	加 HNO_3 使其含量达到 1‰	14 天
汞	G、P:250 mL	1 L 水样中加浓 HCl 10 mL	14 天
镉	G、P:250 mL	加 HNO_3 使其含量达到 1‰	14 天
氰化物	G、P:250 mL	加 NaOH 至 pH>12	12 h
挥发性有机物	棕色 G:40 mL	加 HCl 至 pH≤2,加 0.01~0.02 g 抗坏血酸去余氯,0~4 ℃冷藏,避光保存	14 天
石油类	G:500 mL	加入 HCl 至 pH<2	3 天

注:P 为聚乙烯瓶(桶);G 为硬质玻璃瓶;采样量为单项样品的最少采样量。

表 4-2　环境同位素用途和采样要求

同　位　素	用　　途	采　样　要　求
^2H、^{18}O	水的类型和水的来源	50 mL 取样瓶,无顶空,减少与空体水体的交换
^3H	地下水年龄(小于 50 年)	500 mL 取样瓶,无顶空,立即密封
^{14}C	地下水的年龄(小于 4000 年)	野外取 50 L 水,利用以 $CaCO_3$ 形式固定下来的碳酸根或以碱性液体吸收的 CO_2 气体
^{34}S、^{18}O	水体硝酸盐污染的来源及其迁移转化过程	野外取水 1~5 L,利用水中以 $BaSO_4$ 形式固定的硫酸根
^{15}N、^{18}O	地下水中硫酸盐的识别	野外取水 1~5 L,利用阴离子交换树脂吸附硝酸盐

4.4　现场分析与监测

由于水的某些性质与水的存在环境密切相关,因此现场分析是重要的,如表 4-3 所示为地下水水化学指标的快速现场分析方法。通常,采样过程中会加入少量无机组分,而且保存的环境又与其现场环境差异较大,一些物理和化学性质在采样与保存过程中或多或少地发生变化。应引起注意的是,对脱气(如 pH 值)和进气(如 Fe、Mn、pH 值)比较敏感的性质及组分。

表 4-3　地下水水化学指标的快速现场分析方法

化 学 指 标	方　　法	检出限(±精度)	备　　注
pH 值	电极法	(±0.1 pH 值单位)	推荐方法
溶解氧	电极或化学滴定法	0.5(±0.1) mg/L	推荐方法
E_h	电极法	定性	对氧化-还原敏感组分
电导率	电极法	(±10%)	推荐方法
总有机气体(TOV)	总有机气体分析仪	1 mg/L(±20%)	可用不同的分析仪
挥发性有机物 (VOCs)	顶空 GC	0.1～10 g/L(±10%)	使用便携 GC
特定挥发性有机物 和其他有机物	野外 GC 和 GC-MS 实验室分析法	0.1～10 g/L(±10%)	需要野外实验室
氯、溴	特定离子电极	1 mg/L(±20%)	有其他物质干扰
选定的农药	免疫测定法 (immunoassays)	0.01 μg/L(±20%)	新技术,迅速发展
主要无机离子 (不包括微量元素)	比色法工具箱	与实验室分析一样, 但精度更差	干扰严重,比氧化物的 干扰还大

CO_2 的逸出可导致水样 pH 值的升高;通风使氧气进入水中,可导致 Fe 和 Mn 氢氧化物的沉淀;挥发性有机组分因压力变化而逸出,使随后的水样分析产生误差。如果地下水进入井中的速率较小,则进气现象可能发生,应采集最近进入井中的水。等到水位恢复以后,采集静止水位以下的、接近井管滤网段底部的地下水,尽可能减少柔性取样管(如聚四氟乙烯、硅树脂及聚乙烯)与水样的接触,因为氧气可通过管道扩散,使样品充气。

为避免水样与大气接触,在地下水样被抽出地表后,直接用柔性取样管将水样引入一个完全封闭的容器,然后再用柔性取样管直接将水样导入测试系统,这种全封闭的导样系统称为流动单元。实践证明,流动单元的使用有助于更真实地反映水样在地下的特征。

温度、电导率、pH 值、E_h、碱度、溶解氧及其他溶解气体等项目通常应在现场使用流动单元测定。因为在抽水过程中水温能升高 1～4 ℃,所以如果可能的话,应在井底测定地下水的温度,需要井底温度探测器。碱度一定要在现场用滴定法测定。地下水的电导率是一个评价地下水中总无机负荷或总溶解性固体的重要指标,电导率随着温度的变化而变化,所以在测定电导率时,也应该记录水温。应准备一个已知电导率的溶液(通常为 0.01 mol/L 的 KCl 溶液),在野外工作时偶尔用它对电极系统进行校正,否则将会产生偏差。

　　特别应考虑 pH 值测定时的偏差,因为在采样过程中地下水的 pH 值受许多因素控制,例如气体逸出或 CO_2 的损失,导致 pH 值升高;$CaCO_3$ 沉淀会导致 pH 值降低;铁及其他金属氢氧化物的沉淀,也会导致 pH 值降低。pH 值的测量误差很少低于 ±0.2 个 pH 值单位,所以 pH 值尽量在现场测定,以避免上述因素的影响,例如使用流动单元进行在线测定。如不能在现场测定,可在温度低的条件下保存,然后运到实验室在原来温度下测定 pH 值。实验室或野外方法需要高质量的、保存良好的电极,并且至少需要两个参照缓冲溶液,以便在野外对电极进行校正。

　　地下水的氧化-还原电位 E_h 可以指示地下水是否受到污染物(如有机物)的影响,并且可以用来确定许多溶解的变价金属(如铁(Fe^{2+}/Fe^{3+})和锰(Mn^{3+}/Mn^{5+}))的化学形态。使用带流动单元的电极系统可以测定地下水的 E_h 值,但由于水中组分可能与电极发生沉淀反应,电极对于大多数氧化还原反应的电子流动响应不敏感,导致测定结果不准确。因此,更可靠的方法是通过确定水中氧化还原敏感组分(如 O_2、NO_3^-、氨水、Fe(总)、SO_4^{2-} 和 H_2S 以及甲烷)的浓度来判断水体中大体的氧化还原条件。

　　溶解氧(DO)可以通过电极或探测器,或者使用滴定法、比色法进行测定。Walton-Day 等(1990)采用了比色剂的流动单元法来测定 DO 值,其检出限为 0.0005 mg/L(比用探测器测定的精度(1 mg/L)高得多)。Winkler 滴定法灵敏度可达到 0.03 mg/L,但要求使用50 mL 的玻璃注射器进行取样,并且需要在注射器中添加化学试剂以避免大气污染。需要注意的是,不同方法适用于不同的检出限要求。当要求检出限为 1 mg/L 时,使用探测器就足够了;当要求检出限为 0.1~1 mg/L 时,则可以考虑使用经过改良的 Winkler 滴定法。

　　用于分析其他气体成分时,一般应使用玻璃注射器采集样品,因为塑料注射器可渗透大多数气体。也可以使用顶空气相色谱分析法在现场进行分析。

　　在采集用于分析微量有机物的样品时,应注意以下引起误差的因素:挥发性有机物散入空气中、取样器对有机物的吸附。

　　为避免吸附问题,应尽量缩短样品与取样器的接触时间,尽可能使用不锈钢、玻璃及 Tenon 取样设备。

4.5　地下水化学数据整理

　　土样和地下水样化学组分的浓度有时既不呈正态分布,也不彼此相互独立。这对地球化学数据的统计分析提出挑战,因为许多传统的水样分析数据统计方法(如线性衰减法与 t-测试法)都假定水样的分析结果呈良好的正态分布。线性衰减法可能是使用频率最高的,但也是容易出错的统计方法。

　　对地球化学数据进行分析的第一步,就是确定它们是否呈正态分布。如果呈正态分布,传统的统计方法就可以加以使用。如果不呈正态分布,则可以使用下列方法。

　　(1) 对数转化。

　　利用对数转化等方法将分析的实验数据变为正态分布,这样就可以使用常用的统计方法来进行分析。在数据转换过程中,可能出现误差,必须对该误差进行评价。

　　(2) 插补数据。

　　地质统计技术可在采样点之间插补数据来消除相关数据与非相关数据之间的区别。当变量之间的联系不严密、数据不精确或样品的尺寸不够大的时候,模糊线性衰减技术是很有用的。典型的地下水污染调查都会涉及水化学参数随时间变化的测定。因此,运用统计技术具体地分析时间序列,预测水质变化发展趋势,就显得非常重要。

（3）污染物迁移模型。

研究地下水中污染物的迁移和分布规律时,一些重要的作用(如水动力弥散、吸附、衰减和自净化等)常可用来定性和定量预测污染物将来的分布状况。因此,一些数学模型可能通过数值求解来研究地下水污染运移、化学作用过程以及潜在危害。

思　考　题

1. 总结水化学调查的步骤与内容,说明调查路线与监测网布置原则。
2. 为什么现场分析对水样分析非常重要? 举例说明。
3. 查阅资料,总结测试有机物样品的采集与保存方法,重点关注挥发性有机物样品采集技术。
4. 查阅文献,总结水文地球化学数据整理与分析方法。

主要参考文献

［1］孙讷正. 地下水污染——数学模型和数值方法［M］. 北京:地质出版社,1989.

［2］林年丰,李昌静,钟佐燊,等. 环境水文地质学［M］. 北京:地质出版社,1990.

［3］王焰新. 地下水污染与防治［M］. 北京:高等教育出版社,2007.

第 3 篇
地下水污染评价

第5章　地下水污染现状评价

我国是一个发展中国家,地下水污染已进入大面积复合型污染阶段。有资料显示,全国有 25% 的地下水体遭到污染,35% 的地下水源不合格;平原地区的地下水约 54% 不符合生活用水标准,50% 以上的城市市区地下水受到严重污染。对 118 个城市 2～7 年的连续监测资料表明,约 64% 的城市地下水遭受了严重污染,33% 的城市地下水受到轻度污染,基本清洁的只有 3%;华北数万平方千米地下水的盐度和 NO_3^- 浓度升高,有机污染物(BTEX、PAHs、MTBE、PCE、TCE 等)及微量有毒有害元素(Pb、Cu、Hg、Cr、As 等)污染普遍。

对地下水进行污染现状评价,必须确定其污染范围与程度,找出主要污染因子,寻找污染源,查明污染原因,可为制定地下水污染防治规划与提出控制污染的措施提供科学的依据。

5.1　概　　述

5.1.1　概念

地下水污染评价是指污染源对地下水产生的污染效应的评价,其主要目的是论证地下水污染程度,为污染治理提供依据。地下水污染评价是环境科学研究的重要内容,往往是针对一个特定区域(或一个特定的含水系统)进行,以该区域的地下水环境背景值为评价标准,按照一定的评价方法对地下水污染状况进行分析、评定和预测。受污染的地下水水质不一定恶劣,而水质恶劣的地下水也不一定是污染造成的。

地下水污染评价按时间可分为现状评价和影响评价两种类型:现状评价是根据近期地下水水质监测资料,对调查区地下水污染现状的评价;影响评价则是基于调查区经济发展规划,利用已累积的监测资料,预测该区将来地下水污染变化情况,根据预测结果进行评价。影响评价采用的方法和现状评价相同。

5.1.2　程序和内容

地下水污染现状评价工作实际上是一项复杂的系统工程,一般包括四个阶段:准备工作、系统分析、系统评价、系统调控。也就是说,地下水污染现状评价工作必须建立在水文地质调查、监测及实验(试验)工作的基础上,即首先需查明研究区的水文地质条件、地下水的污染源、污染途径及影响地下水污染的各种天然与人为因素。根据研究精度要求,布设监测孔,获取相应精度要求的地下水中各种污染组分的测试数据。以上述基础资料为依据,进行地下水污染现状评价,包括选择评价因子、建立评价指标体系、确定评价标准及评价因子的权重、选择评价模型和计算评价结果等。这里仅对系统分析和系统评价的主要步骤和内容进行介绍,见图 5-1。

1. 系统分析

系统分析的主要内容包括评价因子的选择、评价标准的确定,从而构建评价指标体系。

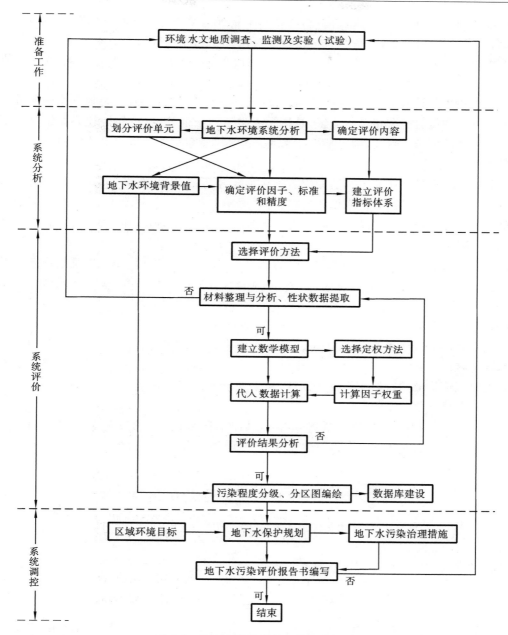

图 5-1　地下水污染现状评价程序框图

1）评价因子的选择

地下水中污染物的种类繁多,在进行地下水污染现状评价时,不可能也不需要将所有的成分都作为评价因子,一般是根据评价目的、污染源可能产生的污染物种类和地下水监测数据进行综合分析,选择分布范围广及对人体健康或地下水利用功能影响较大的污染物作为评价因子。如从人体健康角度考虑,有含氮的化合物（NO_2^-、NO_3^-、NH_4^+、CN^-）、重金属（Pb、Cr、Cd、Hg 和 As）及有机污染物,特别是人工合成的化合物（农药、酚类、氯代烃、苯系物等）。

2）评价标准的确定

一般地下水污染现状评价采用的标准有研究区地下水环境本底值。地下水环境本底值是指在未受到人类活动影响(或污染)的地下水中各种物质成分的含量。但在人类的长期活动(特别是当今频繁的社会经济活动)的影响下,地下水的原始状况早已不复存在。因此,反映地下水原始组成状况的本底值实际含义已经改变,人们一般采用地下水环境背景值来表征。

地下水环境背景值是在一个特定区域内相对清洁区监测所得到的,是地下水中各种组分含量的统计平均值。所谓相对清洁区,是指受人类活动干扰较少,仍保持较为原始的地下水物质组成特征的地区。目前,确定某个区域地下水环境背景值主要有以下几种方法。

(1) 网格法。

其基本出发点是将研究区域划分成若干个面积相等的区间,在每个区间内采集样品,尽量使每个样品在其网格内有代表性,测试这些样品中各种物质组分的含量,并取它们的统计平均值。这种方法可以使样品在区域上均匀分布,代表性较好,但工作量大、重复性差。

(2) 环境单元法。

该法是在对地域环境特征调查和了解的基础上,根据不同的环境单元特征选择不同的背景点。例如可按功能分区,对工业区、居民区、风景区等分区进行采样,从而获取各环境单元的环境背景值。

(3) 无污染区采样法。

该法是目前确定环境背景值的主要方法,无污染区的概念只是相对而言的,其原则是在对地域环境特征调查和了解的基础上,根据已取得的研究区内样品的测试结果,将区域内样品污染物测试值最低的区域作为无污染区,从而获取该区域的环境背景值,并将其作为整个研究区的环境背景值。

值得指出的是,地下水污染的背景值调查,其样品应满足一定的数量要求,以便确定样品数值的出现频率与分布规律。当其符合正态分布规律时,通常将样品数值的平均值作为某种组分的背景值,即

$$\overline{x} = \frac{1}{n}\sum_{i=1}^{n} x_i \tag{5-1}$$

式中:x_i——第 i 个样品中某组分的含量;

n——样品的数量。

样品的误差可以用样品的标准偏差 s 来表示,即

$$s = \sqrt{\frac{1}{n-1}\sum_{i=1}^{n}(x_i - \overline{x})^2} \tag{5-2}$$

此外,也有其他的确定方法。如在不产生明显污染或无污染源分布的前提下,可采用水文地质条件与评价区相似地区的地下水的背景值作为环境对照值,以该对照值近似代替环境背景值。

通过确定评价因子和评价标准,就可构建出研究区的评价指标体系。

2. 系统评价

系统评价的主要内容包括选择评价模型、确定各评价因子的权重和进行污染程度分级。

1) 选择评价模型

地下水污染现状评价最终的结果是要区别地下水受污染的程度,而不同的评价方法可能得出不同的评价结果,所以选择合理的评价方法,建立相应的评价模型是十分必要的。目前,应用于地下水污染现状评价的方法(或模型)各种各样,至今还没有一个理想的评价模型。一

方面,有些模型十分接近,大同小异;另一方面,不同的模型各具有一定的特点,适用于不同环境条件。对现有模型的对比和分析表明,综合污染指数法、系统聚类分析法、灰色聚类分析法、模糊数学法和人工神经网络分析法具有一定的代表性,应用比较广泛。

2）确定各评价因子的权重

在评价工作中,有多个评价因子一起参与评价,在考虑这些评价因子的综合效应时,由于各因子对人体健康的毒副作用(或对环境的影响程度)机理还不是很清楚,特别是在各因子同时作用下,它们对人体(或环境)的影响绝不是各因子作用的简单叠加,往往具有“协同”或“拮抗”作用,这些作用的机理研究目前还不成熟。地下水中的某些组分在一定环境下还可能产生所谓的“配位作用”。再者,地下水中各组分和污染因子对人体(或环境)的影响不仅取决于它们自身的性质,同时还受到各种自然条件(气候、地貌、地质等)和社会因素(文化、经济、生活习惯等)的影响,所以对地下水中各污染因子进行加权处理的理论依据尚不十分充分。

目前,国内对地下水各污染因子进行加权处理一般采用主观判断法。在上述问题还没有得到妥善解决之前,加权的人为因素难以避免。在实际评价工作中,为了使评价的结果能相互对比,大多采用比较简单适用的专家打分法,其他一些有益的方法也得到某种程度的推广。

3）进行污染程度分级

通过上述各步骤的工作,可得出每个评价单元的一个评价值,再对各评价单元的评价值进行统计,划分为若干等级。具体划分为多少等级,可视研究区污染程度的差别、评价的目的要求灵活掌握,一般可分为 4~6 级。例如,可以分为未污染、轻微污染、中等污染和严重污染4 级。

5.2　确定权重的方法

地下水系统是地质环境的重要组成部分。目前,用于地质环境质量评价的定权方法(表 5-1)也适用于地下水污染现状评价。

表 5-1　地下水污染现状评价定权方法一览表

序号	定　权　方　法	
1	专家打分法	
2	调查统计法	重要性打分法
		“栅栏”法
		“网格”法
		列表打钩法
3	序列综合法	单定权因子排序法
		多定权因子排序法
4	公式法	三元函数法
		概率法
		相关系数法
		信息量法
		隶属函数法
5	数理统计法	判别分析法
		聚类分析法
		因子分析法
6	层次分析法	
7	复杂度分析法	

最常用的地下水污染现状评价的定权方法是以下几种。

5.2.1　专家打分法

专家打分法实际上是经验估计法与意义推求法的综合。前者是指不说明任何定权的理由和根据而直接给出权值的一类方法,其特点是无任何说明而直接定权;后者是讲明定权时考虑问题的具体根据、依据的意义等再直接给出权值的方法,其特征是有抽象说明而无具体定权过程和方法。专家打分法是由少数专家直接根据经验并考虑某评价观点后定出权重,具体做法和基本步骤如下。

① 选择评价定权值组的成员,并对他们详细说明权重的概念、顺序和计权的方法。

② 列出对应于每个评价因子的权值范围,可用评分法表示。若有 5 个值,那么就有 5 列。行列对应于权重值,按重要性排列。

③ 发给每个参与评价者一份上述表格,按下述步骤④到步骤⑨反复核对、填写,直至没有成员进行变动为止。

④ 要求每个成员对每列的每种权值填上数值,得到每种因子的权值基数。

⑤ 要求所有成员的权值基数逐项比较,看看所评的基数是否能代表他们的意见。如果发现有不妥之处,应重新评分,直至满意为止。

⑥ 要求每个成员把每个评价因子(或变量)的重要性的评分值相加,得出总数。

⑦ 每个成员用步骤⑥求得的总数去除,得到相应的分数,即得到每个评价因子的权重。

⑧ 把每个成员的表格集中起来,求得各种评价因子的平均权重,即为"组平均权重"。

⑨ 列出每组的平均数,并要求评价者把每组的平均数与自己在步骤⑦得到的权值进行比较。

⑩ 如有人还想改变评分,就回到步骤④重复整个评分过程。如果没有异议,则到此为止,各评价因子(或变量)的权值就这样确定了。

5.2.2　调查统计法

调查统计法用于征询、了解较多专家或群众看法后综合定权值。具体做法有重要性打分法、列表打钩法、"栅栏"法和"网格"法,下面主要介绍重要性打分法和列表打钩法。

1. 重要性打分法

重要性打分法是指要求所有被征询者根据自己对各评价因子的重要性的认识,分别进行打分,其步骤如下。

① 对被征询者讲清统一的要求,给定打分范围,通常 1～5 分或 1～100 分都可。

② 请被征询者按要求打分。

③ 收集所有调查表格,并进行统计,最后给出综合后的权重。

2. 列表打钩法

列表打钩法如表 5-2 所示。事先给出权值,制成表格。被调查者在认为合适的对应空格中打钩。对于每一评价因子,打钩 1～2 个,打 2 个钩是表示一个取值范围。这样,就完成了一个样品的调查结果。

表 5-2 列表打钩法

备择程度	因 子 序 号					
	1	2	3	...	$m-1$	m
0						
0.2		√			√	√
0.4	√	√				√
0.6	√		√			
0.8			√			
1.0						

以上两种方法中,最有把握的判别结果是具体数值,没把握的是一个区间值。其中,把握性越高,区间也越小。

5.2.3 序列综合法

该类方法的定权因子就是评价因子的某些定量的性状指标。其思路是,根据这些定量数据的大小排序后,给出对应的分数,而后综合这些分数来定权值。

1. 单定权因子排序法

单定权因子排序法即当定权因子只有一个时的序列综合法,其步骤如下。

① 明确定权因子的物理含义,统一度量单位,进行排序。

② 根据数值大小范围和排序结果对应分数进行分级。

③ 根据以上分级结果定权。

例如,在某地面水环境质量评价中,以其质量标准的倒数(或倒数的对数)为基础,每相差一个数量级,序列值相差 0.06,分重权、中权和轻权,而且归一化后得权值。

2. 多定权因子排序法

多定权因子排序法即当定权因子有两个以上时的序列综合法,其步骤如下。

① 明确 $K(K \geqslant 2)$ 定权因子的物理意义,分别统计后,按大小分别排序。

② 根据排序结果,给定对应序列值并列表。

③ 计算每一评价因子所有序列值的和并统一度量单位。

④ 归一化后得 N 个评价因子的权值。

例如,在某地下水环境质量评价中,选择了三个定权因子,即评价因子的监测数、检出率、超标率来综合考虑定权。

5.2.4 公式法

公式法即有明确定权公式(函数形式)和自变量含义的定权方法。自变量即为定权因子,其计算结果为权值。一般每个评价因子计算一次,n 个评价因子分别计算得到权值,而后所有评价因子归一化后得最后结果。常见的有下列方法。

1. 三元函数法

选择三个定权因子,即超标率 X、评价标准 Y 和明显危害含量 Z,故该定权公式法称为三元函数法,则第 i 个评价因子的权重为

$$w_i = \frac{X_i Y_i}{Z_i} \quad (i = 1, 2, \cdots, n) \tag{5-3}$$

2. 概率法

已知某评价因子实测数据的平均值为 $\overline{x}_i$，标准偏差为 s_i，评价标准为 Y_i，则权重为

$$w_i = \frac{s_i}{\ln(Y_i - \overline{x}_i)} \tag{5-4}$$

3. 相关系数法

该方法计算权值时考虑不同评价因子间的相互作用，引入相关系数定权，其公式为

$$w_i = \frac{\sum\limits_{j=1}^{m} r_{ij}}{\sum\limits_{i=1}^{n} \sum\limits_{j=1}^{m} r_{ij}}$$

$$L_{ij} = \sum c_i c_j \frac{(\sum c_i)(\sum c_j)}{m}$$

$$r_{ij} = \frac{L_{ij}}{\sqrt{L_{ii}L_{jj}}} \quad (i = 1, 2, \cdots, n; j = 1, 2, \cdots, m) \tag{5-5}$$

式中：r_{ij}——评价因子 i 与 j 的相关系数；

　　　c_i、c_j——两评价因子的实测数据；

　　　L_{ij}——评价因子 i 与 j 的协方差。

4. 信息量法

考虑各评价因子对环境质量提供的信息量，其公式为

$$w_i = \lg P_i \tag{5-6}$$

或
$$w_i = \log_2 P_i \tag{5-7}$$

式中：P_i——第 i 个评价因子的概率，目前有三种计算方法，即

$$P_i = \frac{c_i}{\sum\limits_{i=1}^{n} c_i} \tag{5-8}$$

或
$$P_i = \frac{c_{bi}}{\sum\limits_{i=1}^{n} c_{bi}} \tag{5-9}$$

或
$$P_i = \frac{c_{oi}}{\sum\limits_{i=1}^{n} c_{oi}} \tag{5-10}$$

式中：c_i——第 i 个评价因子的实测数据；

　　　c_{oi}——第 i 个评价因子的环境背景值；

　　　c_{bi}——第 i 个评价因子的评价标准。

这样，权值的计算方法便有三种。这三种方法各有合理之处，其原理已经进行了详细探讨。计算出的权值是相对权值，还需进行归一化处理。

5. 隶属函数法

权值可以理解为对于"重要"模糊子集的隶属度。在模糊数学的一套隶属函数中，只要意义相符，就可用作定权公式，但有些由于定义域差异要经过一些变换方可应用。例如，用正弦

隶属函数作权函数时,可经过如下处理:记第 i 个评价因子的实际权值为 w_i,两极值分别为 $x_{i,\max}$ 和 $x_{i,\min}$,则

$$w_i = \sin \frac{x_i - x_{i,\min}}{x_{i,\max} - x_{i,\min}} \qquad (5\text{-}11)$$

5.2.5　数理统计法

前述的各种数理统计法也可用于定权,其原理与步骤基本一致。例如,用 R 型因子分析方法定权的步骤如下。

①确定评价因子,得到实测数据矩阵 $\boldsymbol{X}_{n\times m}$。

②求得相关系数矩阵 $\boldsymbol{R}_{m\times m}$。

③再求得主因子贡献及累积贡献大于 90%(或 95%)的数个主因子的特征值。

④由各主因子的特征值求其相对权值。

⑤由相对权值归一化处理便求得实际权值。

5.2.6　层次分析法

层次分析法(AHP 法)原理简单,有数学依据,已有广泛应用,但用于地下水环境质量评价尚不多见。其方法大体可分为 4 个步骤。

(1) 建立问题的递阶层次结构。

(2) 构造两两判断矩阵。

(3) 由判断矩阵计算被比较评价因子的相对权值。

(4) 计算各层次因子的组合权重。这里简单介绍只设一个层次,即单一准则下的相对权值就是组合权重的方法。其计算过程如下。

① 对于评价因子 $x_1, x_2, \cdots, x_m$,运用 Satty1-9 标度(表 5-3)两两比较得到判断矩阵 $\boldsymbol{X}$。

表 5-3　层次分析法的判断标志及其含义

标　　度	含　　义
1	表示两个因素相比,具有同等重要性
3	表示两个因素相比,一个因素比另一个因素稍微重要
5	表示两个因素相比,一个因素比另一个因素更为重要
7	表示两个因素相比,一个因素比另一个因素明显重要
9	表示两个因素相比,一个因素比另一个因素极端重要
2,4,6,8	上述两相邻判断之中值,表示重要性判断之间的过渡性
倒数	因素 i 与 j 比较得到 b_{ij},则因素 j 与 i 比较的判断 $b_{ji} = 1/b_{ij}$

② 假设有一同阶正向量 $\boldsymbol{A}$,使得存在 $\boldsymbol{XA} = \lambda_{\max}\boldsymbol{A}$,解此特征方程所得到的 $\boldsymbol{A}$ 经正规化后即为 $x_1, x_2, \cdots, x_m$ 的权值。

③ 进行一致性和随机性检验。由于客观事物的复杂性及对事物认识的片面性,构造的判断矩阵不一定是一致性矩阵(也不强求是一致性矩阵)。但当偏离一致性程度过大时,会导致一些问题的产生。因此,得到 $\lambda_{\max}$ 后,还需进行一致性和随机性检验。检验公式为

$$CI = \frac{\lambda_{\max} - n}{n - 1} \qquad (5\text{-}12)$$

$$CR = \frac{CI}{RI} \tag{5-13}$$

式中:CI——一致性指标;

$\lambda_{\max}$——最大特征根;

n——矩阵阶数;

RI——平均随机一致性指标(其值见表 5-4);

CR——随机一致性比值。

表 5-4　层次分析法中的 RI 取值

n	1	2	3	4	5	6	7	8	9
RI	0.00	0.00	0.58	0.90	1.12	1.24	1.32	1.41	1.45

只有当 CR<0.10 时,判断矩阵才具有满意的一致性,所获取值才比较合理。这种定权方法对于研究地下水环境这样的复杂系统是切实可行的。

5.2.7　复杂度分析法

该方法的基本思想是:某评价因子愈复杂、变化愈大,它对总体质量的影响就愈大。故可据诸评价因子的复杂程度,引入复杂度的概念,并由复杂度分布归一化后,求得它的权值分布。

复杂度的计算式为

$$c_j = \frac{(2G_{jm_2} - G_{j_1} - G_{j_2})(G_{j_2} - G_{j_1})}{(G_{jm_2} - G_{jm_1})^2} \tag{5-14}$$

式中:c_j——第 j 个评价因子的复杂度;

G_{jm_2}、G_{jm_1}——该评价因子地区性的最大、最小值(包括评价区外);

G_{j_2}、G_{j_1}——评价区内该评价因子的大、小实测数据,可取统计曲线上概率为 5% 时的数值。

c_j 值在 0~1 之间,此值愈大愈复杂;反之,则愈简单。下面结合实例简述其计算步骤。

① 确定评价因子,并计算各评价因子的 G_{jm_2}、G_{jm_1} 与 G_{j_2}、G_{j_1} 值。某评价区(城市区)地质环境质量评价选取了坡度、相对高度、岩石强度与斜坡稳定度作为评价因子,其各种状态值见表 5-5。

表 5-5　地区性各评价因子的 G_{jm} 值与评价区内评价因子的 G_j 值

序　号	评　价　因　子	G_{jm_1}	G_{jm_2}	G_{j_1}	G_{j_2}
1	坡度 $\alpha/(°)$	0	90	2	42
2	相对高度 H/m	0	2 000	0	370
3	岩石强度 R/kPa	0	2 500	200	1 200
4	斜坡稳定度 r_n	0	1.0	0.4	0.98

② 将上一步表中数据代入式(5-14),计算各评价因子的复杂度

$$c_1 = 0.672$$

$$c_2 = 0.336$$

$$c_3 = 0.576$$

$$c_4 = 0.302$$

③ 求权值。其计算表达式为

$$w = \frac{1}{\sum c_i}[c_1, c_2, c_3, c_4] \tag{5-15}$$

得权值分布为

$$w = [0.356\ 198, 0.178\ 085, 0.305\ 493, 0.160\ 224]$$

由此可见,对该评价区地质环境质量最重要的是坡度,其次是岩石强度,这与定性分析结果相符。

一般情况下,上述所有定权方法均可借助计算机编制程序来完成。另外,在上述定权方法中,常常是先得到每个评价因子的相对权值(或称初权),然后对所有评价因子的初权进行归一化处理。

5.3　评 价 方 法

目前,关于地下水污染现状评价的方法多种多样,主要包括综合污染指数法、系统聚类分析法、灰色聚类分析法、模糊数学法和人工神经网络分析法等。

5.3.1　综合污染指数法

地下水污染程度主要取决于地下水中污染物的种类、浓度和性质等,这些具有不同量纲的量很难进行比较。综合污染指数法就是把具有不同量纲的量进行标准化处理,换算成某一统一量纲的指数(各项的污染指数),使其具有可比性,然后进行数学上的归纳和统计,得出一个较简单的数值(综合污染指数),用它代表地下水的污染程度,并以此作为地下水污染分级和分类的依据。

1. 分项污染指数计算

分项污染指数是污染物在地下水中的实测浓度与评价标准的允许值之比,其计算可分为以下三种情况。

(1) 随着污染物浓度的增加,对环境的危害程度增加,即有上限环境质量标准值,此时其分项污染指数的计算公式为

$$P_i = \frac{c_i}{c_{oi}} \tag{5-16}$$

式中:P_i——某污染物分项污染指数;

　　c_i——某污染物实测浓度;

　　c_{oi}——某污染物的评价标准。

(2) 随着污染物浓度的增加,对地下水的危害程度减小,即有下限环境标准值,此时其分项污染指数的计算公式为

$$P_i = \frac{c_{i,\max} - c_i}{c_{i,\max} - c_{oi}} \tag{5-17}$$

式中:$c_{i,\max}$——第 i 种污染物在地下水中的最大浓度。

(3) 污染物的浓度只允许在一定范围内,过高或过低对环境都有危害,此时其分项污染指数的计算公式为

$$P_i = \left| \frac{c_i - \overline{c_{oi}}}{c_{oi,\max} - c_{oi,\min}} \right| \tag{5-18}$$

式中：$\overline{c_{oi}}$——第 i 种污染物在地下水中的允许值区间的中间值；

$c_{oi,\max}$、$c_{oi,\min}$——第 i 种污染物评价标准中允许的最高和最低浓度。

分项污染指数表征了单一污染物对地下水产生等效影响的程度。P_i 值越大，说明该污染物污染程度越高。在受污染的地下水中常含有多种污染物，因而用分项污染指数评价水质污染是不够全面的，对不同污染物的地下水也很难对比。为此，有必要采用综合污染指数进行地下水污染的评价。

2. 单综合污染指数法

根据综合污染指数计算方法的不同，常用于地下水污染现状评价的综合污染指数有以下类型。

1）叠加型综合污染指数

叠加型综合污染指数包括简单叠加型和加权叠加型两类。

简单叠加型综合污染指数的计算公式为

$$P = \sum_{i=1}^{n} P_i = \sum_{i=1}^{n} \frac{c_i}{c_{oi}} \tag{5-19}$$

式中：P——综合污染指数；

n——参加评价污染物的种类。

由于地下水中不同污染物所起的危害作用很不相同，上述简单叠加型综合污染指数表示污染程度很不合理，它掩盖了含量少、危害大的物质的作用。为了反映污染物的危害差别，有人提出采用加权的方法来求和，危害小的给予轻权，危害大的给予重权。

加权叠加型综合污染指数的计算公式为

$$P = \sum_{i=1}^{n} w_i P_i = \sum_{i=1}^{n} w_i \frac{c_i}{c_{oi}} \tag{5-20}$$

式中：w_i——第 i 种污染物的权重。

2）均值型综合污染指数

由于所选择的评价因子数的不同，叠加型综合污染指数计算结果差异较大，为避免这个问题，可选用均值型综合污染指数。

均权均值型综合污染指数的计算公式为

$$P = \frac{1}{n} \sum_{i=1}^{n} P_i = \frac{1}{n} \sum_{i=1}^{n} \frac{c_i}{c_{oi}} \tag{5-21}$$

加权均值型综合污染指数的计算公式为

$$P = \frac{1}{n} \sum_{i=1}^{n} w_i P_i = \frac{1}{n} \sum_{i=1}^{n} w_i \frac{c_i}{c_{oi}} \tag{5-22}$$

3）极值型综合污染指数

在计算污染物分指数时，往往某种污染物超标倍数很高，而其他若干污染物都不超标，平均状况也不超标，实际上某种污染物超标就会造成对环境的危害。极值型综合污染指数包括 Nemerow 指数、再次平均型指数、几何平均型指数等，其特点是既考虑了污染物的平均浓度，又兼顾了浓度最大的污染物对地下水污染的影响。

（1）Nemerow 指数的计算公式为

$$P = \sqrt{\frac{(P_i)^2_{\max} + (\overline{P_i})^2}{2}} = \sqrt{\frac{\left(\frac{c_i}{c_{oi}}\right)^2_{\max} + \frac{1}{n}\left(\frac{c_i}{c_{oi}}\right)^2}{2}} \tag{5-23}$$

式中：$(P_i)_{\max}$——各项污染指数 P_i 的最大值；

　　　$\overline{P_i}$——各项污染指数的平均值。

（2）再次平均型指数的计算公式为

$$P = \frac{(P_i)_{\max} + \overline{P_i}}{2} \tag{5-24}$$

（3）几何平均型指数的计算公式为

$$P = \sqrt{(P_i)_{\max}\overline{P_i}} \tag{5-25}$$

综合污染指数反映地下水的污染程度，综合污染指数愈大，说明地下水污染程度愈严重。对于各综合污染指数具体的指标分级界限，可视研究区地下水中污染物的类型、浓度等来确定，表 5-6 列出了综合污染指数分级标准参考数据。

表 5-6　各综合污染指数分级标准参考数据

方　　法		级　　别						案例
		Ⅰ	Ⅱ	Ⅲ	Ⅳ	Ⅴ	Ⅵ	
叠加型	简单叠加	<0.2	0.2~0.5	0.5~0.9	0.9~2.5	2.5~5.0	>5.0	北京西郊
	加权叠加	<0.4	0.4~1.0	1.0~2.5	2.5~5.0	5.0~10.0	>10.0	古交市
均值型	均权均值	<0.2	0.2~0.4	0.4~0.7	0.7~1.0	1.0~2.0	>2.0	长春市
	加权均值	<0.5	0.5~1.0	1.0~1.5	1.5~2.0	2.0~5.0	>5.0	南京市
极值型	再次平均	1.0	1.0~1.5	1.5~3.0	3.0~5.0	5.0~8.0	>8.0	石家庄市
	Nemerow 指数	<0.1	0.1~0.25	0.25~0.5	0.5~2.0	2.0~3.0	>3.0	太原市
	几何平均	<0.6	0.6~0.9	0.9~1.2	1.2~2.4	2.4~4.0	>4.0	尖山铁矿

3. 双综合污染指数法

使用单综合污染指数评价地下水污染程度不能反映某些污染物对地下水的突出影响，尽管极值型综合污染指数试图克服这个缺陷，但仍不理想。而用双综合污染指数，既可根据 P 值判断各污染参数指数大小的一般情况，又考虑综合污染指数的方差 P_σ^2，综合反映污染参数任何一个分指数较大而其他分指数均较小的特殊情况。双综合污染指数的计算公式为

$$\begin{cases} P = \sum_{i=1}^{m} P_i \\ P_\sigma^2 = \sum_{i=1}^{m} w_i (P_i - P)^2 \end{cases} \tag{5-26}$$

式中：P_σ^2——综合污染指数的方差。

综合污染指数反映各污染参数的平均污染状况，而其方差则反映污染参数分指数的离散程度。只有当 P 与 P_σ^2 同时很小时，才能认为水质未受污染。当以上两个量中任何一个增大，都说明水质较差。地下水污染程度分级标准可参考表 5-7。

表 5-7　双综合污染指数分级标准参考数据

指标	分级						资料来源
	Ⅰ	Ⅱ	Ⅲ	Ⅳ	Ⅴ	Ⅵ	
P	<0.6	0.6~1.0	1.0~1.3	1.3~1.6	1.6~2.8	>2.8	武汉市
P_σ^2	<0.2	0.2~1.0	1.0~1.5	1.5~2.5	2.5~7.0	>7.0	

4. 分类综合污染指数法

首先按地下水中污染物的类型或地下水的用途分为若干类型,分别计算各类污染物的综合污染指数,采用加权叠加的方法计算总的综合污染指数,然后划分地下水的污染程度。

1) 按地下水中污染物类型分类

将地下水中污染物划分为三种类型。

(1) 无机类。

无机类污染物包括硫酸盐、氯化物、硝酸态氮和亚硝酸态氮与铵态氮等。

(2) 有机类。

有机类污染物包括有机污染物生化需氧量(BOD)、有机碳总量、油、苯、酚、氰、多环芳烃、洗涤剂等。

(3) 重金属类。

重金属类污染物包括铁、锰、汞、镉、铬、锌、铜、铅等。

分别计算各类污染物的综合污染指数,再采用下面公式计算总的综合污染指数:

$$P_总 = \sum_{j=1}^{m} w_j P_j \tag{5-27}$$

式中:w_j——各类污染物的权重;

P_j——各类污染物的综合污染指数;

m——类别数;

$P_总$——总的综合污染指数。

2) 按地下水的用途分类

将地下水按用途划分为三类,其评价标准各不相同。

(1) 人类直接接触用水。

人类直接接触用水包括饮水、制造饮料用水等。

(2) 间接接触用水。

间接接触用水包括渔业用水、农业用水等。

(3) 不接触用水。

不接触用水包括工业用水、冷却用水等。

按以上三种用途的水质标准,分别计算综合污染指数,再按式(5-27)计算总的综合污染指数。

5.3.2　系统聚类分析法

系统聚类分析法就是利用一定的数学方法将样品或变量(所分析的项目)归并为若干不同的类别(以分类树形图表示),使得每一类别内的所有个体之间具有较密切的关系,而各类别之间的相互关系相对比较疏远。系统聚类分析最后得到一个反映个体间亲疏关系的自然谱系,它比较客观地描述了分类对象的各个体之间的差异和联系。根据分类目的不同,系统聚类分析可分为两类:一类是对变量分类,称为 R 型分析;另一类是对样品分类,称为 Q 型分析。系统聚类分析法基本步骤如下。

1. 数据的正规化和标准化

由于监测时所得到的数值各变量之间相差较大,或因各变量所取的度量单位不同,使数值差别增大。如果不对原始数据进行变换处理,势必突出监测数据中数值较大的一些变量的作用,而削弱数值较小的另一些变量的作用,克服这种弊病的办法是对原始数据正规化或标准化,得到的数据均与监测时所取的度量单位无关。

设原始监测数据为 $X_{ij}(i=1,2,\cdots,n;j=1,2,\cdots,m;n$ 为样品个数,m 为变量个数),正规化或标准化处理后的数据为 $Z_{ij}(i=1,2,\cdots,n;j=1,2,\cdots,m)$。

1) 正规化

正规化计算公式如下:

$$Z_{ij} = \frac{X_{ij} - \min_{1 \leqslant i \leqslant n}\{X_{ij}\}}{\max_{1 \leqslant i \leqslant n}\{X_{ij}\} - \min_{1 \leqslant i \leqslant n}\{X_{ij}\}} \tag{5-28}$$

2) 标准化

标准化计算公式如下:

$$Z_{ij} = \frac{X_{ij} - \overline{X}_j}{\sigma_j} \tag{5-29}$$

其中:

$$\overline{X}_j = \frac{1}{n}\sum_{i=1}^{n}X_{ij}$$

$$\sigma_j = \sqrt{\frac{1}{n-1}\sum_{i=1}^{n}(X_{ij} - \overline{X}_j)^2}$$

2. 数据分类尺度计算

为了对数据 Z_{ij} 进行分类,须对该数据进一步处理,以便从中确定分类的尺度,下面列出分类尺度计算的 4 种方法。

1) 相关系数

两两变量间简单相关系数 R 的定义式为

$$R_{ij} = \frac{\sum_{k=1}^{m}(Z_{ik} - \overline{Z}_i)(Z_{jk} - \overline{Z}_j)}{\sqrt{\sum_{k=1}^{m}(Z_{ik} - \overline{Z}_i)^2(Z_{jk} - \overline{Z}_j)^2}} \quad (i,j=1,2,\cdots,m) \tag{5-30}$$

其中:
$$\overline{Z}_i = \frac{1}{m}\sum_{k=1}^{m}Z_{ik}$$

$$\overline{Z}_j = \frac{1}{n}\sum_{k=1}^{n}Z_{jk}$$

一般用于变量的分类(R 型),有 $-1 \leqslant R_{ij} \leqslant 1$。$R_{ij}$ 愈接近 1,则此两变量愈接近;R_{ij} 愈接近 -1,则关系愈疏远。

2) 相似系数

相似系数 S_{ij} 的意义是,把每个样品看成 m 维空间中的一个向量,n 个样品相当于 m 维空

间中的 n 个向量。第 i 个样品与第 j 个样品之间的相似系数用两个向量之间的夹角余弦来定义，即

$$S_{ij} = \cos Q_{ij} = \frac{\sum\limits_{k=1}^{m}(Z_{ik} - Z_{jk})}{\sqrt{\sum\limits_{k=1}^{m}Z_{ik}^2 \sum\limits_{k=1}^{m}Z_{jk}^2}} \quad (i, j = 1, 2, \cdots, m) \tag{5-31}$$

常用于样品间的分类（Q 型），有 $-1 \leqslant S_{ij} \leqslant 1$。$S_{ij}$ 的值愈大，愈接近 1，两个样品关系愈亲近。

3）欧氏距离

欧氏距离 D_{ij} 的含义是，对每个样品把它的 m 个因素（变量）的值看成 m 维空间中的一个点，则第 i 个样品与第 j 个样品之间的距离为

$$D_{ij} = \sqrt{\sum_{k=1}^{m}(Z_{ik} - Z_{jk})^2} \quad (i, j = 1, 2, \cdots, m) \tag{5-32}$$

一般用于样品间的分类，显然有 $0 \leqslant D_{ij} \leqslant 1$。欧氏距离 D_{ij} 愈小，表示两个样品愈亲近；反之，则愈疏远。

4）斜交空间距离

由于变量间往往存在程度不同的相关关系，以欧氏距离计算距离，会使结果发生一定的偏差，因而对样品 i, j 之间的距离可用更广义的斜交空间距离 D_{lij} 作为分类尺度。

$$D_{lij} = \sqrt{\sum_{k=1}^{m}\sum_{l=1}^{m}(Z_{ik} - Z_{jk})(Z_{il} - Z_{jl})r_{kl}} \quad (i, j = 1, 2, \cdots, n) \tag{5-33}$$

其中：

$$r_{kl} = \frac{\sum\limits_{i=1}^{n}(X_{ik} - \overline{Z}_k)(Z_{il} - \overline{Z}_l)}{\sqrt{\sum\limits_{i=1}^{n}(X_{ik} - \overline{X}_k)^2 \sum\limits_{i=1}^{n}(X_{il} - \overline{X}_l)^2}} \quad (k, l = 1, 2, \cdots, m)$$

一般用于样品的分类，有 $0 \leqslant D_{lij} \leqslant 1$。斜交空间距离 D_{lij} 愈小，表示两个样品愈亲近。

3. 分类树形图的绘制

绘制分类树形图法则是使相似程度高的样品或样品所代表的类优先集中在一起，用较短的线连接起来，而相似程度低的样品或类之间用较长的线连接。绘制分类树形图可采用两种方法。

1）一次形成分类法

首先选出相关系数最大的元素对（或距离矩阵中最小的元素对），然后选出次大的元素对（或距离矩阵中次小的元素对），以此类推。选出元素对后，将各元素对按下列法则连接成群。

① 若两个元素在已形成的群中没有出现过，则形成一个独立的新群。

② 若两个元素中有一个在已经分好的群中出现过，则另一个加入该群。

③ 若两个元素都在已分好的两群中，则把两群连一起。

④ 若两个元素都在同一群中，则这对元素就不需再处理。

这样反复进行，直到所有的元素都分群完毕为止，形成一个树形图。

2）逐步形成分类法

假设分类是对样品进行的，且采用的分类尺度是距离。从距离矩阵中选出最小的元素

D_{klj}，这说明第 k 个样品与第 l 个样品距离最近（关系最亲近），应首先归入一组，然后按下面方法进行计算。

① 把第 k 个样品与第 l 个样品的相应的各个变量取平均值，用它代替第 k 个样品，并取消第 j 个样品，形成新的样品数据，它比归并前的样品数目减少一个（当为组合变量时应取加权平均值）。

② 根据新的样品数据，重新计算距离矩阵。

③ 再从新的距离矩阵中选出最小的 $D_{k'l'}$，说明新的样品数据中第 k' 个样品与第 l' 个样品距离最近（关系最亲近），应将它们归为一组，然后重复进行上述①、②、③步工作。

以上各步重复进行 $n-1$ 次，则全部样品最后归并为一组，最后按归组的先后顺序及相应的距离大小作出分类树形图。

4. 类别的划分

对于已建立的相似性矩阵，即可根据不同的置信水平进行分类。分类时应先求出 $\boldsymbol{R}$ 的 λ 截矩阵 $\boldsymbol{R}_\lambda$。

$$\boldsymbol{R}_\lambda = [\lambda_{rij}]_{N \times N} \tag{5-34}$$

其中：
$$\lambda_{rij} = \begin{cases} 1 \\ 0 \end{cases}$$
$$\lambda \in [0,1]$$

显然，$R_{rij} = 1$ 时，i 与 j 应归为同一类；否则，为不同类。对于不同的情况，又可得到不同的分类方案，若 $0 \leqslant \lambda_1 \leqslant \lambda_2 \leqslant 1$，则 λ_2 所分出的每一类必是 λ_1 的某一类的子类。

5.3.3　模糊数学法

在评价地下水污染时，通常是按照污染物的单项污染值及综合污染值来区分水质属于轻度污染或重度污染。这样，用一个污染指数值来判定污染程度，并不能客观地反映出污染状况。按模糊数学的观点，地下水污染现状评价中"污染程度"的界线是模糊的，应该用模糊数学方法把许多资料、判断及各种定性描述转化为模糊语言，对地下水污染进行综合识别和判断，这样将会得到更为合理的解决办法。

1. 模糊聚类分析法

模糊聚类分析法就是根据各项污染指数得到的模糊矩阵进行复合运算，得到模糊等价关系矩阵，然后再进行模糊关系的分类。其基本步骤如下。

1）数据的标准化和正规化

设分项污染值为 $X_{ij}(i=1,2,\cdots,n;j=1,2,\cdots,m;n$ 为样品数，m 为监测的污染物个数），则聚类因子值构成一组 $n \times m$ 的原始数据矩阵 $\boldsymbol{X}$。对原始数据的标准化和正规化处理方法可采用式（5-29）和式（5-28）。

2）模糊相容系数的计算

根据归一化数据计算出模糊相容系数矩阵，其作用在于找到样品间的相容性或差异性，以便进行分类，相当于一般的聚类分析中确定分类尺度。计算的方法可采用计算相关系数 R、相似系数 S 或计算欧氏距离 D，以及计算斜交空间距离 D_l 等，亦可按下式计算距离关系补充定义的相容关系：

$$r_{ij} = 1 - \sqrt{\frac{1}{m} \sum_{k=1}^{m} (Z_{ik} - Z_{jk})^2} \tag{5-35}$$

式中：Z_{ik}——第 i 个样品的第 k 个因子的值；

　　　Z_{jk}——第 j 个样品的第 k 个因子的值；

　　　r_{ij}——第 i 个样品与第 j 个样品的相容关系。

相容关系 r_{ij} 越大，表示 i 和 j 两个样品污染状况越相似；反之，则差异越大。当 $r_{ij}=1$ 时，说明 i 和 j 两个样品取样点的污染状况相同，属于同一类。将计算得到的相容关系 r_{ij} 作为矩阵元素，则得到相容系数矩阵 $\boldsymbol{R}(r_{ij})$。

3）模糊矩阵复合运算

由以上具有的模糊关系得到相容系数矩阵 $\boldsymbol{R}$，一般满足反身性和对称性。如果不满足传递性，则不是模糊等价关系。直接由 $\boldsymbol{R}$ 不能有效地进行分类，需要对 $\boldsymbol{R}$ 进行复合运算，得到模糊等价关系矩阵。

设 $\boldsymbol{R}$ 是一个模糊等价关系矩阵。其具有的反身性是指 $r_{ij}=1(i,j=1,2,\cdots,n)$；其具有的对称性是指 $r_{ij}=r_{ji}$；而传递性是指对 $\boldsymbol{R}$ 进行复合运算时，$\boldsymbol{R}\circ\boldsymbol{R}=\boldsymbol{R}^2$。当取 $\boldsymbol{R}^2$，$\boldsymbol{R}^4$，$\boldsymbol{R}^6$，$\cdots$ 时，若在某一步有 $\boldsymbol{R}^k=\boldsymbol{R}^{2k}=\boldsymbol{R}^*$，则 $\boldsymbol{R}^*$ 便是一个模糊等价关系矩阵。

模糊矩阵复合运算是指：当取 $\boldsymbol{R}\circ\boldsymbol{R}=\boldsymbol{R}^2=(r_{ij}^2)$ 时，则

$$r_{ij}^2=\frac{\mathrm{d}y}{\mathrm{d}x}\bigvee_{k=1}^{n}\left[r_{ij}\wedge k_{kj}\right]\quad(i,j=1,2,\cdots,n)\qquad(5\text{-}36)$$

式中：$\vee$——并运算，如 $a\vee b=\max(a,b)$ 即 a，b 两数中取大者；

　　　$\wedge$——交运算，如 $a\wedge b=\min(a,b)$ 即 a，b 两数中取小者。

4）绘制模糊聚类图及分类评价

对于已建立的模糊等价关系矩阵 $\boldsymbol{R}^*$，可绘制模糊聚类图（方法同前），并选取不同的置信度进行分类。然后，再结合定性研究资料，对所设地下水污染问题进行评价。

2．模糊综合评判法

模糊综合评判法是以隶属度来描述模糊的水质分级界线的。这一方法不仅承认事物对某范畴的"非此即彼"的关系，而更强调事物对某范畴的"亦此亦彼"的客观存在的"中间过渡不分明性"（即模糊性）。因此，它能较准确地刻画地下水污染客观存在的状况，并获得符合实际的评价效果。其计算步骤如下。

1）隶属度的确定

假设地下水水质一般可分为 m 个等级，即 $\boldsymbol{V}=(\text{Ⅰ级},\text{Ⅱ级},\cdots,m\text{级})$。设 x 表示某一样品一种污染因子的含量，则 x 对于等级集合 V 的隶属关系可按下式计算：

Ⅰ 级
$$u_V(x)=\begin{cases}1 & (x\leqslant S_{ij})\\[2mm]\dfrac{S_{ij+1}-x}{S_{ij+1}-S_{ij}} & (S_{ij}<x\leqslant S_{ij+1})\\[2mm]0 & (x>S_{ij+1})\end{cases}\qquad(5\text{-}37)$$

$m-1$ 级
$$u_V(x)=\begin{cases}0 & (x\leqslant S_{ij-1})\\[2mm]\dfrac{x-S_{ij-1}}{S_{ij}-S_{ij-1}} & (S_{ij-1}<x<S_{ij})\\[2mm]1 & (x=S_{ij})\\[2mm]\dfrac{S_{ij+1}-x}{S_{ij+1}+S_{ij}} & (S_{ij}<x\leqslant S_{ij+1})\\[2mm]0 & (x>S_{ij+1})\end{cases}\qquad(5\text{-}38)$$

m 级
$$u_V(x) = \begin{cases} 0 & (x \leqslant S_{ij-1}) \\ \dfrac{x - S_{ij-1}}{S_{ij} - S_{ij-1}} & (S_{ij-1} < x \leqslant S_{ij}) \\ 1 & (x > S_{ij}) \end{cases} \tag{5-39}$$

$$(i = 1, 2, \cdots, n; j = 1, 2, \cdots, m)$$

式中：n——污染因子数；

$\quad\quad m$——水质级别数；

$\quad\quad S_{ij}$——某一样品第 i 种污染因子的第 j 级国家标准含量。

由此得到某一样品的几种污染因子的隶属度矩阵：

$$R_{n \times m}^{(1)} = \begin{bmatrix} U_{11}(x) & U_{12}(x) & \cdots & U_{1m}(x) \\ U_{21}(x) & U_{22}(x) & \cdots & U_{2m}(x) \\ \vdots & \vdots & & \vdots \\ U_{n1}(x) & U_{n2}(x) & \cdots & U_{nm}(x) \end{bmatrix} \tag{5-40}$$

同理，可得 k 个取样点的几种污染因子的 k 个隶属度矩阵 $R_{n \times m}^{(1)}, R_{n \times m}^{(2)}, \cdots, R_{n \times m}^{(k)}$。

2）权重的确定

根据这 n 种污染因子所产生的污染作用不同，可按下式进行计算，得到权重系数矩阵 A：

$$a_i = \frac{\dfrac{x}{\sum\limits_{i=1}^{m} S_{ij}}}{\sum\limits_{i=1}^{n} \dfrac{x}{\sum\limits_{j=1}^{m} S_{ij}}} \tag{5-41}$$

其中：
$$\sum_{i=1}^{n} a_i = 1$$

3）模糊矩阵复合运算

综合评判结果是通过权重系数矩阵 A 和隶属度矩阵 R 的复合运算得到的，因此有矩阵

$$B_{n \times m} = \begin{bmatrix} A \circ R_{n \times m}^{(1)} \\ A \circ R_{n \times m}^{(2)} \\ \vdots \\ A \circ R_{n \times m}^{(k)} \end{bmatrix} = \begin{bmatrix} X_{11} & X_{12} & \cdots & X_{1m} \\ X_{21} & X_{22} & \cdots & X_{2m} \\ \vdots & \vdots & & \vdots \\ X_{n1} & X_{n2} & \cdots & X_{nm} \end{bmatrix} \tag{5-42}$$

这里运算符号"∘"可以有两种处理方法：一是模糊矩阵合成算法；二是普通矩阵算法。按模糊矩阵合成法则，即按最大、最小运算法则进行，与普通矩阵算法相比较，运算过程一样，只不过是将实数加法改为逻辑加"∨"，将实数乘法改为逻辑乘"∧"。由于最大"∨"、最小"∧"运算法则只突出了隶属度很大项和很小项的作用，所得运算结果中的值有时相等，评价不出优劣，这在实际问题中是不合理的。

4）模糊综合评判

以上结果对应于等级集合 V 上的各项隶属度，取其中最大者所对应的水质级数为该评价水体的水质级数。

5.3.4 人工神经网络分析法

人工神经网络是对人脑或自然的神经网络若干基本特性的抽象和模拟，是一种非线性的

动力学系统。其特点为:具有大规模的并行处理和分布式的信息存储能力,良好的自适应性、自组织性以及很强的学习、联想、容错及抗干扰能力。

人工神经网络形式较多,其中前馈式 BP 网络属于多层状的人工神经网络,由输入层、若干隐层和输出层组成。各层的作用为:输入层接受外界的信息,并向前传播;隐层用来处理信息或存储知识;输出层对输入层传来的信息进行判别和决策。其网络拓扑结构如图 5-2 所示。

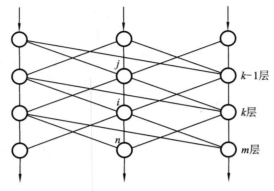

图 5-2　BP 网络拓扑结构示意图

网络中每一层都包含若干个神经元(节点),同层的神经元之间没有联系,层与层之间通过连接权重互连,权重可通过学习调节。每层神经元状态都将影响下一层的神经元状态,每层神经元状态都对应着一个作用函数 $f(x)$ 和阈值 θ。BP 网络的各个处理单元量输入与输出之间为非线性关系,其激活函数为 Sigmoid 函数,即

$$f(x) = \frac{1}{1 + e^{-x}} \tag{5-43}$$

设神经网络共有 m 层,输入层有 s 个节点,输出层有 n 个节点。输入向量 $\boldsymbol{P} = [P_1, P_2, \cdots, P_s]$,若有 l 个样品,则有 l 组输入向量 $\boldsymbol{P}^l$。

设 k 层上第 i 个处理单元连接输入的总和为 U_i^k,其输出为 V_i^k;第 $k-1$ 层第 j 个处理单元与第 k 层第 i 个处理单元的连接权值为 w_{ij},阈值为 θ_j。各个处理单元的输入与输出之间传递函数为 $f(x) = \dfrac{1}{1 + e^{-x}}$,则下列关系成立:

$$V_i^k = f(U_i^k) \tag{5-44}$$

$$U_i^k = \sum_j (w_{ij} \cdot V_j^{k-1} - \theta_j) \tag{5-45}$$

当给定网络的一个输入模式时,它由输入层单元传递到隐层单元,逐层处理后再送到输出层单元,由输出层单元处理后产生一个输出模式,这个过程称为前向传播。如果输出响应与期望输出模式有误差而不满足要求,就转入误差后向传播,将误差值沿连接通路逐层传送,并修正各层连接权值和阈值。这样,不断重复前向传播和误差后向传播过程,直到各个训练模式都满足要求,便结束 BP 网络的学习。

这个完整过程称为训练式学习过程。BP 网络训练学习程序见图 5-3。

1. BP 网络算法

1)选取初始权值和阈值

取[0,1]之间的随机数作为初始权值和阈值。

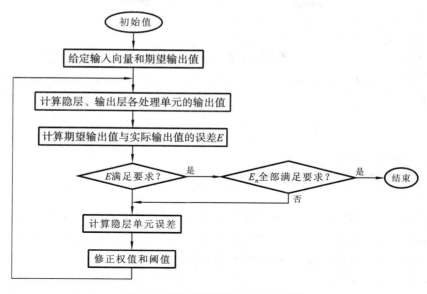

图 5-3 BP 网络训练学习程序框图

2）重复学习过程直到网络收敛

首先，由输入层、隐层、输出层正向过程计算各隐层、输出层节点的输出值。其次，计算输出节点输出值与期望输出值的误差。

设 m 层网络的实际输出值为 V_n^m，期望输出值为 $\hat{y}_n$，定义误差函数：

$$E = \frac{1}{2}\sum_n (V_n^m - \hat{y}_n)^2 \tag{5-46}$$

当 E 不满足所给精度要求时，则进行下一步。

最后，反向计算各级误差（即由输出层、隐层到输入层），修正各层连接权值、阈值。

（1）利用梯度最大下降求误差函数的极小值，则输出层（m 层）的误差信号：

$$e_i^m = f'(V_i^m)(V_i^m - \hat{y}_i) \quad (此时 \ i = n)$$
$$= f(V_i^m)[1 - f(V_i^m)](V_i^m - \hat{y}_i) \tag{5-47}$$

不是输出层（即 k 层）的误差信号为

$$e_i^k = f'(V_i^k)\sum w_{ij} e_i^{k+1}$$
$$= f(V_i^k)[1 - f(V_i^k)]\sum w_{ij} e_i^{k+1} \tag{5-48}$$

（2）修正各层权值、阈值。

$$w'_{ij} = w_{ij} - \Delta w_{ij} \tag{5-49}$$
$$\theta'_i = \theta_i - \Delta \theta_i \tag{5-50}$$
$$\Delta w_{ij} = -\eta e_i^k V_j^{k-1} \tag{5-51}$$
$$\Delta \theta_i = -\eta e_i^k \tag{5-52}$$

式中：w_{ij}、θ_i——当前层（k 层）的第 i 个处理单元与前一层（$k-1$ 层）的第 j 个处理单元之间的连接权值以及第 i 个处理单元的阈值；

w'_{ij}、θ'_{ij}——w_{ij}、θ_i 更新后的权值、阈值；

e_i^k——当前层（k 层）第 i 个处理单元的误差；

V_j^{k-1}——前一层（$k-1$ 层）第 j 个处理单元的输出值；

η——学习步长，其值大于零，一般选 $\eta=0.1\sim0.4$。

最后求均方误差，并与所给定精度比较。

反复学习修正各层权值、阈值。当输出值与期望输出值误差正好满足所给精度时，如果共有 l 个学习样品，则随机选取输入下一个样品，直至样品全部输入学习，并计算全局误差函数。

$$E_l = \frac{1}{2l}\sum_l\sum_n(V_n^m - \hat{y}_n)^2 \tag{5-53}$$

3）网络收敛，学习结束

当全局误差函数也满足所给精度时，则网络收敛，学习结束。

2. 评价步骤

运用 BP 人工神经网络方法对地下水水质进行评价，将筛选的水质评价指标（即评价参数）用网络的输入节点表示，水质等级则由网络输出节点表示。根据待判点的输出结果与所给标准值（即期望输出值）的贴近程度来判断其隶属等级。

（1）建立模型时，先将水质评价标准中的水质因子作为该网络的输入参数，每个分级标准就是一个标准学习样品。在[0,1]区间上随机赋予隐层和输出层的初始权值和阈值，对每个学习样品进行反复学习，直到输出层的输出值均方误差小于给定精度时，学习便结束，并输出调整后的权值和阈值。

（2）用调整权值和阈值后的 BP 网络评价该区的地下水水质现状，即将各监测点的各个指标监测数据作为输入值输入模型，以输出值与所给标准值（即期望输出值）的贴近程度来判断其隶属等级。

5.4 应用实例

黄石市是中国煤都之一，地下水受人为干扰较为严重，这里对该区 1989 年丰水期和枯水期进行地下水污染综合评价。

5.4.1 原始数据的获取

采用黄石市环境保护研究所和大冶环境保护监测站 1989 年 3 月、6 月、9 月、11 月监测数据的平均值，见表 5-8。

5.4.2 评价标准

由于资料有限，选取黄石市 1983 年监测资料（除去异常值后的年平均监测值）作为评价标准，见表 5-9。

5.4.3 评价方法

采用极值型综合污染指数——Nemerow 指数进行评价。

参照表 5-9 得到各因子的 P_i 值，根据式（5-3）至式（5-23）计算出 P，根据表 5-10 划分评价等级，评价结果见表 5-11。

表 5-8　1989 年黄石市地下水监测数据

单位：mg/L

监测点	砷	铁	锰	氟	铬	镉	铅	铜	锌	Cl^-	SO_4^{2-}	NO_3^-	NO_2^-	总硬度/(°)
1	0.004 0	0.100 0	0.073 3	0.200 0	0.016 7	0.002 0	0.020 0	0.010 0	0.020 0	2.766 0	15.778 0	0.966 7	0.000 0	7.691 3
2	0.004 0	0.100 0	0.020 0	0.243 3	0.116 7	0.002 0	0.020 0	0.010 0	0.020 0	8.466 3	23.049 7	1.820 0	0.000 0	16.727 7
3	0.004 0	0.100 0	0.020 0	0.245 0	0.015 0	0.002 0	0.020 0	0.010 0	0.045 0	6.228 5	38.690 5	2.600 0	0.000 0	15.607 5
4	0.007 0	0.100 0	0.020 0	0.530 0	0.013 3	0.002 0	0.020 0	0.010 0	0.020 0	29.848 7	91.169 3	20.366 7	0.024 7	21.756 3
5	0.007 7	0.100 0	0.030 0	1.356 7	0.013 3	0.002 0	0.020 0	0.010 0	0.333 3	4.578 3	1 509.611 7	0.000 0	0.000 0	97.738 0
6	0.004 0	7.066 7	0.150 0	0.180 0	0.013 3	0.002 0	0.020 0	0.010 0	0.146 7	4.556 7	10.564 3	2.406 7	0.000 0	11.859 3
7	0.004 0	0.100 0	0.023 3	0.316 7	0.016 7	0.002 0	0.020 0	0.010 0	0.020 0	7.397 3	55.223 0	9.133 3	0.028 0	15.218 0
8	0.007 0	0.350 0	0.200 0	0.445 0	0.015 0	0.002 0	0.020 0	0.010 0	0.020 0	11.587 0	35.706 5	62.696 5	0.316 0	12.881 5
9	0.004 0	0.100 0	0.200 0	0.215 0	0.015 0	0.002 0	0.020 0	0.010 0	0.020 0	3.973 0	53.508 0	3.050 0	0.000 0	14.872 5
10	0.004 0	0.100 0	0.200 0	0.333 3	0.013 3	0.002 0	0.020 0	0.010 0	0.090 0	21.458 3	42.532 0	12.433 3	0.000 0	15.939 7
11	0.004 0	0.100 0	0.025 0	0.240 0	0.015 0	0.002 0	0.020 0	0.010 0	0.020 0	5.274 0	45.379 0	0.300 0	0.000 0	16.194 5
12	0.004 0	0.133 3	0.020 0	0.236 7	0.008 0	0.002 0	0.020 0	0.010 0	0.020 0	12.329 0	29.223 7	4.066 7	0.000 0	15.161 3
13	0.004 0	0.100 0	0.020 0	0.216 7	0.013 3	0.002 0	0.020 0	0.010 0	0.020 0	5.650 0	47.059 7	3.700 0	0.000 0	12.646 0
14	0.004 0	0.100 0	0.020 0	0.180 0	0.020 0	0.002 0	0.020 0	0.010 0	0.020 0	8.842 0	53.714 0	1.740 0	0.000 0	16.507 0
15	0.004 0	0.100 0	0.020 0	0.672 5	0.015 0	0.002 0	0.020 0	0.010 0	0.137 5	4.630 5	49.700 8	0.000 0	0.000 0	15.702 3
16	0.002 7	0.066 7	0.013 3	0.160 0	0.010 0	0.001 3	0.013 3	0.006 7	0.013 3	7.484 7	75.597 3	1.733 3	0.000 0	13.022 0
17	0.004 0	0.077 5	0.020 0	0.287 5	0.015 0	0.002 0	0.047 5	0.010 0	0.020 0	16.134 8	193.378 5	6.050 0	0.194 0	25.630 3

续表

监测点	砷	铁	锰	氟	铬	镉	铅	铜	锌	Cl⁻	SO₄²⁻	NO₃⁻	NO₂⁻	总硬度/(°)
18	0.004 0	0.100 0	0.020 0	0.690 0	0.016 7	0.002 0	0.020 0	0.013 3	0.020 0	10.569 0	919.171 3	40.000 0	0.133 3	57.489 7
19	0.004 0	5.400 0	0.040 0	0.195 0	0.015 0	0.002 0	0.020 0	0.010 0	0.065 0	11.310 5	200.552 0	18.800 0	0.002 0	23.266 5
20	0.004 8	4.675 0	0.315 0	0.225 0	0.015 0	0.002 0	0.020 0	0.016 0	0.150 0	17.030 5	7.203 0	2.745 0	0.000 0	17.056 8
21	0.004 0	4.550 0	0.357 5	0.245 0	0.015 0	0.002 0	0.020 0	0.010 0	0.130 0	5.871 3	188.410 3	0.065 0	0.115 0	10.878 8
22	0.004 0	6.950 0	0.710 0	0.262 5	0.015 0	0.002 0	0.020 0	0.010 0	0.192 5	26.812 0	35.449 0	0.350 0	0.013 0	8.360 3
23	0.004 0	0.100 0	0.020 0	0.250 0	0.015 0	0.002 0	0.020 0	0.010 0	0.020 0	10.900 5	27.783 0	2.400 0	0.000 0	15.481 0
24	0.004 0	0.100 0	0.020 0	0.240 0	0.015 0	0.002 0	0.020 0	0.010 0	0.065 0	5.837 0	13.377 0	2.070 0	0.000 0	12.817 0
25	0.015 0	0.650 0	0.545 0	3.235 0	0.015 0	0.002 0	0.020 0	0.010 0	0.025 0	39.887 5	65.856 0	5.000 0	0.740 0	21.345 5
26	0.004 0	0.100 0	0.020 0	0.240 0	0.015 0	0.002 0	0.020 0	0.010 0	0.020 0	6.094 5	77.072 0	10.800 0	0.000 0	15.584 5
27	0.004 0	0.100 0	0.020 0	0.225 0	0.015 0	0.002 0	0.020 0	0.010 0	0.020 0	5.122 0	60.196 5	2.050 0	0.000 0	14.642 5
28	0.004 5	0.175 0	0.020 0	0.445 0	0.015 0	0.002 0	0.020 0	0.010 0	0.020 0	5.706 5	463.873 3	45.400 0	0.070 0	30.192 3
29	0.004 0	0.125 0	0.020 0	0.190 0	0.537 5	0.002 0	0.018 0	0.010 0	0.030 0	5.351 0	34.471 5	4.175 0	0.001 0	15.043 5
30	0.004 0	0.100 0	0.020 0	0.205 0	0.015 0	0.002 0	0.020 0	0.010 0	0.020 0	5.637 5	47.231 0	2.350 0	0.000 0	17.243 0

表 5-9　地下水污染评价标准

单位:mg/L

项目	砷	铁	锰	氟	铬	镉	铅	铜	锌	Cl⁻	SO₄²⁻	NO₃⁻	NO₂⁻	总硬度/(°)
标准	0.004 2	0.189 9	0.043 8	0.203 3	0.012 1	0.002 2	0.029 2	0.013 0	0.028 7	187.547 5	8.909 3	4.268 3	0.253 2	23.190 2

表 5-10　评价等级

级别	安全 I	警戒 II	轻度污染 III	中度污染 IV	重度污染 V
P	<0.80	0.80~2.50	2.50~4.25	4.25~7.20	7.20

表 5-11　各评价因子 P_i、P 及综合评价等级

监测点	砷	铁	锰	氟	铬	镉	铅	铜	锌	Cl^-	SO_4^{2-}	NO_3^-	NO_2^-	总硬度/(°)	P	等级
1	0.952 4	0.526 6	1.674 3	0.983 8	1.377 4	0.909 1	0.684 9	0.769 2	0.696 9	0.310 5	0.084 1	0.226 5	0.000 0	0.331 7	1.277 9	II
2	0.952 4	0.526 6	0.456 6	1.196 9	9.641 9	0.909 1	0.684 9	0.769 2	0.696 9	0.950 3	0.122 9	0.426 4	0.000 0	0.721 3	6.878 6	IV
3	0.952 4	0.526 6	0.456 6	1.205 1	1.239 7	0.909 1	0.684 9	0.769 2	1.567 9	0.699 1	0.206 3	0.609 1	0.000 0	0.673 0	1.229 0	II
4	1.666 7	0.526 6	0.456 6	2.607 0	1.101 9	0.909 1	0.684 9	0.769 2	0.696 9	3.350 3	0.486 1	4.771 6	0.097 4	0.938 2	3.508 7	III
5	1.825 4	0.526 6	0.684 9	6.673 2	1.101 9	0.909 1	0.684 9	0.769 2	11.614 4	0.513 9	8.049 2	0.000 0	0.000 0	4.214 6	8.429 0	V
6	0.952 4	37.212 6	3.424 7	0.885 4	1.101 9	0.909 1	0.684 9	1.025 6	5.110 3	0.511 5	0.056 3	0.563 8	0.000 0	0.511 4	26.448 8	V
7	0.952 4	0.526 6	0.532 7	1.557 6	1.377 4	0.909 1	0.684 9	0.769 2	0.696 9	0.830 3	0.294 4	2.139 8	0.563 8	0.656 2	1.630 7	II
8	1.666 7	1.843 1	4.566 2	2.188 9	1.239 7	0.909 1	0.684 9	0.769 2	0.696 9	1.300 6	0.190 4	14.688 9	2.139 8	0.555 5	10.515 9	V
9	0.952 4	0.526 6	0.456 6	1.057 6	1.239 7	0.909 1	0.684 9	0.769 2	0.696 9	0.445 9	0.285 3	0.714 6	0.000 0	0.641 3	0.996 4	II
10	0.952 4	0.526 6	0.456 6	1.639 6	1.101 9	0.909 1	0.684 9	0.769 2	3.135 9	2.408 5	0.226 8	2.912 9	0.000 0	0.687 3	2.367 3	II
11	0.952 4	0.526 6	0.570 8	1.180 5	1.239 7	0.909 1	0.684 9	0.769 2	0.696 9	0.592 0	0.242 0	0.070 3	0.000 0	0.698 3	0.990 5	II

对黄石市地下水污染的评价结果表明,该区地下水相对于 1983 年水质污染严重,其中 V 类水质占 33%,应该引起有关部门的重视,否则会影响当地居民的健康。

思 考 题

1. 查阅文献,简要总结地下水污染现状评价的不同计算方法,并对比这些方法的优缺点和适用范围。
2. 列举地下水污染现状评价中各评价因子所占权重的计算方法。
3. 查阅资料,总结地下水污染现状评价的标准。
4. 现有以下地下水监测资料,分别运用综合污染指数法和模糊综合评判法对各区域进行 1989—1991 年的地下水污染现状评价,对比其结果,并分析原因。

样点	pH 值	总硬度/(°)	氯化物	铁	锰	氟化物	砷	硝酸盐	亚硝酸盐	铵态氮	COD
1	6.4	47	23	<0.05		0.3			0.003	0.02	
2	5.7	20	3	0.4		<0.1			0.008	0.06	
3	6.4	28	27	0.12	0.08	0.2	0.02	1.06			0.6
4	7.0	74	6	<0.05		<0.1			0.004		<0.02
5	7.0	229	38	0.13		<0.1			0.017	0.10	
6	6.7	140	140	4.29	0.1	0.46			0.005	0.96	
7	6.7	47	8	0.33		<0.1			0.125	0.50	
8	5.0	69	6	0.08		<0.1			0.032	1.34	

注:除 pH 值、总硬度外,其余单位为 mg/L。

主要参考文献

[1] 周爱国,蔡鹤生. 地质环境质量评价理论与应用[M]. 武汉:中国地质大学出版社,1998.
[2] 张永波,时红,王玉和. 地下水环境保护与污染控制[M]. 北京:中国环境科学出版社,2003.
[3] 赵焕臣,许树柏,和金生. 层次分析法——一种简易的新决策方法[M]. 北京:科学出版社,1986.
[4] 卢薇,彭泳,刘瑞华. 东莞市地下水环境质量现状评价[J].水文地质工程地质,2004,(4):70-73.
[5] 陈梁擎,冯绍元,韩志文,等. 北京大兴区浅层地下水水质初步评价[J].中国农村水利水电,2004,(5):23-24.
[6] 王艳秋,王辉,张震斌.模糊综合评判法在阜新市水质评价中的应用[J].辽宁工学院学报,2006,26(1):4-6.
[7] Jarsjo J,Marti B R,Ptak T. Monitoring groundwater contamination and delineating source zones at industrial sites:uncertainty analyses using integral pumping tests[J]. Journal of Contaminant Hydrology,2005,79(3-4):107-134.
[8] 王焰新. 地下水污染与防治[M]. 北京:高等教育出版社,2007.
[9] 蔡贻谟. 环境影响评价手册[M]. 北京:中国环境科学出版社,1987.
[10] 吴望名,陈永义,黄金丽,等. 应用模糊集方法[M]. 北京:北京师范大学出版社,1985.

第6章 地下水脆弱性评价

为了有效地保护地下水资源,精确刻画出易于被人为活动影响的区域,进行脆弱性分区,已成为环境管理、环境监测及环境保护等工作中必不可少的手段。

6.1 概　　述

6.1.1 地下水脆弱性的定义

地下水脆弱性的概念是由法国学者 Marjet 于 1960 年首次提出的。尽管这一概念已提出60 多年,但目前还没有一个普遍为大家所认可和接受的定义。Vrba 和 Zaporozec 认为,脆弱性是地下水系统的基本特性,表征该系统的水质对人为和自然作用的敏感性。大多数学者认为,地下水脆弱性可定义为,污染物从主要含水层顶部以上某位置进入后,到达地下水系统的某个特定位置的趋势或可能性。

通常,地下水污染程度是由发生在从污染源到含水层之间的污染物的天然衰减过程所决定的。发生在土壤、包气带及饱水带的各种物理、化学和生物过程可导致污染物物理状态和化学形式的改变,从而减轻地下水污染或改变污染物特性,特别是在土壤及包气带中污染物浓度比在饱水带变化幅度更大。地下水系统(包括包气带)中各种生物地球化学过程以及污染物物理化学特性决定了污染物的衰减程度。而这些过程受现场特定土壤、含水层特性及污染物性能的影响。因此,地下水的脆弱性由许多因素决定,包括地质、水文地质、污染物性质等。

6.1.2 地下水脆弱性评价的分类

脆弱性评价方法既有经验技术,又有模型模拟。现行的用于地下水脆弱性评价的方法可分为以下三种类型:①指标叠加法;②模型模拟法;③统计法。

另外,按评价的对象,脆弱性评价又可划分为含水层内在脆弱性评价(简称为"内在脆弱性评价")及含水层对特定污染物的脆弱性评价(简称为"特定污染物脆弱性评价")。"内在脆弱性评价"为在不考虑污染物本身性质情况下某地区的地质、水文地质等天然条件对污染物的防污性能。而"特定污染物脆弱性评价"的定义为:在考虑污染物水文地球化学作用情况下含水层对污染物的防污性能。以下重点介绍国际上应用最为广泛的 DRASTIC 模型。

6.2 DRASTIC 模型

6.2.1 DRASTIC 模型简介

DRASTIC 模型是由美国水井协会(NWWA)和美国环保局(EPA)在 1985 年合作开发的用于地下水脆弱性评价的一种方法,它综合了 40 多位水文地质学专家的经验。该方法曾用于 Columbia、Wyoming 等 40 个地区的地下水脆弱性评价,并被加拿大、南非等国家采用。该方法在美国获得成功的应用,并积累了丰富的经验。1991 年由 Lobo-Ferreira 博士引入欧共体国家,作为欧共体各国地下水脆弱性评价的统一标准。

该方法考虑以下 7 个指标:地下水位埋深(D)、净补给量(R)、含水介质(A)、土壤层岩性(S)、地形(T)、包气带介质(I)以及水力传导系数(C)。每个指标的首写字母组合在一起即为 DRASTIC ,因此称这种模型为 DRASTIC 模型。模型中每个指标都分成几个区段,每个区段根据其在指标内的相对重要性,赋予一个评分值。各指标的评分范围为 1~10(表 6-1)。最重要的一点是,每个指标应根据其对脆弱性影响的重要性赋予一个相应的权重。最后,脆弱性指数(D_i)为以上 7 个指标的加权总和。D_i 可以用以下公式表示:

$$D_i = \sum_{j=1}^{7} w_j R_j \tag{6-1}$$

式中:D_i——脆弱性指数,无量纲;

w_j——因子 j 的权重,无量纲;

R_j——因子评分,无量纲。

DRASTIC 模型提供了两组权重系列(表 6-2)。一组适用于一般条件下(非农药)的地下水脆弱性评价,另一组则是专门为农业活动区设计的,也称为农药脆弱性指数。

根据脆弱性指数,可以对地下水脆弱性进行分区。一般来说,脆弱性指数越大,地下水脆弱性越高。为了便于解释,根据最后得到的指数大小,把脆弱性分为 4 个等级:低敏感性、中等敏感性、高敏感性和极度敏感性。

需要指出的是,DRASTIC 模型以以下 4 个主要假定为前提:

① 污染物从地表进入地下;

② 污染物与降水一起进入地下水;

③ 污染物具有水溶性;

④ 评价区面积一般应为 4.05×10^5 m² 以上。

也就是说,污染物应从地表开始,通过土壤层、包气带,最后进入含水层。如果污染物通过侧向迁移污染地下水,即从补给区向排泄区迁移,那么这种污染方式就超出 DRASTIC 模型的考虑范围。

值得注意的是,农药 DRASTIC 模型是针对农业生产中的农药使用区,它是 DRASTIC 模型的一个特例,是一种"特定污染物脆弱性评价"方法。除了各指标的权重与 DRASTIC 模型(非农药)不同以外,其他指标的分段、评分以及使用方法与 DRASTIC 模型(非农药)一致。如果要评价农业生产区农药对地下水污染的可能性,应该使用农药 DRASTIC 模型的权重值。因此,对于同一区域,内在脆弱性指数与农药脆弱性指数并不完全一样。

6.2.2 DRASTIC 模型指标体系

DRASTIC 模型各指标评分体系见表 6-1。对各指标进行的具体说明如下。

1. 地下水位埋深

地下水位埋深决定地表污染物到达含水层之前所经历的各种水文地球化学过程。它影响污染物与包气带岩土体接触时间的长短,进而控制着污染物的各种物理化学过程,因而决定污染物进入地下水中的可能性。通常,地下水位埋深越大,地表污染物到达含水层所需时间越长,污染物在运移过程中与氧气接触的时间越长,被稀释和降解的机会越大,污染物到达地下水的可能性越小。

表 6-1 DRASTIC 模型各指标评分体系

地下水位埋深/m 范围	评分	净补给量/mm 范围	评分	含水介质 类型	评分	典型评分	土壤带岩性 类型	评分	地形 坡度百分比/(%)	评分	包气带介质 类型	评分	典型评分	水力传导系数 范围	评分
0~1.5	10	0~51	1	块状页岩	1~3	2	薄层或缺失	10	0~2	10	承压层	1	1	0.05~4.89	1
1.5~4.6	9	51~102	3	变质岩、火成岩	2~5	3	砾石层	10	2~6	9	淤泥、黏土	2~6	3	4.89~14.67	2
4.6~9.1	7	102~178	6	风化变质岩、火成岩	3~5	4	沙层	9	6~12	5	页岩	2~5	3	14.67~34.23	4
9.1~15.2	5	178~254	8	冰碛岩	4~6	5	泥炭土	8	12~18	3	灰岩	2~7	6	31.23~48.93	6
15.2~22.9	3	>254	9	层状砂岩、灰岩和页岩序列	5~9	6	胀缩性或团块状黏土	7	>18	1	砂岩	4~8	6	48.93~97.86	8
22.9~30.5	2			块状砂岩	4~9	6	沙质壤土	6			层状砂岩、灰岩、页岩	4~8	6	>97.86	10
>30.5	1			块状灰岩	4~9	6	亚黏土	5			含较多淤泥或黏土的砂砾	4~8	6		
				砂砾石层	4~9	8	淤泥质黏土	4			变质岩、火成岩	2~8	4		
				玄武岩	2~10	9	黏土	3			砂砾	6~9	8		
				岩溶灰岩	9~10	10	腐殖土	2			玄武岩	2~10	9		
							非胀缩或非团块状黏土	1			岩溶灰岩	8~10	10		

表 6-2　DRASTIC 模型(非农药)及农药 DRASTIC 模型中各指标权重

指 标 因 子	DRASTIC 模型(非农药)权重	农药 DRASTIC 模型权重
地下水位埋深	5	5
净补给量	4	4
含水介质	3	3
土壤层岩性	2	5
地形	1	3
包气带介质	5	4
水力传导系数	3	2

对于潜水含水层,地下水存在一个在大气压力作用下自由水面,它一般接近地表,含水层顶部不存在隔水层,因而更易受地表污染物的污染。对于承压水,含水层顶部存在一个天然隔水层,该隔水层作为天然屏障,可防止地下水受污染,所以地表污染物进入此含水层的可能性较小。半承压含水层的顶部隔水层一般存在一定的透水带,因此地下水的运动方向和速率受水力梯度及隔水层渗透性的影响。如果存在向下的水头差,半承压含水层就可能受到上部水体的污染。反之,半承压含水层受上部水体污染的可能性极小。

DRASTIC 模型可用来评价潜水及承压水受污染的可能性。对于潜水含水层,地下水位埋深为地表与地下水位之间的距离,它可通过水位监测孔测得,也可通过资料(比如地下水等水位图、钻孔资料等)获得。由于 DRASTIC 模型最初是用来评价潜水含水层的,在评价承压含水层时规定地下水位埋深为承压含水层顶部(或隔水顶板)的埋深,这时就不能直接用地下水等水位图代替地下水位埋深。DRASTIC 模型不能直接用来评价半承压含水层的脆弱性。如果要用此模型来评价,必须把它看作承压含水层或潜水含水层进行考虑。当半承压含水层上部地质体渗透性较低时,可以把它看作承压含水层;渗透性较高时,可以看作潜水含水层。

2. 净补给量

DRASTIC 模型规定净补给量为单位面积内由地表渗入到达地下水位的水量(这里用厚度表示)。补给水一方面在包气带中垂向携带污染物,另一方面控制着污染物在包气带及饱水带的弥散和稀释作用。因此,它是污染物向地下水运移的主要传输工具。补给量越大,地下水受污染的可能性越大。但当补给量足够大以至于使污染物被稀释时,地下水受污染的可能性不再增大,甚至是减小。虽然这种现象存在,但是在 DRASTIC 模型的指标评分体系中没有考虑污染物稀释这一因素。

DRASTIC 模型一般把年平均入渗量作为净补给量,不考虑补给的分布、强度和持续的时间。净补给量一般针对流域,而不是某个省或市。对某个省或市进行地下水脆弱性评价时,一般对某个流域的净补给量进行合理的外推。因此,净补给量的精度较低,并且较 DRASTIC 模型的其他参数难以获得。正因为这样,DRASTIC 模型对净补给量的评分范围规定得比较宽,给选择所评价区域的净补给量留有较宽的余地。一般情况下,净补给量为降雨量减去地表径流量和蒸散量。但是,使用这种方法估计净补给量时,必须保证所选数值的合理性,因为净补给量还与其他因素(如地表覆盖情况、地形坡度和土壤的渗透性等)有关。除了考虑降雨入渗之外,净补给量还应考虑其他补给来源(如灌溉、人工补给和废水渗漏等可能的垂向补给)。最精确的方法是通过建立综合以上这些因素的水量守恒方程获得。

特别值得注意的是,在已知补给-排泄区,人为抽水或地表水水位的变化可导致地下水水力梯度发生变化,从而使补给-排泄区发生变化。例如,在泉水出露的地方存在很大水力梯度,人为抽水一般不会影响地下水的补排关系,所以在进行 DRASTIC 模型计算时可以给该排泄区的净补给量赋一低值;而在泉水出露区水力梯度较小时,人为抽水可能使水力梯度发生倒转,因此在这些区域应适当增加净补给量。同样,在对环境比较敏感的补给区,也应该适当增加净补给量。

3. 含水介质

地下水赋存于松散岩层的孔隙中或岩体的裂隙或岩溶系统中。含水层中的水流系统受含水介质的影响,而污染物的运移距离由含水层中地下水流速和污染物的反应(如吸附、沉淀和降解)能力决定。含水介质也影响与污染物发生相互作用的岩土体的有效比表面积大小。对基岩含水层来说,污染物运移的路线是由裂隙和相互连通的岩溶通道控制的。一般情况下,含水介质的颗粒越大或裂隙和岩溶管道越多,则渗透性越高,含水介质对污染物的削弱能力越小。

含水介质在评分体系中为文字描述性指标,DRASTIC 模型提供了含水介质评分的范围,用户可根据含水层的详细情况进行评分。如果缺乏详细的资料,可选择典型评分值,典型评分值用来描述由相关含水介质组成的典型含水层。对于固结岩石含水层,可根据含水层中裂隙的发育程度进行评分,裂隙中等发育的变质岩或火成岩含水介质的评分为 3。但当裂隙发育非常好时,为了表示含水层具有较大污染可能性,把评分值定为 5。相反,当变质岩或火成岩中裂隙发育程度很低,给水度很低,评分值可定为 2。对于非固结含水层,可根据含水层细粒介质含量和分选情况进行评分,典型沙砾石层的评分值为 8;但当沉积层颗粒粗大并经冲刷时,则其评分值可赋为 9。相反,当细颗粒含量增加,并且分选性不好时,评分值可降到 7或 6。

在评价某区域地下水脆弱性时,每次只能评价一个含水层。在多层含水系统中,应选择一个典型的具有代表性的含水层进行评价。一旦确定了含水层,就应该把含水层中主要的、关键的含水介质作为 DRASTIC 模型的含水介质。例如,如果含水层为灰岩,可以选择块状或岩溶灰岩作为含水介质。

4. 土壤层岩性

土壤层岩性是指包气带最上部、生物活动较强烈的部分,因此在 DRASTIC 模型中所涉及的土壤层岩性通常为地球表层风化带中距地表平均厚度小于 0.61 m 的土体。土壤层岩性强烈影响地表入渗的补给量,同时也影响污染物垂直向包气带运移的能力。细粒沉积物(如淤泥和黏土)可大大降低土壤的渗透性,限制污染物向下运移。而且在土壤层中污染物可发生过滤、生物降解、吸附和挥发等一系列过程,这些过程大大削减污染物向下的迁移量。一般情况下,土壤中黏土类型、黏土的胀缩性能以及土壤中颗粒的大小对地下水脆弱性有很大影响,黏土的胀缩性越小,颗粒尺寸越小,地下水脆弱性也就越小。

土壤有机质含量是影响农药削减的一个重要指标。一般情况下,表层土壤中含有有机物,且随着深度的增加而降低。腐殖质对有机物有较大吸附和配位性能,所以在进行农药DRASTIC 模型计算时应考虑这一因素。

当某一区域的土壤层岩性由多层土壤组成时,可以用以下几种方法选择土壤类型,以代表土壤层岩性。第一种方法是,应充分考虑剖面中各层土壤的分布情况,选择占优势的类型代表土壤层岩性。例如,当土壤层岩性的组成中 0~7 cm 为沙质黏土,7~62 cm 为黏土,62~82 cm 为粉质黏土时,因为黏土层厚为 55 cm,占土壤层岩性的绝大部分,所以可代表土壤层岩性进行 DRASTIC 模型评分。第二种方法是,选择最不利的具有较高污染敏感性的介质进行评分。例如,某一区域的土壤有沙和黏土两种介质存在时,可选择沙作为土壤层岩性的评分对象。第三种方法是,选择脆弱性中等的介质进行评分。例如,有砾、沙和黏土存在时,可选择沙作为土壤层岩性的评分对象。

当土壤层很薄或者缺失时,土壤层岩性对地下水污染几乎没有保护性能。这时应把DRASTIC模型中的土壤层岩性类型设为薄层或缺失,这种情况下一般选择土壤层厚度小于25 cm。这一规定一般针对沙而言,对于非胀缩和非团块状黏土,此厚度可选小一些。

5. 地形

DRASTIC模型中的地形是指地表的坡度或坡度的变化。地形控制着污染物是被冲走或是较长时间留在某一地表区域而渗入地下。地形影响着土壤的形成与发育,因而影响着污染物的削减程度。除此之外,地形还影响地下水位的空间展布,进而决定地下水的流向和流速。因此,地形也影响地下水的脆弱性。在污染物渗入机会较大的地带,相应地段的地下水污染敏感性较高。

坡度百分比为两点间的高差除以它们之间的水平距离而得的百分数。当坡度百分比为0~2%时,污染物渗入地下的机会最大,因为在这一区域内污染物和降雨都不易流失,这些地段地下水的脆弱性高。相反,当地形坡度百分比大于18%时,一旦存在地表水(如发生大气降雨等情况),较易形成地表径流,因此污染物渗入地下的可能性很小,相应的地下水污染敏感性较低。

6. 包气带介质

包气带是指地下水位线以上的非饱和区或非连续饱和区。包气带介质类型决定着土壤层和含水层之间岩土介质对污染物的削减特性。各种物理化学过程(降解、吸附、沉淀、配位、溶解、生物降解、中和反应等)均可以在包气带内发生。包气带介质还控制着渗透路径的长度和渗透途径,因此影响着污染物的削减时间以及污染物的反应程度。包气带内的裂隙对渗透路线起控制作用,包气带介质类型的评分范围及典型评分值列于表6-1。

包气带介质的选择应根据所评价的含水层的类型而定。具体包括以下方法。

(1)在有多层介质存在时,应考虑包气带各层介质的相对厚度,选择岩性厚度最大的一组作为包气带介质。

如灰岩含水层上覆盖一层较厚的沙砾层,并且地下水位线在灰岩的上部,此时应选沙砾层作为包气带的介质。但当沙砾层较薄,且地下水位线在灰岩内部较深的部位时,应选灰岩作为包气带介质。

(2)应考虑各层介质对地下水脆弱性的贡献大小。

如当灰岩含水层上覆盖一层黏土和一层等厚度或厚度较大的沙砾层时,从地下水脆弱性的角度考虑,黏土是污染削减作用显著的介质层,因为黏土层限制污染物向含水层迁移,此时选黏土作为包气带介质是最为恰当的。

对于承压含水层,包气带为土壤层以下、含水层顶部以上的介质。例如,砂岩含水层上覆盖页岩相对隔水层以及厚度较大的沙砾层,此时隔水层应视为包气带介质,而不考虑沙砾层。

7. 水力传导系数

水力传导系数反映含水介质的水力传输性能。在一定的水力梯度下它控制着地下水的流动速率,而地下水的流动速率控制着污染物进入含水层之后迁移的速率。水力传导系数是由含水层内空隙(包括孔隙、裂隙以及岩溶管道)的大小和连通程度决定的。表6-1中给出每个水力传导系数范围的评分值。水力传导系数越大,脆弱性越高。

水力传导系数是根据含水层的抽水实验计算得出的,也可用单井涌水量估算水力传导系数。

6.3　基于 GIS 的脆弱性分区

地理信息系统(GIS)为一门新兴的集计算机科学、地理学、测绘遥感学、环境科学、城市科学、空间科学、信息科学和管理科学为一体的边缘学科。地理信息系统研究计算机技术和空间地理分布数据的结合,具有可以对地理空间数据和信息进行输入、存储、管理、检索、处理和综合分析等功能,为地球科学、环境科学、工程设计和企业管理提供对规划、管理和决策有用的信息。正因为如此,GIS 可以用来进行 DRASTIC 模型的地下水脆弱性评价。

最初使用 DRASTIC 模型进行脆弱性区划时是用手工完成的。使用者根据资料(包括监测资料、钻孔资料、地形资料、实验资料等)在表 6-1 的基础上对模型中的各个指标进行评分。然后,根据这 7 个指标评分的加权平均值(DRASTIC 模型脆弱性指数)在研究区的分布情况,利用插值法,绘制出研究区脆弱性指数等值线。最后,根据脆弱性指数等值线的分布情况对研究区进行脆弱性区划,分为低敏感性区、中等敏感性区、高敏感性区和极度敏感性区。

随着 GIS 技术的日臻完善,它具有强大的综合分析能力、空间建模能力、实时数据库修改更新能力,已越来越广泛地应用到地下水脆弱性研究领域。目前,越来越多的研究人员利用 GIS 技术进行脆弱性区划。基于 GIS 的 DRASTIC 模型脆弱性评价过程如下。

① 资料收集。资料收集一定要全面,要涉及 DRASTIC 模型中所有 7 个指标的详细数据,包括监测资料、钻孔资料、地形资料、实验资料以及详细的地质和水文地质资料等。

② 研究区原始资料的数字化。包括各指标参数的数字化,对每个指标建立一个数据文件,然后对数据文件进行空间分析,从而得到各参数数值分布图(栅格图或矢量图)。对于数字型参数,可用等值线或分区图表示;对于文字描述性介质参数,只能用分区图表示,并用不同的颜色来表示参数的不同值。

③ 指标评分图。修改描述参数数值分布的数据文件,统一每个数据文件的格式,也就是说对连续变量(比如地下水位埋深、净补给量、地形以及水力传导系数)和文字描述性变量(如含水介质、土壤层岩性以及包气带介质)的描述应该统一。对于每个指标评分值所对应的指标值,不管采用哪种变量形式都是一个不确定的数值,因此可用某些合理的符号来代替这些指标值。但是,这时必须用某些字段记录每个符号所代表的取值范围。然后,给每个符号赋予特定的评分值(根据各指标的评分原则),从而得到各指标的评分值数据文件。最后利用 GIS 的空间分析功能,绘出各指标的评分值分布图。值得注意的是,所有图件都应在同一底图上产生,且比例尺相同。

④ 输入各指标的权重值。对各指标的评分值分布图进行空间分析,分别乘以与其对应的权重值,得到各指标贡献大小分布图。

⑤ 建立评价模型。把各指标贡献大小分布图叠加,得到敏感性指数分布网。然后,根据敏感性指数大小范围,把研究区划分为 5 个不同等级:敏感性高、敏感性较高、敏感性中等、敏感性较低、敏感性低。最后在敏感性指数分布图上用不同的颜色分别表示这 5 个脆弱性等级,得到脆弱性区划图。

目前 GIS 技术的迅速发展和 WEBGIS 的出现,给基于 GIS 的地下水污染防治方面的研究提供了更为广阔的发展空间。WEBGIS 可以在 INTERNET 网上发布最新的脆弱性评价结果,可以实时修改模型参数,可以共享最新监测资料等,极大地丰富和发展了地下水脆弱性评价的内容。

思　考　题

1. 地下水脆弱性的定义是什么?
2. DRASTIC 模型的基本假设是什么?
3. 简要总结"特定污染物脆弱性"评价的模型、方法,对比不同方法的优缺点。

主要参考文献

[1] 郑西来,王秉忱,佘宗莲,等. 土壤-地下水系统石油污染原理与应用研究[M]. 北京:地质出版社,2004.

[2] 付素蓉,王焰新,蔡鹤生,等. 城市地下水污染敏感性分析[J]. 地球科学,2000,25(5):482-486.

[3] 郭永海,沈照理,钟佐燊,等. 河北平原地下水有机氯污染及其与防污性能的关系[J]. 水文地质工程地质,1996,(1):40-42.

[4] 郑西来,程善福,林国庆,等. 滨海地下水库利用与保护[M]. 北京:地质出版社,2006.

[5] 王焰新. 地下水污染与防治[M]. 北京:高等教育出版社,2007.

[6] 林学钰,廖资生. 地下水资源的本质属性、功能及开展水文地质学研究的意义[J]. 天津大学学报:社会科学版,2004,6(3):193-195.

[7] Aller L T,Bennett V,Lehr J H ,et al. DRASTIC:a standardized system for evaluating ground water pollution potential using hydrogeologic settings [R]. Ada Oklahoma:R. S. Kerr Environmental Research Laboratory,U. S. EPA,1987.

第7章 地下水环境影响评价

环境影响评价是正确认识经济、社会与环境协调发展的科学方法，是保护环境、实现"预防为主"方针、控制新污染的有效手段。环境影响评价具有判断、预测、选择和导向作用，对确定正确的经济发展方向和保护环境与生态等一系列政策决策、规划和重大行动决策都有十分重要的意义。2002年10月28日，我国政府正式颁布《中华人民共和国环境影响评价法》，地下水污染防治被列为环境影响评价的主要内容之一，从而为地下水污染防治提供了法律保障，极大地提高了我国地下水污染防治水平。

地下水环境影响评价是对具体拟建的工程项目或活动可能对地下水造成的影响作出评价，并提出具体地下水污染防治措施和建议。地下水污染防治区划是地下水环境影响评价的基础，是地下水环境影响评价确定评价标准与评价级别的重要参考依据；两者各有侧重，互为补充，有效地保证了地下水环境保护与经济、社会的协调发展。限于篇幅，在此仅就地下水环境影响评价的等级划分、评价类型、评价的主要内容和程序、主要预测方法进行介绍。

7.1 评价的等级划分

按照《环境影响评价技术导则》要求，地下水环境影响评价可划分为三个工作等级。表7-1列出了地下水环境影响评价等级划分的依据。在确定评价等级时，应综合考虑这些因素。对于不同等级的评价，评价工作的深度要求是不同的。

表7-1 地下水环境影响评价等级划分的主要依据

评价等级	工程特点	自然环境特征	所处地理位置
一级	投资大 废水量大 污染物组成复杂 污染物排放量大 污染物毒性大	地下水污染严重 岩性不易保留污染物 地下水与地面水水力联系密切	大城市上游 工业供水水源地上游 旅游景观区 敏感地区
二级	投资中等 废水量中等	地下水污染中等	中等城市上游
二级	污染物组成不太复杂 污染物排放量中等 污染物毒性中等	岩性对污染物保留能力中等 地下水与地面水水力联系较密切	工业供水水源地 较敏感地区
三级	投资小 废水量少 污染物单一且毒性小	地下水水质较好 岩性易于保留污染物 地下水与地面水水力联系不密切	小的城镇上游 非敏感区

对于一级评价，需掌握区域和当地较详细的地质和水文地质资料，需较深入地说明含水层分布和特征、各含水层间以及与地面水之间的水力联系，并需尽可能掌握枯、平、丰水期的

地下水动态监测资料。在现有资料不能满足要求时,应补充勘探工作,并对地下水动态和流态进行实测,有些参数要利用野外或室内实验取得。在上述工作成果基础上,选用精度较高的模式评价地下水的水量和水质。

对于二级评价,亦需掌握附近地区的水文地质资料,基本弄清含水层特征和它们之间的相互联系,基本弄清含水层与地面水的相互联系。二级评价时至少应掌握一个水文年的地下动态监测资料。对于二级评价,基本上是利用现有资料,并做少量补测,利用比较简单的模式进行评价,以评价水质为主。在有必要的情况下,也可对水量进行评估。

对于三级评价,只需利用现有资料,一般性说明地下水分布情况,不需进行勘查或勘探工作。三级评价可选用简单模式粗略评价水质的好坏。在无法定量评价时,可以只给出定性分析。对于低于三级评价的情况,可根据具体情况进行简单描述,或者只填写"建设项目环境影响报告表"。

7.2 评价类型

通常,地下水环境影响评价有三种评价类型,即回顾评价、现状评价和环境影响(预测)评价。

① 回顾评价是根据本地区历年观测的环境资料,分析污染的演变过程和发展趋势,追溯当前污染造成的原因。这对于分析污染物的迁移规律是有帮助的。同时,它也可用于检验环保设施是否达到预期效果,原来的评价模式、参数以及预测结果是否合理,结论和建议是否得当,以便总结过去的评价工作,为改善评价工作积累经验。

② 现状评价则主要是为了弄清当前的污染物分布状况和分布特征、发展趋势,找出主要的污染来源和污染途径,提出改善环境或防止污染扩大的措施。

③ 环境影响评价是根据拟建项目或活动的排放参数、废水的物理化学特征、排放特征以及水文地质条件等,获取相关参数,利用适当的数学模式,估算由于排污造成的各种污染物浓度增量的空间和时间分布及其发展趋势,并由此评估它对环境的影响。

对于环境影响评价,可依据建设项目或活动的性质,评估它在施工建设、生产运行以及服役期满后(或者退役)三个阶段对环境的可能影响。对于矿山开发,通常应对三个不同阶段均作出评价;对于大型建设项目,在施工建设期内可能在噪声、振动、扬尘、水土流失、地下水的径流-补给-排泄关系破坏等方面造成较大影响时,应评价施工建设时期的环境影响,还必须在正常排放和非正常排放两种情况下对生产运行阶段环境影响进行预测。

7.3 评价的主要内容和程序

7.3.1 环境状况调查

环境状况调查包括自然环境和社会环境两部分。同时,还应收集区域发展规划,特别是与地下水开采利用有关的发展项目。自然环境状况调查的目的主要在于了解拟建项目所在地区的环境特征,以便用于分析污染途径,确定计算参数,还可用于指导监测布点方案的制订。对于社会环境,主要调查本地区的人口分布、经济结构、工农业生产、交通以及区域发展规划(包括地下水的开发利用规划)等情况。调查范围及详尽程度,应根据评价等级来确定。

7.3.2　工程分析

对拟建项目或活动进行工程分析的主要目的是弄清项目的生产工艺,分析拟建工程污染发生源、源强以及污染的排放方式。尤其应明确可能污染地下水的途径和方式。

7.3.3　污染源调查与评价

污染源调查主要是为了掌握拟建项目或活动周围地区可能出现的地下水污染源、污染物主要组成及其特征。污染源应包括废水污染源以及有可能影响地下水的固体污染源。污染源调查应包括废水和固体废物排(堆)放量和排(堆)放方式的调查。

被调查污染物应是由工程分析和类比分析所确定的本行业的主要污染物,而参与评价的污染物则是其中的一部分,主要包括拟建项目或活动排放的主要污染物、本地区(或地质单元)内的主要污染物及特征污染物、毒性较强或易于累积且不易分解的污染物、法规要求控制的污染物。

对于各种污染源,一般采用污染负荷法进行评价。评价以《污水综合排放标准》(GB 8978—1996)为依据。

在污染源调查中,还应重点查清污染途径。查清污染来源、污染物分布以及污染发展趋势是地下水环境评价的关键问题,也是地下水污染防治的前提。

7.3.4　污染现状调查与评价

本项工作的目的是查明当前地下水的水质状况,并依据标准规范评述水质的优劣,为环境影响评价以及环境管理决策提供基础资料。

污染现状调查通常分为布点、取样和分析等步骤。监测布点范围、数量及取样频度和数量应根据评价等级来确定。对于等级较高的评价,监测点数以及取样频度相应增多。

监测点的布设,应考虑如下几个因素:拟建项目或活动排放污染物的主要流经途径的下游区域、可能影响附近地下水水质的地点、敏感地区(水源地、旅游地、文物古迹区等)、对照点。

监测项目和数量也应根据评价等级来确定。在选择监测项目时,应考虑如下的因素:拟建项目或活动排放的主要污染物、本地区(或地质单元)内的主要污染物及特征污染物、常规监测项目。以《生活饮用水水质标准》中所提出的参数为基础,并根据评价等级要求而适当增减。

对于水质现状评价,一般采用水质指数法评价,选用的评价参数主要是拟建项目或活动排放的主要污染物、本地区(或地质单元)内的主要污染物和特征污染物、毒性较强或易于累积而不易分解的污染物以及法规要求控制的污染物。

7.3.5　水资源调查

研究地下水的水量,不仅应弄清天然条件下的动态平衡过程,还应弄清人工干扰(开采或补给)情况下新的动态平衡过程。

7.3.6　环境影响分析

环境影响分析主要由如下三个环节组成。

① 污染趋势分析,包括污染途径分析以及污染物迁移及转化规律分析。

② 污染物在包气带和含水层中随时间和空间分布的估算。

③ 选择适当的评价方法、模式和标准,以评述污染物在关心地点、不同时段对环境影响的程度。

7.3.7　防治对策及建议

环境影响评价是为促进生产和防止污染服务的。因此,污染的防治对策是环境影响评价的一个重要内容。这些对策和建议主要涉及环保设施的增减与改进、区域规划的调整以及排污控制(包括浓度和总量)的应用等方面。在环境影响评价中,环境污染治理对策一般是指导性或原则性的。

7.3.8　评价程序

地下水环境影响评价基本上可以分三步进行,详见图 7-1。

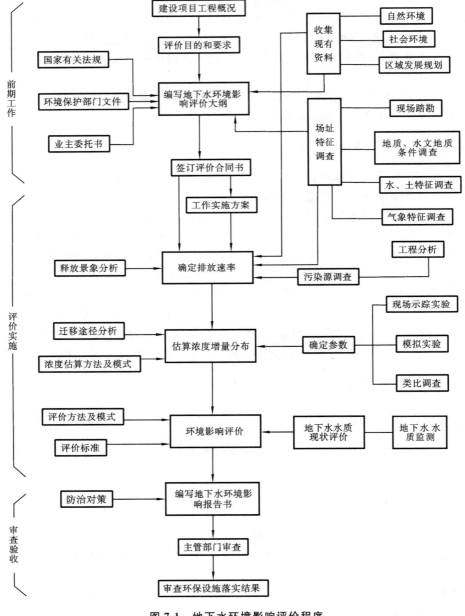

图 7-1　地下水环境影响评价程序

（1）前期工作：包括明确评价目的和要求、现有资料的收集、现场踏勘、评价重点和评价等级确定、评价大纲（或实施方案）编制以及合同书的签订等。

（2）评价实施：主要包括对已有资料的整理分析（包括工程分析）、现场调查与实际测量、实验室模拟实验与野外实验、数据分析和处理、模式开发与编程计算以及报告书的编写等。

（3）审查验收：由环境保护部门及项目主管部门组织专家审查报告书，并提出验收该项目环保设施的办法。

7.4　地下水环境影响预测方法

7.4.1　类比法

污染物的迁移既取决于污染物本身特征，还取决于环境水文地质和水文地球化学条件。环境水文地质和水文地球化学条件的相似性决定了其污染影响的可比性，这是类比法的理论基础。在查明相似工程项目及其所处地区的环境水文地质和水文地球化学条件的基础上，通过量化处理，即可对拟建设项目的环境影响范围、大小作出评估，在量化处理中将开发因素与环境后果都概化为数值指标，并确定出类比系数，依此可进行环境影响预测。

例如，可根据溶度积规则导出金属在水中的最大含量估算式：

$$\begin{cases} \lg c_{M^{2+}} = 28 - 2pH - pK_{sp} \\ \lg c_{M^{3+}} = 42 - 3pH - pK_{sp} \\ \lg c_{M^{4+}} = 56 - 4pH - pK_{sp} \end{cases}$$

根据类比预测确定矿坑水的 pH 值，利用上述公式可估算出矿坑水的金属含量上限。另外，还可以给定金属含量的环境标准值，从而求出所需要的 pH 值，以通过人工控制 pH 值来限制水中的金属浓度。再如，利用稳定铬同位素（$^{53}Cr/^{52}Cr$）在 Cr(Ⅵ) 被还原过程中发生的同位素分馏机理可定量评价含水层对 Cr(Ⅵ) 的还原速率和还原能力。这样，只要掌握了一个地区特定含水层中铬同位素（$^{53}Cr/^{52}Cr$）的变化规律，就可以定量预测 Cr(Ⅵ) 在该含水层中被还原过程的情况。

7.4.2　数值模拟法

数值模拟法是在区域水文地质特征调查基础上，根据污染途径分析，通过建立数学模式，获取计算参数等步骤进行的。数学模式包括采用解析法或数值方法，而模式中参数需要经过现场调查、现场实验及实验室测量来获取。

思　考　题

试述地下水环境影响评价的主要内容和程序。

主要参考文献

[1] Belousova A P. Assessment of groundwater pollution risk as a characteristic of the stability of its quality [J]. Water Resources,2006,33(2):219-232.

[2] Gogu R C,Dassargues A. Current trends and future challenges in groundwater vulnerability assessment using overlay and index methods[J]. Environmental Geology,2000,39(6):549-559.

[3] Vrba J, Zaporozec A. Guidebook on mapping groundwater vulnerability[M]. London:International Association of Hydrogeology,1994.

[4] Lobo-Ferreira J P,Oliveria M M. Assessment of groundwater vulnerability to pollution using the DRASTIC Method[M]. Lisbon Portugal:National Laboratory of Civil Engineering,1998.

第 4 篇
地下水污染原位
修复技术

第8章　地下水污染的抽出-处理方法

抽出-处理(pump-treat)是地下水修复技术中应用最为广泛的方法,传统的抽出-处理方法是指将污染地下水抽到地表处理的过程。本章所讲的抽出-处理是广义上的,包括修复方案中的地下水抽出系统和地下水回灌系统。在美国,为使污染场地地下水修复水平达到国家制订的"资源保护与修复行动"计划以及地方法规的要求,抽出-处理方法的使用占了场地修复方法的3/4。尽管抽出-处理方法的有效性仍然受到质疑,但经过了三十多年的应用,该方法在大多数地下水修复过程中仍然被采用,适用于地下水污染修复和污染晕的隔离。

本章介绍抽出-处理技术的基本概念,以及传统与改进方法适用性评价的基础知识。然而,在设计与运行地下水修复的抽出-处理系统过程中,需要具备一定深度的水文地质与地下水工程的知识。

8.1　技术原理与适用条件

8.1.1　抽出-处理技术的基本构成

抽出-处理技术主要包括水力隔离与净化处理两部分。

1. 水力隔离

水力隔离可控制污染地下水的流动,防止污染晕的持续扩展。图 8-1 列出了三种主要的水力隔离方式:①只有一口抽水井;②含有一个抽水井的地下排水廊道;③在围墙隔离系统中设置一口抽水井。

2. 净化处理

降低地下水中污染物的浓度,以达到含水层净化的标准要求,或者处理抽出的水使其用于其他用途。

尽管水力隔离和净化处理可以单独实施,但更多的修复工作是将两者联合使用。当修复不可行时,主要的目标可能是隔离;另外,在饮用水井遭受污染,但污染源不能确定时,优先处理水源以便于继续供水,即使此时含水层仍处于污染状态。

8.1.2　污染源清除和控制

在一些场地,污染源清除与控制是利用抽出-处理方法开展地下水的修复,有效的修复也依赖于对污染物和污染场地特征的了解。只有当污染源(无机或有机的)被圈定、清除或者被控制,以防止含水层进一步污染时,净化地下水的措施才会有效。

在许多污染场地,非水相有机流体是地下水污染的主要物质来源。图 8-2 表示地下水污染晕的 4 种常见类型,每种类型液体的密度以及与水的混溶程度均不同,污染晕的分布随污染物密度与可混合性变化,其中低密度液体(如汽油、甲醇)通常在含水层上部形成污染晕,而高密度液体(如 PCE、乙二醇)通常形成污染整个含水层(穿透)的晕体。即使有机流体滞留于

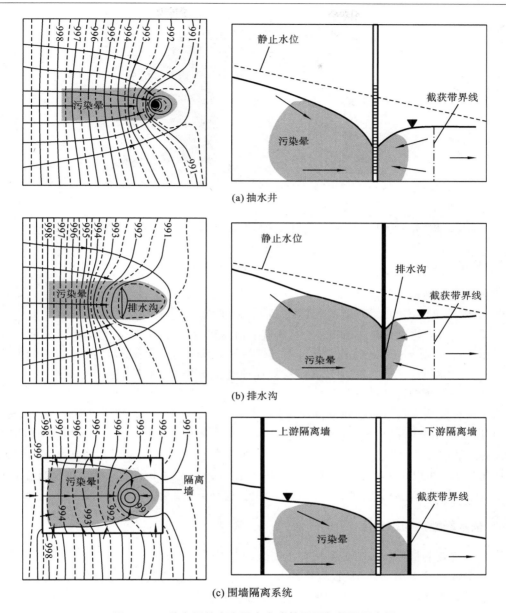

(a) 抽水井

(b) 排水沟

(c) 围墙隔离系统

图 8-1　三种主要的水力隔离方式的平面与剖面示意图

包气带,它也是地下水的污染源。在这种情况下,当入渗的水与有机液体或其蒸气接触,并携带溶解物质进入地下水时,就会产生地下水污染。即便在没有入渗的情况下,蒸气也可以向地下水迁移并污染地下水。

　　在这种情况下,污染源的清除是最有效的防止进一步污染的途径。当污染物局限于包气带时,清除通常是首选方案;当清除不可行时,对位于地下水位以下的高密度非水溶相液体(DNAPL)进行隔离是修复中优先选择方案。有些时候,通过地面遮盖防止雨水通过污染土壤入渗,也可以起到堵截的效果。但如果污染区的地下水位出现波动或有非水溶相液体的蒸气存在,这样的地面遮盖的方法可能是无效的。

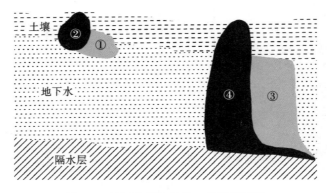

图 8-2　地下水污染晕的 4 种常见类型

①低密度水溶相液体；②低密度非水溶相液体；③高密度水溶相液体；④高密度非水溶相液体

8.1.3　场地特征

调查污染场地的特征主要有以下两方面。

① 准确评价污染的类型、范围和形式，可以增加实现处理目标的可能性。

这要求对污染物存在的物理相态进行调查。对有机物来说，主要是吸附相、非水溶相、溶解相和气相，并要求对不同相态进行量化。对场地特征掌握不充分，可能导致抽出-处理的失败。

② 进行全面的、三维的地下土壤和水文地质特征调查（包括粒级分布、吸附特征和渗透系数），才能合理确定抽出-处理井位。

三维特征的调查技术包括间接途径与直接途径两种，前者如地表和地下的地球物理设备和工程测量，后者如土壤和地下水取样分析。土样采集技术近年来取得一定的进展，如运用空心螺旋钻的连续取样器，而振动钻探技术则是另一种采集土样和地下水样品的新技术。另外，灵敏的钻孔测流计可以用来测量钻孔中垂向渗透系数的变化，这也是近年来一个重要的技术进步。这些技术可以帮助绘制更为精确的地下环境的图件，这是传统钻探与采样技术难以达到的。

8.1.4　抽水场地的动态管理

要进行有效的抽出-处理，必须在初步场地特征调查的基础上，利用修复实施过程收集的信息去动态管理抽水场地。例如，将钻探与安装抽水井、抽水过程、监测井中水位变化，以及观测井中污染物浓度检测所获得的所有信息，都用于抽水场地的描述与管理。

利用场地综合信息来动态管理抽水场地，具有经济与环境的双重效益。通常，场地特征的后期信息以及抽出-处理运行的经验，有助于管理者决策。特别是，动态的场地管理方法能使水力隔离更加有效，同时也使得实现修复目标所需的时间更短。

动态管理技术的一个关键内容是有效设计与运行抽出-处理系统。注意以下几点。

① 根据截获带分析、模型的优化，以及初期抽水效果资料，来确定最佳的井位。

② 分阶段建造抽水井和观察井，便于从早期建造井和运行过程中吸取经验。

③ 调节抽水流量和单井的运行时间，提高隔离效果，避免形成滞流区，保证大部分的污染地下水及时被清除。

8.1.5　可实现的清除目标

抽出-处理方法的效果因场地而异。美国科学学会地下水净化方案委员会在 1994 年按照水文地质学和污染化学将场地划分为三种类型。

A 类：运用现行技术将场地完全净化到健康标准是可行的，该类场地包括均质的单层或多层含水层，含有可去除的溶解污染物。

B 类：在技术上完全净化的可能性不确定，该类场地包括水文地质环境和污染类型介于 A 类或 C 类之间的情况。

C 类：在技术上完全使污染物含量达到健康标准是不可能的，该类场地包括被 LNAPL（低密度非水溶相液体）或 DNAPL 污染的裂隙含水层，或被 DNAPL 污染的单层或多层的非均质含水层。

污染场地最初的地下水净化目标接近地下水质量标准（GB/T 14848—2017）中 Ⅲ 类限值。对于地下水净化难以实行的 DNAPL 污染场地，修复策略是尽可能多地清除 DNAPL，或隔离残余 DNAPL，并处理隔离区以外的溶解污染晕。因此，即使是不具修复可行性的 C 类和 B 类场地，也可以应用抽出-处理技术来截获污染物和溶解污染晕，或直接用来净化隔离区外围的污染地下水。

8.2　有效的水力隔离

8.2.1　拖尾与回弹问题

在抽出-处理场地常常见到拖尾与回弹现象。拖尾是指在抽出-处理系统连续运行过程中，溶解的污染物浓度衰减速率越来越慢的现象。回弹则是指抽水中断后污染物浓度增高比较快且稳定后的浓度超过净化标准的现象。拖尾与回弹是为保证水力隔离有效性必须注意的问题。

1. 拖尾和回弹对修复的影响

（1）处理时间较长。

在理论上，如果没有拖尾和回弹，抽出一个体积的水相当于抽出一个体积的污染晕（图 8-3），从而达到清除污染物的目的。然而，拖尾和回弹明显增加抽出-处理系统达到修复目标的时间，甚至抽水可能需要运行几十到几百年。

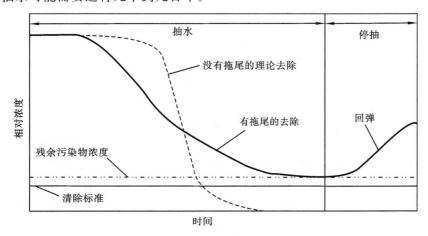

图 8-3　拖尾与回弹现象

（2）残余浓度超过净化标准。

当拖尾出现时，污染物浓度最初的下降速率常常相当快，然后逐渐变小，最终稳定在一个明显大于净化标准的残余浓度上（图 8-3）。当抽出-处理系统达到净化标准时，回弹是最棘手的，其浓度会增加以至于超过净化标准。

2. 影响因素

拖尾和回弹使得场地修复复杂化，其程度取决于目标污染物、含水介质和地下水的物理与化学性质，其主要影响因素与过程如下。

（1）非水溶相液体（NAPL）。

尽管 LNAPL 和 DNAPL 在水中通常是难以溶解的，它们在地下水中的浓度常常足以超过最大容许浓度（MCLs）。因此，在残余 NAPL 污染源附近，因为地下水与其表面充分接触而受到污染（图 8-4(a)）。当地下水运移缓慢时，污染物浓度能接近 NAPL 溶解的极限值（图8-4(b)）。尽管抽出-处理系统提高了地下水流速，最初会引起污染物的浓度下降，但这种下降幅度会逐渐变小，直到 NAPL 溶解速率与地下水运动速率平衡。一旦停抽，地下水速率变慢，浓度将会回弹。初期回弹的速率快，然后渐渐趋于平衡浓度（图 8-4(c)）。

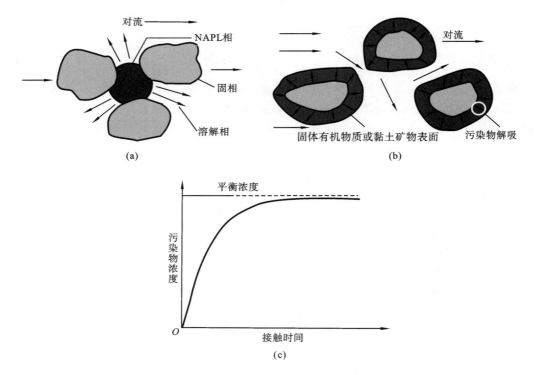

图 8-4　地下水与 NAPL 接触时可导致污染物浓度变化的情形

如前所述，非均质和裂隙含水层中的 DNAPL 污染是最难处理的，其原因如下：①DNAPL在地下形成一个不规则的湿润峰，其指状前缘以较快的垂向速率向饱和带侵入，这也使得对均质含水层中的残留污染带的监测极其困难；②如果 DNAPL 体积超过非饱和带和饱和带的残余饱和度，DNAPL 将进入较低渗透能力的物质表面，并积累形成自由相的DNAPL；③在非均质含水层中，低渗透能力的地层形成局部透镜体，其上也可形成自由相的DNAPL，进而扩散至饱和带。这种低渗透岩层还可引起 DNAPL 的侧向运动。另外，由于污染物 DNAPL 溶解和挥发速率较低,因此自由相 DNAPL 的存在更为明显。图 8-5 所示为 DNAPL 穿越不同渗透性含水介质的实验室模型。

（2）污染物解吸。

地下水中许多污染物的运移会因含水介质的吸附而产生滞后效应。污染物的吸附量是地下水中污染物浓度和含水介质吸附容量的函数。随着水中污染物浓度增加,吸附量也增加。吸附的污染物通常集中在固体有机物质和黏土矿物的表面（图 8-4（b））。然而,吸附是一个可逆的过程。当抽出-处理系统运行时,污染物浓度不断降低,吸附在固体颗粒表面的污染物会解吸,重新回到地下水中。受吸附与解吸影响的污染物浓度反映了地下水流速与接触时间的关系,这类似于抽出-处理系统运行与中断时的拖尾与回弹效应。

图 8-5　DNAPL 穿越不同渗透性含水介质的实验室模型

（3）扩散。

在非均匀介质中,当污染物沿相对可渗透路径迁移时,浓度梯度会导致污染物进入较低渗透性的介质。对于一些不易被吸附的可溶性有机物,更容易出现这样的扩散。在抽出-处理系统运行过程中,由于扩散作用,污染物浓度下降,但这也会引起初始浓度梯度的转变,污染物由低渗透性地层向高渗透性地层缓慢地扩散。根据理论计算出黏土透镜体中的 TCE 浓度,图 8-6 显示了 TCE 的弥散过程。从此图可以看出,若 TCE 浓度下降到初始浓度的 10%,厚度为 0.3 m 的黏土透镜体需要 6 年时间,厚度为 0.6 m 的黏土透镜体需要 35 年时间,厚度为 1.2 m 的黏土透镜体需要 100 年时间。在非均质含水层中,一旦污染物扩散至低渗透性物质中,由于浓度梯度的存在,会出现拖尾效应和回弹现象,其影响是可以预见的。

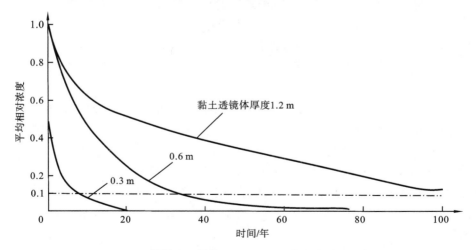

图 8-6　不同黏土透镜体厚度下 TCE 浓度随时间的变化

（4）地下水流速变化。

在污染物向抽水井迁移过程中,由于路径不同其迁移时间也不同,并产生拖尾与回弹现象（图 8-7）。在抽水井产生的截获带边缘,地下水在较低的水力梯度下需要运移较长的距离才能到达井中。另外,非均质含水层中,污染物向井运动的时间是水力传导系数的函数。

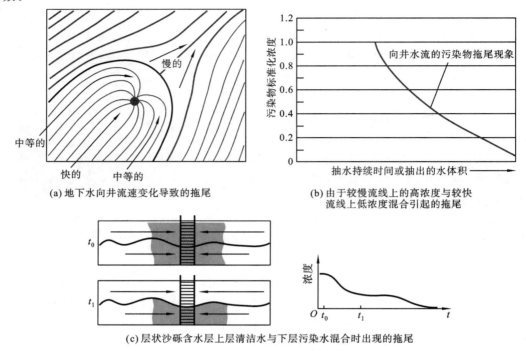

(a) 地下水向井流速变化导致的拖尾

(b) 由于较慢流线上的高浓度与较快流线上低浓度混合引起的拖尾

(c) 层状沙砾含水层上层清洁水与下层污染水混合时出现的拖尾

图 8-7　地下水流速变化引起的拖尾现象

3. 场地拖尾与回弹效应评价

在确定一个抽出-处理系统可达到的目标以后,需要大量信息来分析场地水文地质条件的复杂性,并判断污染物的分布规律。对于系统运行人员来讲,这样的信息可能有助于评价场地条件是否导致拖尾与回弹现象,以及评价由于这些条件存在可能需要延长的时间。污染物的吸附特征可以采用室内批量实验来评价,当然含水层的非均质性也会干扰实验结果。对于有机物来讲,可以根据文献对污染物性质的评述和含水介质特定的有机碳资料评价吸附的影响。

在 NAPL 污染场地,首先应评价自由相 NAPL 清除与隔离的可能性,并进一步确定残余 NAPL 污染的范围。对于 DNAPL,残余饱和度可能延伸,并扩展到非饱和带和饱和带;而对于 LNAPL,多数的残余污染物在包气带,但也可能延伸到季节性的低水位带。抽取自由相 LNAPL 可以使残余 NAPL 向饱和带纵深侵入。因此,在抽取地下水面上漂浮的 LNAPL 时,应采取措施避免或尽量减少残余 LNAPL 向纵向迁移。

几乎所有的抽出-处理系统都需要考虑水力隔离这一设计目标。含水层修复的总体目标是达到健康标准,而隔离的主要目的是阻止污染晕的进一步扩散。对于 NAPL 存在的地方,运用水力条件或围墙来隔离,是部分污染含水层净化的主要手段。

利用抽水井开展有效的水力隔离,需要产生水平和垂直的截获带,便于所有污染地下水向抽水井或水力廊道聚集。如果未考虑含水层的各向异性,或者缺乏足够的降落漏斗,可能导致污染物流到系统之外。另外,抽水井运行造成的滞流区以及注水井的使用能够降低清除的效果。同时监测水头与水质有助于判断隔离污染物的效果。

8.2.2　地下水流的控制

通过控制地下水流向来实现水力隔离，这需要形成截获带或压力脊，或者用实物隔离（围墙）。图 8-8 描述了利用所有三种水力隔离的抽出-处理系统：①用围墙隔离污染源区；②在污染晕边缘安装抽水井，抽取污染地下水；③用处理过的地下水进行回灌，沿污染晕的轴部形成高水头的"压力脊"。

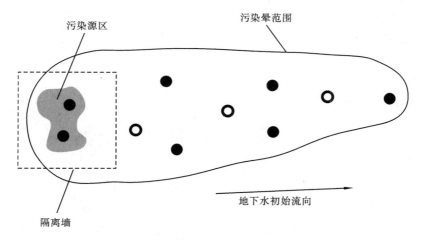

图 8-8　运用抽出-处理系统修复污染的方案平面图

○—注水井；●—开采井

1. 水平与垂直截获带

通过抽水井形成的降落漏斗，为水力隔离提供条件，该降落漏斗区也称为截获带。对于均质各向同性的含水层，地下水流线（图 8-9（b））与水头等值线（等势线）（图 8-9（a））正交。在抽水井形成的影响带，等势面的形状被改变（图 8-9（c）），而截获带是影响带的一部分（图 8-9（d））。

图 8-9（d）反映了截获带不同流速对应的流线与等值线形状。截获带的大小与形状受到很多因素的影响。例如，含水层的水力梯度和水力传导系数、含水层非均质和各向异性程度、含水层的承压性质、抽水井流量以及其他抽水井的运行状况、抽水井过滤器厚度、井的完整性等。

当过滤器完全穿过含水层（即完整井）时，用平面二维图形来描述水平截获带。然而不完整井需要分析垂向的截获带，以便判断截获带是否能够包含整个污染晕。图 8-10 反映了一个不完整井与污染晕的关系。当污染晕延伸到含水层底部时，一些污染物不能被这个不完整抽水井截获，垂向的水力隔离（控制）也就被削弱了。

2. 压力脊

压力脊体系是由一排位于污染晕上游或下游的注水井，通过回灌未污染水（或经过处理的）形成的，其主要目的是提高水力梯度，加快水交换速率，达到冲洗含水层的效果。上游的压力脊可以改变污染晕附近未污染水的流向，下游的压力脊能阻止污染晕的进一步扩展。通常，抽出的水经处理后可以作为注水来回灌，从而形成压力脊。

3. 隔离墙

隔离墙是由低渗透性材料制作的，能够阻止未污染地下水进入污染区，同样也能够用来

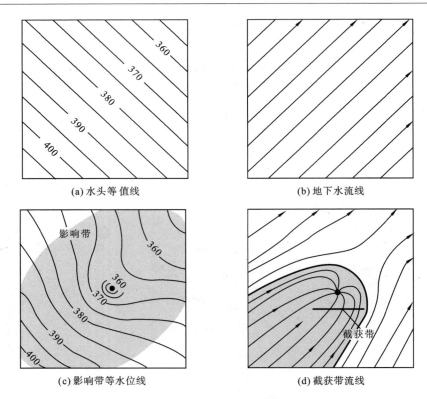

(a) 水头等值线 　　　　　　　　　　　(b) 地下水流线

(c) 影响带等水位线 　　　　　　　　　(d) 截获带流线

图 8-9　各向同性含水层流线与等值线示意图

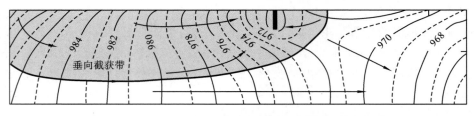

图 8-10　各向同性介质中不完整井的截获效果图

阻止污染水进入未污染区。大多数使用隔离墙的情况下也需要抽水来保证隔离的效果。隔离墙使用的优点主要为抽水量相对于水力控制大大减小。隔离墙的类型主要有以下几种。

（1）地表遮盖。

用一些低渗透性的材料覆盖地表，这些材料包括原位土壤、黏土、合成的隔膜、沥青混凝土等。

（2）泥浆槽防渗墙。

在软基中以泥浆固壁开挖沟槽，将挖出的渣料与膨润土拌匀后，回填槽内而建成墙形防渗构筑物。

（3）帷幕灌浆。

通过向地下裂隙、孔隙压力注入可固结的材料，来形成低渗透性墙体。

（4）板桩隔离墙。

通常用打桩机将板状材料（如钢板）打入未固结层，形成挡水墙体。

8.2.3　水力隔离的其他问题

1. 各向异性

在各向异性含水层中,渗透系数是有方向性的。对于水平沉积含水层,水平方向的渗透系数通常大于垂向的渗透系数;对于裂隙岩或片理状变质岩,渗透性的最高和最低方向通常分别位于平行和垂直方向。在各向异性介质中,地下水流向与污染物迁移方向通常不完全受水力梯度控制。

图 8-11 说明了裂隙岩体中水平方向的各向异性能改变一个抽水井的截获带位置。在一个各向同性含水层中,地下水流动的总体方向是沿着水头变化最大方向的,即流向与水位等值线垂直(图 8-11(a))。然而,如果裂隙发育导致南北方向的渗透系数比东西方向大,地下水的流向将偏离水力梯度的方向(图 8-11(b))。在这个例子里,如果仅依据水力梯度变化来布置井位,会导致难以截获全部的污染晕。

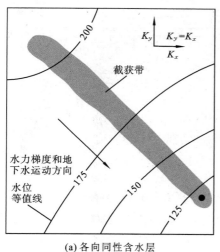
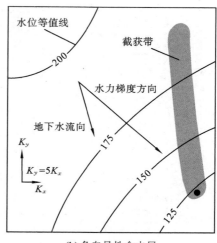

(a) 各向同性含水层　　　　　　　　　　(b) 各向异性含水层

图 8-11　裂隙各向异性对抽水井截获带的分布影响

污染晕分布方向与水力梯度方向不一致说明含水层的各向异性影响了地下水流动方向。在非均质含水层中,如果有古河道分布,则可以导致污染物迁移方向偏离水力梯度方向。

2. 水位降深的局限性

在某些条件下,形成或维持一个指向截获带的水力梯度是有困难的,这时可能需要用注水井来形成压力脊,或者安装隔离墙。这些条件包括含水层厚度有限、初始水力梯度较大、含水层底板倾斜、渗透性很高等。

出现这些情况的时候,需要谨慎地分析场地特征,甚至有必要进行小试,以评价水位控制的效果。

3. 滞流区

在抽出-处理系统运行过程中,一些地方会出现水力梯度和水流速率降低的现象,即所谓的滞流区。对于单井抽水,滞流区可能位于井的下游(图 8-12(a))。然而,对注水井来讲,滞流区能够在井的上游形成,并形成与水力梯度无关的低渗流区。当存在多口抽水井或注水井时,也会形成多个滞流区(图 8-12(b))。由低水力梯度引起的滞流区可以通过水力梯度计算、示踪实验和地下水流速来判断。由于在污染晕中形成的滞流区会降低抽出-处理系统的效率,因此尽可能减小滞流区是截获带分析和模型优化的重要任务。

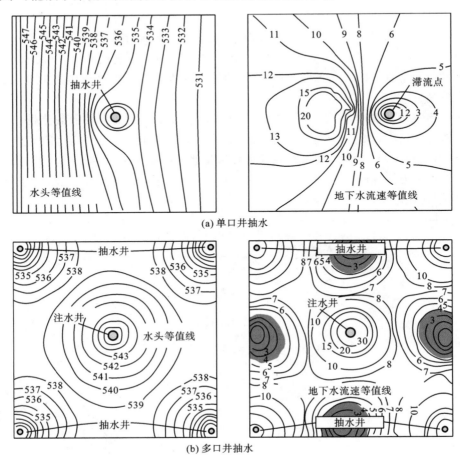

(a) 单口井抽水

(b) 多口井抽水

图 8-12 滞流区示意图

8.3 抽出-处理系统的设计与运行

抽出-处理系统运行的基本原理是布置一个或多个抽水井,以某个流量抽水,使得污染水体足以被全部抽出,而不流到截获带之外。本节将描述抽出-处理系统设计与运行的关键问题。

8.3.1 截获带分析与模型优化

近年来,许多数学模型在截获带计算、地下水流线和达到抽水井或排水沟的时间确定等方面得到应用。对于相对简单的水文地质条件(均质各向同性含水层),解析方法求解问题已经足够了;对于更复杂的场地,可能需要数值模型求解。这些模型能够为抽出-处理方案要求的污染物、监测点和检测频率选择提供帮助。例如,由美国 EPA 开发的 CZAEM 模型是一个用解析方法求算截获带或地下水流线问题的简单模型,而 MODFLOW 和 MODPATH 则是当前普遍用来求解复杂水文地质问题的数值模型。

　　根据地下水动力学原理,对于一定的抽水量和降深,在稳
定的流场中所形成的漏斗范围是一定的,如图 8-13 中阴影部
分所示。随着开采强度的增加,阴影部分的面积也有所增加。

　　也就是说,如果阴影范围内的地下水遭受污染,则污染
的地下水能被相应抽水井截获,所以阴影部分被称为截获
带。当一个地区的地下水被污染以后,单井仅能截获小范
围的污染物,而大范围的污染则需要多口井来控制。对于
多口井共同作用,不但涉及井的开采强度,还与井的间距有
关。如果井间距太近,各自的截获带(阴影面积)相互重叠、
相互干扰,截获污染物的效率降低;倘若井间距太远,则各
自的截获带不能连在一起,达不到彻底清除污染物的目的。

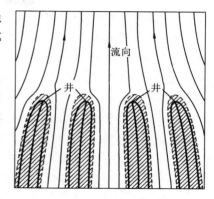

图 8-13　截获带的分布示意图
▨—截获带

　　Javandel 和 Tsang(1986)以势叠加理论为基础,用图
解法来决定井数、井间距和抽水量,这种方法要求井的类型曲线(图 8-14)以及含水层厚度
(B)和达西流速(U)(均假定为常数),具体分为以下四步。

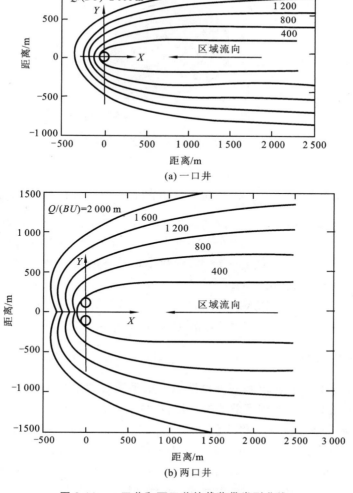

(a) 一口井

(b) 两口井

图 8-14　一口井和两口井的截获带类型曲线

① 用和截获带类型曲线相同的比例尺画出污染区分布图,并标明区域地下水流方向。

② 把单井截获带类型曲线叠置于实际的污染区分布图上,使截获带类型曲线上的地下水流动方向和实际区域地下水流动方向平行,并沿着污染范围的中线,以便于污染范围在 x 轴两侧基本对称。这样,抽水井位于污染范围的下侧,并尽量调整污染范围在单个 $Q/(BU)$ 曲线内。

③ 根据已知的含水层厚度(B)和达西流速(U),以及从类型曲线上查得 $Q/(BU)$ 值(记作 TCV),计算出单井抽水量(Q),即

$$Q = BUTCV \tag{8-1}$$

④ 如果这个流量超过单井出水量,使用两口井的截获带类型曲线,并重复步骤②和步骤③,直到计算的流量满足设计要求。对于两口井,井间距 D 可以由下式估计:

$$D = \frac{Q}{\pi BU} \tag{8-2}$$

以大庆油田风沙土地区的一个石油泄漏问题(图 8-15)为例。根据野外调查和室内外实验,大庆风沙土地区的潜水含水层厚约 20 m,天然水力坡度取 1/500,渗透系数为 0.17 cm/min,有效孔隙度为 0.39,且单井的允许开采量为 200 m³/d。

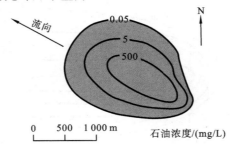

图 8-15　地下水石油污染分布示意图

由达西定律得

$$U = KI = 0.17 \times \frac{1}{500} \text{ cm/min} = 0.000\ 34 \text{ cm/min} = 5.6 \times 10^{-8} \text{ m/s}$$

把单井的截获带类型曲线和污染范围重叠,$Q/(BU)$ 值约为 2 500 m,则要求的抽水量为

$$Q = BUTCV = 20 \times 5.6 \times 10^{-8} \times 2\ 500 \text{ m}^3/\text{s} = 2.8 \times 10^{-3} \text{ m}^3/\text{s} = 241.92 \text{ m}^3/\text{d}$$

这个量超过了每天 200 m³ 的设计要求,则需要把双井的截获带类型曲线和污染范围重叠,得到 $Q/(BU)$ 值为 1 200 m。同理

$$Q = BUTCV = 1.344 \times 10^{-3} \text{ m}^3/\text{s} = 116.1 \text{ m}^3/\text{d}$$

这个流量满足设计要求。由式(8-2)可得两井间距为 382 m。

8.3.2　抽水运行的有效性

污染地下水的净化过程应该是一个根据地下水系统在抽水过程中的反馈信息去提高抽水运行效率的动态过程。为实现有效的抽水运行,可采取以下措施。

1. 污染晕隔离与污染源控制相结合

这可以通过初始抽水流场设计来实现。例如,在美国的一个国家实验室实验场地,一排抽水井被布置在污染晕的下游边缘处,以阻止污染物向市政供水井迁移,而其他井则被布置在污染物浓度最高的污染源区,从而达到最大程度去除污染物的目的。

2. 分批建造抽水井

可通过借鉴已获得的抽水监测资料,来更好地设计后期井的建造。

3. 抽水调控

进行注水井和抽水井的联合调度,以便减少滞流区。抽水井可以轮换地、周期性地关闭或启动,通过抽水流量的变化来保证污染晕被快速清除。为了顺利而有效地调度,有必要采用数学模型进行模拟分析。

4. 间歇抽水

在停止抽水期间,地下水流速慢,由于弥散、解吸和溶解,可能使地下水中污染物浓度增加,所以间歇抽水可以抽取更多污染的地下水,提高处理效果。图 8-16 表示间歇抽水的运行模式。

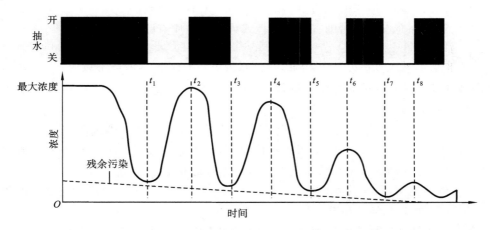

图 8-16 间歇抽水引起污染物浓度变化示意图

8.3.3 污染地下水的处理

污染地下水被抽到地面后,如果有合适的处理方法和足够的处理能力,地面处理将相对简单,主要包括两类。

1. 生物处理

该方法是利用微生物使有机物降解成为无机物。当污染地下水中的有机物浓度足够低且存在生物作用时,采用该方法是可行的。已经确定的生物处理技术包括投加粉末活性炭的活性污泥法、好氧生物流动床等。

2. 物理、化学方法

物理、化学及其联合方法可以用来处理污染的地下水,常用的方法包括气提法、活性炭法、离子交换法、反渗透法、化学氧化法、化学沉淀法、过滤法、紫外辐射法和放射氧化法等。

8.4 动态监测

为了实现水力隔离与含水层修复的目标,评估抽出-处理系统的应用效果,有必要设计适用的监测计划。通常,隔离监测包括水头监测和水质监测。水头监测用来确定抽出-处理系统是否形成了向内的水力梯度,能够阻止地下水流和溶解性污染物越过隔离带的边界;水质监测主要是监控污染物是否越过隔离边界以及边界处污染物浓度的变化。含水层修复过程中主要监测抽水井和监测井中的污染物浓度,以确定合理的抽水量和污染源清除效果。

8.4.1　水头监测

一般来讲,监测污染区水力梯度变化的监测井数量是随场地条件复杂程度增加而增多的,有效的监测措施包括以下几项。

① 用嵌套的压力计可测量垂向的水头变化。

② 监测井的水头监测主要集中在抽水开始与稳定阶段,便于确定合理的测量频率。

③ 当抽水流量与抽水井位需要修正,或者以前没有对系统进行过评价时,需要提高水头监测的频率。

④ 水头监测的时间应尽可能与要确定的水力坡度时间一致。

⑤ 水位资料补充也可以借助有效的图件或计算机对质点路径的模拟结果。

8.4.2　水质监测

要合理选择监测井的位置和监测深度,使污染物的外溢能被及时发现,因此相对密集的监测井通常沿着或靠近截获区的下游边界来布置。

因为地下水中污染物迁移是一个缓慢的过程,地下水水质采样的频率要比水头监测频率低。另外,由于地下水水质监测的费用比水位监测高,因此需要设计一个合理的水质监测计划,这样既有助于降低成本,又不破坏整个监测计划的完整性。

① 在监测的早期,取样较为频繁,并要做较为详细的化学分析。再运用所取得的数据资料来优化取样频率,然后减小取样的频率和空间密度。

② 对地下水截获区周边或接近周边的监测井水质监测次数应该比对远离污染羽状体的水质监测次数多。

③ 采样频率还要考虑影响污染物运移的渗透系数、不同介质的孔隙度和污染物的最大可能运移距离。渗透性较高的地层中的污染物迁移速率相对较快,取样频率比低渗透性介质中要高。

④ 在修复场地调查或监测的早期阶段,在完成具体的化学分析后,应将监测目标集中到关注的污染物和指示性化学成分上。

8.4.3　含水层修复监测

含水层的修复监测包括三个部分。

① 为了掌握含水层的修复过程,从污染区所有的抽水井和所选的监测井采样,分析的参数应包括关注的化学物质、可影响处理系统的化学物质(如在地下水有空气时,铁可以沉淀和堵塞处理单元)、能指示有其他化学过程发生的化学物质(如溶解氧、二氧化碳、生物降解产物)。这些数据对水井运行操作的调整是非常重要的。

② 对污染区域中典型位置的含水介质进行周期性的采样和化学分析,来测定非溶解性污染物的去除程度。

③ 定期对处理系统的进口和出口污水进行采样和分析,评估流入水化学成分的变化、溶解性污染物浓度的变化,以及整个处理系统的处理效果。

8.4.4　修复效果与封场的评价

按操作的规程,当达到和保持预先确定的净化标准时,地下水的修复工作就要结束了。图 8-17 概括了评价抽出-处理系统的修复效果和封场时间的步骤。

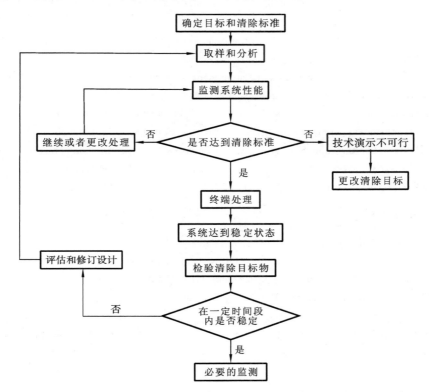

图 8-17　修复效果评价与封场时间确定的流程图

思　考　题

1. 抽出-处理技术包括哪些部分?
2. 井位置的确定需要考虑哪些因素?
3. 水力隔离应怎样设计?
4. 结合本章内容,分析场地污染物浓度变大的原因。

主要参考文献

[1] 郑西来,王秉忱,余宗莲,等. 土壤-地下水系统石油污染原理与应用研究 [M]. 北京:地质出版社,2004.

[2] Cohen R M, Mercer J W. DNAPL site evaluation, EPA/600/R-93/002[R]. Ada Oklahoma: R. S. Kerr Environmental Research Laboratory,1993.

[3] Cohen R M, Vincent A H, Mercer J W, et al. Methods for monitoring pump-and-treat performance, EPA/600/R-94/123[R]. Ada Oklahoma: R. S. Kerr Environmental Research Laboratory,1994.

[4] Gorelick S M, Freeze R A, Donohue D, et al. Groundwater contamination: optimal capture and containment

[M]. Boca Raton: Lewis Publishers, 1993.

[5] Haitjema H M, Wittman J, Kelson V, et al. WhAEM: program documentation for the wellhead analytic element model, EPA/600/R-94/210 [R]. Ada Oklahoma: U. S. EPA Center for Subsurface Modeling Support, 1994.

[6] Hoffman F. Ground-water remediation using "smart pump and treat" [J]. Ground Water, 1993, 31(1): 98-106.

[7] National Research Council. Alternatives for ground water cleanup [M]. Washington D. C.: National Academy Press, 1994.

[8] Piwoni M D, Keeley J W. Basic concepts of contaminant sorption at hazardous waste sites, EPA/540/4-90/053[R]. Ada Oklahoma: R. S. Kerr Environmental Research Laboratory, 1990.

[9] Rogers L L, Dowla F U, Johnson V M. Optimal field-scale groundwater remediation using neural networks and genetic algorithm environment[J]. Environ. Sci. Technol. , 1993, 29(5): 1145-1155.

[10] Roy W R, Krapac I G, Chou S F J, et al. Batch-type procedures for estimating soil adsorption of chemicals, EPA/530/SW-87/006F[R]. Cincinnati O. H.: Risk Reduction Engineering Laboratory, 1992.

[11] Strack O D L, Anderson E I, Bakker M, et al. CZAEM User's Guide: Modeling capture zones of ground-water wells using analytic elements, EPA/600/R-94/174 [R]. Ada Oklahoma: U. S. EPA Center for Subsurface Modeling Support, 1994.

[12] U. S. Environmental Protection Agency. Site characterization for subsurface remediation, EPA/625/4-91/026[R]. Cincinnati O. H.: Center for 71 Environmental Research Information, 1991.

[13] U. S. Environmental Protection Agency. Methods for evaluating the attainment of cleanup standards, volume 2: ground water, EPA/230/R-92/014 [R]. Washington D. C.: Office of Solid Waste and Emergency Response, 1992.

[14] Bradbury K R, Muldoon M A, Zaporozec A, et al. Delineation of wellhead protection areas in fractured rocks, EPA/570/9-91-009[R]. Washington D. C.: Office of Water, U. S. EPA, 1991.

第 9 章 渗透性反应墙技术

渗透性反应墙(permeable reactive barrier,PRB)技术是 20 世纪 90 年代在欧美国家率先应用的地下水原位治理技术,是一种可替代传统的抽出-处理系统和土地生物处理方法的技术。该技术最初应用于去除地下水中的有机污染组分,后来随着各项研究成果的运用,也开始来处理被无机物污染的地下水。它是一种被动的处理系统,其主要机理是把合适的反应介质填充于墙体内,然后把墙体设置在垂直于污染地下水流向的部位。当污染水流经过反应墙时,水中的污染物成分与墙体内的填充物(反应介质)发生物理、化学或生物反应,污染物被直接或间接地去除,从而达到治理污染的目的。其主要优点是不需要抽出和地面处理系统,且反应介质消耗很慢,有几年至几十年的处理潜力。除一次性投资较大和需长期监测外,几乎不需要运行费用,具有时效长、运行和维护费用低等特点。

University of Waterloo 的研究人员于 1991 年提出渗透性反应墙的概念。在 1994 年,渗透性反应墙成功地应用在美国加利福尼亚州的 Sunnyvale 市,用来处理被制造业废水污染的地下水。而从那时起,渗透性反应墙技术开始陆续被用来治理含多种有机和无机污染物的地下水。同时,随着治理工程的逐渐增多和技术的逐步完善,其相对于其他治理方法(例如抽取-处理、原位曝气)的经济和技术优势得到广泛的认同。

世界各国的工程研究证明,利用渗透性反应墙技术控制和处理受污染的地下水效果非常显著,具有广阔的应用前景。例如,在美国北卡罗来纳州某地,地下水中检测出铬的含量大于 10 mg/L,TCE 大于 19 mg/L,污染物羽状体经过反应墙后,铬的浓度降低到 0.11 mg/L 以下,TCE 的浓度降低到 5 μg/L 以下。此外,J. Baker 等研究者对反应墙系统中磷的吸收和沉淀做了 133 天的研究,总磷的去除率达到 95 %;Robertson 和 Cherry 在水平安置的墙体内进行了55 天小规模的现场实验,硝酸盐氮的含量由 59 mg/L 降低到 1 mg/L,而在长达3～5年的使用过程中,墙体内的反应介质损耗极小。在我国,目前该技术还处于起步阶段,只有少数的研究成果。例如,吕俊文等研究了渗透性反应墙对铀水冶尾矿酸性渗滤水的处理的可行性。因此,系统开展渗透性反应墙技术的研究是非常有必要的。

9.1 渗透性反应墙的结构、类型与反应机理

9.1.1 渗透性反应墙的结构

渗透性反应墙由反应单元和隔水漏斗两部分组成,其中反应单元用来放置反应介质(如铁屑),隔水漏斗主要用于控制被污染水的流向和通过墙体的部位(图 9-1)。最简单的渗透性反应墙就是一个放置在有机污染物羽状体运移路径上的反应材料带(如铁屑)。当污染的地下水流经反应单元时,污染物质与反应单元中的反应介质发生物理、化学、生物方面的反应,达到去除污染物质的目的。如有机氯化物与反应介质接触后,被降解为无毒的去卤化有机化合物和无机氯化物。研究和应用表明,由于不需要用泵将被污染水抽到地面处理,无须安装地

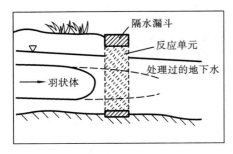

图 9-1　渗透性反应墙剖面图

面处理设施,且反应墙在安装后可自动运行,因此正常的运行就可以取得很好的处理效果。此外,由于反应介质消耗得很慢,故渗透性反应墙对于羽状体的处理可持续几年到几十年。除了定点监测和反应介质更换外,每年几乎不需要任何的运行费用。

9.1.2　渗透性反应墙的类型与反应机理

1. 按反应性质分类

按渗透性反应墙发生的反应性质,渗透性反应墙可分为化学沉淀反应墙、氧化-还原反应墙、吸附反应墙和生物降解反应墙。

1）化学沉淀反应墙

墙体中使用的介质为沉淀剂,它可使地下水中的微量金属产生沉淀。这种沉淀剂应是无毒的,且其溶解度应大于所形成沉淀物的溶解度。例如:用羟基磷酸盐（如羟基磷酸钙）与地下水中的铅离子发生反应,可以形成磷酸铅沉淀;用石灰（$CaCO_3$）中和酸性矿坑排水,使水中的微量金属形成碳酸盐沉淀。

2）氧化-还原反应墙

墙体中使用的介质为还原剂（如零价铁、Fe（Ⅱ）及双金属）,它们可使一些无机污染物还原为低价态,并产生化学沉淀。也可与含氯烃（如 PCE 和 TEC）发生反应,其本身被氧化,同时使氯代烃发生还原反应,如脱氯完全,则最终产物为乙烷和乙烯。

3）吸附反应墙

反应墙中使用的介质为吸附剂。吸附无机组分的吸附介质包括沸石、颗粒活性炭（GAC）、铁的氢氧化物、铝硅酸盐、黏土矿物等。沸石是应用最广泛的离子交换吸附剂,一般可以吸附金属阳离子。天然沸石与阳离子型季铵盐表面活性剂（cationic quaternary amine surfactant）反应可生成有机沸石,它可吸附带负电的配阴离子（如铬酸根、硒酸根、硫酸根等）。地下水中有机污染物主要吸附在有机碳上,增加反应介质中的有机碳含量,可有效去除水中的有机污染物。吸附反应墙主要的缺点是介质的吸附容量是有限的,一旦超过吸附容量,污染物就会穿透渗透性反应墙。因此,使用这类反应墙时,必须确保有活化和更换这种吸附介质的有效方法。

4）生物降解反应墙

目前,这种反应介质有两种:一种是含释氧化合物（ORC）的混凝土颗粒,释氧化合物为固态的过氧化物（如 MgO_2、CaO_2 等）,它们向水中释氧,为好氧微生物提供氧源和电子受体,使有机污染物产生好氧生物降解;另一种是含硝酸盐的混凝土颗粒,它们向水中释放硝酸根离子电子受体,使有机化合物在反硝化条件下产生厌氧（或缺氧）生物降解。

2. 按结构形式分类

渗透性反应墙按照结构主要分为连续式反应墙系统、隔水漏斗-导水门系统和多沉箱隔水漏斗-导水门系统。其中,连续式反应墙系统由含有一定渗透性的反应单元组成（图 9-2（a））。

隔水漏斗-导水门系统由一个不透水部分（隔水漏斗）和一个具有渗透能力的反应介质填充部分（导水门）构成（图 9-2（b））,前者将截获的被污染地下水汇到反应单元部分,使得污染物质与反应介质进行相互作用,这种结构更有利于控制反应单元的安装和羽状体的截获。当

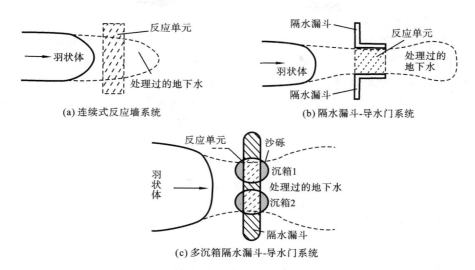

(a) 连续式反应墙系统　　　　　　　　　　　(b) 隔水漏斗-导水门系统

(c) 多沉箱隔水漏斗-导水门系统

图 9-2　渗透性反应墙的类型

地下水流过的场地为非均质时,隔水漏斗-导水门系统允许反应单元被安置在含水层中渗透性较高的地方;在污染物分布不均匀的情况下,隔水漏斗-导水门系统能更好地将进入反应单元的污染物浓度均匀化。

当遇有较宽的羽状体和较大地下水流速的情形时,尤其是当每个反应单元或导水门尺寸的安装受到限制时,宜采用多沉箱隔水漏斗-导水门系统(图 9-2(c)),将多个沉箱(反应单元)以一定间隔排列在垂直于水流方向上的隔水漏斗上,沉箱可设置多种形状和尺寸,可以保证受污染水在其中有足够的停留时间,以便更好地去除污染物质。

由于隔水漏斗的漏斗臂可以采用多种角度进行设计安装,因此不同角度漏斗臂对被污染水的汇流效果有一定差别。Starr 和 Cherry 进行的水动力模拟结果表明,最有效的隔水漏斗-导水门结构是将漏斗臂与导水门排列在一条直线上(图 9-3(a))。但是,考虑到不同边界特征及岩土条件,在应用中也可以采用其他的隔水漏斗-导水门排列形式(图 9-3(b)、图 9-3(c))。

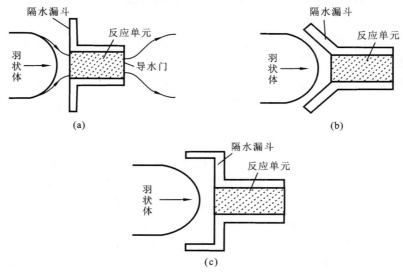

图 9-3　常用的几种有效的隔水漏斗-导水门结构

3. 渗透性反应墙的反应机理

渗透性反应墙去除污染物的机理分为非生物的和生物的两种,主要包括吸附、沉淀、氧化-还原和生物降解等,但目前研究最多的还是氯代有机物的还原性脱氯作用,即应用氧化-还原反应使有机物降解为无毒、无害的物质。目前,零价的颗粒金属(特别是铁)是在实验室批量实验、中试和现场应用广泛的反应介质,其中最常用的是零价铁屑。零价铁发生氧化-还原反应,产生高活性电子将氯代有机化合物转化为无毒的物质。下面以铁为例介绍其去除有机污染物反应的机理。

1) 化学反应

Sweey 等研究表明,尽管存在其他降解机理,但主要是卤素原子被氢原子取代:

$$Fe + H_2O + RCl \longrightarrow RH + Fe^{2+} + OH^- + Cl^-$$

卤素原子被氢氧基取代:

$$Fe + 2H_2O + 2RCl \longrightarrow 2ROH + Fe^{2+} + H_2 + 2Cl^-$$

铁与水反应,这个反应进行得很慢:

$$Fe + 2H_2O \longrightarrow Fe(OH)_2 \downarrow + H_2$$

在地下水进入反应单元过程中,如果有氧气存在,铁会被氧化并产生氢氧根离子,即

$$2Fe + O_2 + 4H_2O \longrightarrow 2Fe(OH)_3 + H_2$$

铁会以 $Fe(OH)_2$ 或 $Fe(OH)_3$ 形式沉淀,阻碍反应的进一步进行。因此,在地下水进入反应单元之前,应采取措施来降低或消除水中的溶解氧。一旦去掉溶解氧,TCE 这样的有机氯化物由于卤素的存在而处于氧化状态,铁可以通过电子转移与有机氯化物反应,主要产物是乙烯和氯化物,具体反应式如下:

$$3Fe \longrightarrow 3Fe^{2+} + 6e^-$$

$$C_2HCl_3 + 3H^+ + 6e^- \longrightarrow C_2H_4 + 3Cl^-$$

$$3Fe + C_2HCl_3 + 3H^+ \longrightarrow C_2H_4 + 3Cl^- + 3Fe^{2+}$$

上述几个反应都产生 OH^-,所以会使反应单元中水的 pH 值升高,pH 值升高又会导致 TCE 降解速率的降低。其间接影响是易形成氢氧化物沉淀,沉淀将铁的表面包围起来,从而降低铁的活性和反应单元的导水性。

在天然地下水中,溶解的碳酸及重碳酸盐起到缓冲作用,限制了 pH 值的升高和沉淀的生成。在碱性条件下,大量的 CO_3^{2-} 会形成 $FeCO_3$ 沉淀。反应进行到一定程度时,H_2CO_3-HCO_3^--CO_3^{2-} 体系达到平衡,则不再造成 pH 值的升高。

$$H_2CO_3 + 2OH^- \longrightarrow CO_3^{2-} + 2H_2O$$

$$HCO_3^- + OH^- \longrightarrow CO_3^{2-} + H_2O$$

2) 生物反应

由于渗透性反应墙在治理污染物过程中,在地下经历的时间较长,许多研究者猜测在污染物降解过程中可能存在生物反应,并进行了相应的实验研究。如 Gillham 和 O'Hannesin 分别加入和不加入生物杀虫剂,对受 TCE 污染的水进行土柱实验。在这两种情况下,得到相近的降解速率,这说明 TCE 的降解是非生物的过程,该反应能够在没有生物参与的情况下进行。而在加利福尼亚 Sunnyvale 一个工厂中进行的一个中试研究中,对地下水治理过程中的反应介质进行了微生物分析。结果表明,在含水层的反应介质中也不存在微生物。到目前为止,在实地装置的反应单元中还没有发现明显的生物活动。但是,有关专家预测,在一定的条件下,反应单元中有可能发生生物反应。

9.2　反应介质的选择

反应介质填充于反应墙的反应单元内,选择与污染物发生反应的单质或化合物,这是渗透性反应墙技术的关键所在。

9.2.1　反应介质的筛选原则

经过多年的应用研究和探索,目前在实际工程中应用的反应介质种类很多,其中最主要的是零价铁、双金属和新型反应介质(如陶瓷状铁泡沫、胶状铁等)。反应介质的选择要充分考虑研究区的背景资料(如地下水渗透特征、地下水中有机物的组成与浓度、含水层的类型、岩性以及地质构造等)。同时,还应该遵循以下原则。

(1) 反应性好。

最好选择与污染物反应速率快的介质,它可以在一定的渗透厚度(停留时间)内有效地还原污染物。

(2) 稳定性好。

反应介质或混合介质所能保持反应时间的长短是选择反应介质时考虑的一个重要因素,稳定性好的介质可保证在场地特有的地球化学条件下,在较长时间内(几年到几十年)维持其良好的反应性。

(3) 性价比高。

反应介质最好选用广泛存在并容易获得的物质,同时要求经济实用。当较便宜与较贵的两种介质的性能差别不大时,应优先考虑前者。

(4) 水力性能优异。

反应介质的粒径应该确保反应墙有足够的渗透能力,且在特定的地球化学条件下,通过限制沉淀的生成,能够长时间地维持其孔隙度(渗透性)水平。

(5) 环境兼容性好。

反应产物(如 Fe^{2+}、Fe^{3+}、氧化物、氢氧化物和碳酸盐)要与环境兼容,不能向下游环境释放有害的副产物。

总之,在实际应用过程中,应综合考虑这些因素,并综合考虑特定场地的各种影响,最后确定反应介质的类型。

9.2.2　金属介质

1. 零价颗粒金属

100 多年前已经发现零价铁能降解氯代烃类,但直到 20 世纪 90 年代初零价铁才被用于地下反应墙墙体材料,并取得极大的成功。在过去的几十年里,大量研究主要集中在零价铁对氯代有机物(如 PCE、TCE)的降解作用上。因此,零价的颗粒金属(特别是铁)是批量实验、中试和现场应用最广泛的反应介质。

1) 铁屑

Sivavec 和 Horney(1995)用 25 种不同来源的商品铁,来研究卤代烃的去除速率,发现影响不同铁反应速率的主要因素是其表面积。25 种未经处理铁的比表面积变化超过 4 个数量级。当铁的表面积与液相体积之比在 0.1~1 325 m²/L 之间时,反应符合一级动力学方程。

用酸进行预处理,可以加快反应的速率,这可能是由于酸可以去除铁表面的氧化膜,或者通过腐蚀增加了铁的比表面积,所以要优先选择比表面积大的商品铁。

但是,在选择介质时,对表面积的要求还必须与水文地质性质同时考虑,使得反应单元的渗透系数在周围含水层的 5 倍以上。在应用中通常选择沙粒大小的铁屑,也可以将细铁屑与沙(或更粗的混凝土颗粒)混合来改善反应单元的渗透性。在反应单元的上、下边界添加豌豆大的细砾部分,也可以改善反应单元的水流分布,这一方法目前已经应用于现场治理。

研究者采用的颗粒铁介质的另外一种形式,就是增加一个预处理单元,在其内部使粗介质(沙或细砾)与小部分(10%~15%)铁相混合。这个预处理单元可以在地下水进入全铁反应单元之前去除地下水中的溶解氧。由于具有较高的孔隙度,这个预处理带能够比反应单元更有效地解决堵塞的问题。

针对渗透性反应墙的应用,对于反应单元内铁的基本要求是:①铁的含量(按质量)应当超过 95%,只有少量碳和少量的氧化膜,没有有害的痕量金属杂质;②在许多实际应用中,合适的粒径范围是 8~50 目,密度一般由厂商提供;③由于有些铁来自切割或研磨操作,因此必须保证铁上没有残留的润滑油等;④需要有材料安全数据表(MSDS),以说明材料的安全性。

2)其他零价金属

人们还研究了用其他零价金属来去除含氯碳氢化合物。不锈钢、黄铜、低碳钢和电镀金属(Zn)都用来测定含氯有机物的还原速率。

低碳钢和电镀金属还原速率最快,Al^0 次之,而不锈钢、Cu^0 和黄铜的效果不明显,说明这些金属与零价铁相比都没有明显优势。

Boronina 等(1995)研究了 Mg^0、Sn^0 和 Zn^0 去除四氯化碳的反应性,结果表明 Sn^0 和 Zn^0 都可以还原 CCl_4。但要考虑到这些材料的成本、含氯反应物去除不完全性和有毒金属的溶出。

Schreier 和 Reinhard(1994)研究了 Fe^0 和 Mn^0 粉末还原多种卤代烃的能力,Mn^0 的还原符合零级动力学方程,但反应的速率相当慢,零级速率常数为 $0.07~0.13$ d^{-1}。

3)铁屑的改性

由 Fe^0 氧化为 Fe^{2+},将会导致 pH 值的上升。pH 值上升又会导致许多矿物质生成沉淀($Fe(OH)_2$、$FeCO_3$ 和 $CaCO_3$),而反应程度取决于一系列的物理和化学因素(如反应墙渗透性和地下水化学性质)。

可以向铁屑中加入各种调节剂来调节 pH 值,在室内实验中已成功地将黄铁矿应用于调节反应单元的 pH 值。黄铁矿被氧化时产生酸,可以弥补 Fe^0 氧化时对酸的消耗:

$$Fe^0 + 2H^+ + 1/2O_2 \longrightarrow Fe^{2+} + H_2O$$

黄铁矿氧化的反应如下:

$$FeS_2 + 7/2O_2 + H_2O \longrightarrow Fe^{2+} + 2H^+ + 2SO_4^{2-}$$

向 Fe^0 中加入黄铁矿和硫化铁,除了可以降低 pH 值以外,还能够缩短四氯化碳的半衰期。当 FeS_2 与 Fe^0 的含量比为 0.03 时,四氯化碳的半衰期要比只有铁时缩短 6% 以上;当 FeS_2 与 Fe^0 的含量比为 0.11 时,四氯化碳的半衰期缩短 45%。硫化亚铁同样可以缩短四氯化碳的半衰期,当 FeS 与 Fe^0 以 0.04 的含量比加入时,四氯化碳的半衰期缩短 18%。

除了以上所讨论的材料以外,其他材料也可以用来调节 pH 值,包括硫铁矿、黄铜矿和硫黄,但添加这些 pH 值调节剂的一个副作用是反应墙下游水中溶解铁的含量将会增加。

2. 双金属介质

在实际应用时,铁的氧化产物容易在金属铁表面形成一层保护膜,阻止金属铁表面和有机污染物之间的电子转移,所以反应单元的去除效率会逐渐下降。因此,研究者们开发了一种双金属系统反应墙,即在零价铁颗粒表面镀上第二种金属(如铜、镍或钯),这类双金属系统可明显提高氯代烃类的降解速率。

双金属 Fe-Cu 可以起电耦合的作用,通过增强电子活性来加速还原。双金属 Fe-Pd 也能加速还原,这是因为 Pd 可以起到催化作用。近期的研究表明,双金属 Fe-Ni 可明显提高还原速率。目前研究的双金属系统中,Fe-Pd 表现出最快的反应速率。实验研究表明,镀钯的铁还原 TCE 的速率比纯铁快 2 个数量级,而且可以处理许多更难还原的化合物(如二氯甲烷)。然而,由于钯金属的价格昂贵,从经济实用性来讲,该介质在实际工程中是不适用的。

在选择反应介质(特别是双金属介质)时,需要注意在提高反应活性的同时,能够保持较长的反应时间。长期的土柱实验表明,虽然双金属系统开始时反应活性较强,但是长期运行会使活性逐渐减弱。同时,对于双金属系统(如 Fe-Ni)中所用的金属,要求不能向下游含水层中带入对环境有害的溶解金属。

3. 其他新的反应介质

1)铁泡沫材料

在反应墙中有应用前景的一组材料是 Cercona 公司生产的泡沫聚合产品,这种铁泡沫材料有着较大的表面积(反应活性强),同时有较高的孔隙度。铁泡沫材料由可溶性硅酸盐和铝酸盐聚合而成。在特定的溶液浓度、温度以及材料的配比条件下,向硅酸盐-铝酸盐凝胶中添加特定的凝结剂或粉末状材料,使产物中含有 5%～15% 的硅酸盐和铝酸盐,具体比例根据添加剂确定,而添加剂要根据产物的特性来确定。

对于渗透性反应墙来说,常用的添加剂包括金属铁、氧化铁、沸石、黏土或特定的陶瓷材料。

2)胶体铁

铁的另一种替代形式就是胶体铁(粒径 1～3 μm)。这种材料比铁屑昂贵得多,但是它与铁屑相比有许多优点。它可以悬浮状的形态注入含水层中,当悬浮液在含水层中流动时,胶体颗粒将在含水介质的表面固定,所以可以在任何地方建造反应墙(包括地下深层和断裂带),但不能改变含水层结构。

因为胶体铁有较大的比表面积,在处理区内可能只需要较少的铁。Cantrell 和 Kaplan (1996)指出,在一般的水文地质条件下,估计铁的质量分数为 0.4% 的 1.0 m 厚的反应墙,可以在地下运行 30 年。虽然实验室土柱实验证明了此技术的应用前景,但是在污染现场还没有得到证实。

3)含二价铁的化合物

除了零价铁,许多含二价铁的化合物也被用来还原含氯碳水化合物。Lipcynska-Kochany 等(1994)发现,FeS 和 FeS$_2$ 都可以还原四氯化碳,半衰期几乎与 Fe^0 一样(大约 24 min)。

4)连二亚硫酸盐还原剂

在含水介质表面上固定的 Fe^{2+} 有利于含水系统中可还原有机物的转换。因此,有人提出在原位修复技术中,将含水介质中的三价铁还原成二价铁。在这种方法中,将一种含有连二亚硫酸盐的溶液注入含水层中,含水介质中的三价铁也被还原为吸附在其表面上的二价铁,这种二价铁作为还原剂来去除含氯碳水化合物。实验室批量实验证明,用连二亚硫酸盐还原沉淀物来去除四氯化碳是可行的。在连二亚硫酸盐还原的沉淀物(30 ℃)作用下,四氯化碳的半衰期为 2 天。然而,另外的批量实验和土柱实验表明,用连二亚硫酸盐还原 TCE 效果要差得多,TCE 的半衰期超过了 90 天。这些研究结果表明,连二亚硫酸盐只适用于容易还原的化合物(如四氯化碳、CrO_4^{2-} 和 UO_2^{2+}),但不适用于较难还原的化合物(如 TCE)。

5)纳米金属颗粒

纳米技术的发展也给氯代烃类污染地下水修复带来了一种新的、具有潜力的方法。纳米金属颗粒小,粒径仅有 1~100 nm,因此具有巨大的比表面积。目前,利用纳米铁颗粒去除氯代烃类的研究还处于实验室研究阶段,只有 Elliot 和 Glazier 等做过中试研究,并取得良好的处理效果。

9.3   反应墙的可行性实验

在筛选出几种可供选用的反应介质之后,要进行小型的可行性实验。

(1)可行性实验的目的。

① 为反应单元筛选出一种合适的介质(如铁)。

② 估计还原反应的半衰期,确定反应单元的厚度。

③ 预测反应墙的寿命。

小型的可行性实验可以是批量实验,也可以是土柱(连续)实验。大多数研究者认为,批量实验主要是作为最初的筛选工具,评价不同介质或评估目前已知的难降解的污染物。

(2)选择土柱实验的原因。

① 在一定的水动力条件下确定设计参数。

② 通过土柱实验测得的半衰期结果通常要比通过批量实验测得的更可靠。

③ 在批量实验中反应产物可能在反应器中聚集,而土柱实验中反应产物会被水流带走。

(3)许多不同类型的水可用来进行可行性实验。

① 加目标污染物到蒸馏水中。

② 在洁净地下水中加入一定浓度的目标污染物。

③ 从现场采集污染的地下水。

通常情况下,在筛选新的反应介质时,会使用蒸馏水来配制溶液,而在进行其他可行性实验时,则会使用现场采集的未受污染的地下水来配制溶液。也就是说,将已知浓度的污染物加入未受污染的地下水中。这样,研究人员就可以更好地控制或改变污染物的浓度。另外,因为现场地下水中的无机物组分可能对实验结果具有重要的影响,因而非常有必要使用现场地下水(无论是洁净的还是受污染的)进行可行性实验。

9.3.1   批量实验

批量实验通常是将多孔介质和含有污染物的水放入不留顶部空间的、用隔膜密封的小瓶中。当从小瓶中取水样分析后,用氮气将小瓶顶部空间充满。

在双注射技术中,当从一个注射器中抽取水样时,另一个注射器会缓慢地向顶部空间注入氮气。另外,可以使用蒸馏水代替被抽取的分析水样,但需注意其对溶液浓度的影响。通过多次取样,测定有机物污染物的浓度和生成物(如烃类气体)的含量,从而间接计算反应的进行程度。

因为批量实验操作简单和经济可行,所以它是有效的筛选工具。但是,当对实验结果进行外推时,应当充分考虑水动力状态的影响。例如,O'Hannesin(1993)发现,相同铁浓度下土柱实验测得 TCE 和 PCE 的半衰期值分别超过批量实验测得值 2～3 倍。

9.3.2　土柱实验

土柱实验的目的是估计还原反应的半衰期。可用污染物的半衰期和它们的反应产物来选择介质或设计反应墙的厚度。

1. 土柱实验的设计和操作

土柱用玻璃或树脂制成,土柱上有许多取样口,如图 9-4 所示。玻璃对含氯有机化合物有很小的吸附性,管道系统用不锈钢或聚四氟乙烯制成,通过蠕动泵的一小部分管路用具有弹性的氟橡胶制成,而其他所有的配件都用不锈钢制成。

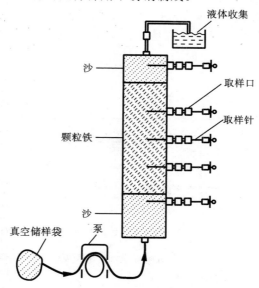

图 9-4　土柱实验装置示意图

将混合好的介质(如铁和沙土)均匀分成若干部分,然后分批地填入土柱,以保证土柱中介质的均匀性。最好把粗沙衬放在介质的上面和下面,以保证有较好的水流分布。

把水样放在一个可折叠的聚四氟乙烯真空袋中。这样水从袋子中流出时,不会产生顶部空间。袋子用重力水流充满,以避免空气进入水中。水在土柱中从底端流向顶部(也可以方向相反,这取决于设计流速),这样可以更好地模拟现场地下水的缓慢流动。取样口上装有隔气和隔水的附件,可以用一个尼龙铸造栓塞,并在连接处缠上薄膜。最好将取样注射器针头一直插到土柱上,并且针尖伸到土柱的中心位置。

当土柱中污染物的浓度达到稳定状态后,立即取样。据 Burris 等(1995)的研究,通常需要将污染水通过几个孔隙体积后才能达到稳定状态。达到稳定状态所需的时间(与孔隙体积相关)随污染物种类而变化。例如,被 PCE 污染的水要比被 TCE 污染的水需更长的稳定时间。

取样时,注射器一个针头连在调节阀上,用少量的水冲洗针管之后再开始取样。取样时要慢一些,避免产生扰动。大多数研究者都在室温下进行实验,但温度也是影响反应速率的一个重要因素。

通过土柱的流速要接近现场状况,因此要求具有拟建反应墙现场地下水流速的准确资料。还要考虑到,通过反应墙的流速可能比周围含水层大得多。

土柱的实际流速可以通过一段时间内的出水量来测得。实验应当用一系列不同的流速重复进行,来模拟不同季节流速变化及其他不确定性。Gillham 和 O'Hannesin(1992)发现,还原速率对实验的流速范围(60~240 cm/d)不是很敏感。一旦用土柱实验确定了反应速率,要设计出反应单元的厚度就需要准确地估计地下水的流速。

含氯挥发性有机化合物的浓度可以用气相色谱仪来测定。另外,水样从土柱中取出后,E_h 和 pH 值立即用适当的探针(通常为复合电极)测定。大多数水接近中性或呈弱碱性,金属化合物可能使 pH 值升至 9 以上,pH 值在 6~8 之间时难以准确测定。当水中不含有缓冲剂(如碳酸盐)时,这种情况确实会出现。

2. 土柱实验数据分析

对每一个水流速率,含氯挥发性有机化合物浓度都可以看成沿土柱位置的函数。当流速和孔隙度已知时,由土柱的位置可以很容易地转化为停留时间。根据上述参数,可以绘制挥发性有机化合物(VOC)浓度与停留时间(h)的关系曲线(图 9-5)。

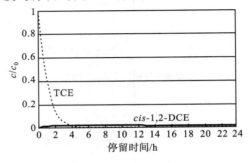

图 9-5　VOC 浓度与停留时间的关系曲线

如果 c_0 是含氯挥发性有机化合物的初始浓度,c 是反应 t 时间后的浓度,那么就可以用一级动力学方程计算各种组分的降解速率常数 k:

$$c = c_0 e^{-kt} \tag{9-1}$$

作 c/c_0 与停留时间的曲线(图 9-6),其斜率就是反应速率 k,曲线与实验的拟合程度可用相关系数(r^2)表示。若能得到 k,就可以估算出各种有机污染物(TCE、DCE 等)的半衰期($t_{1/2}$),即将污染物浓度降低到 1/2 时所需的时间。

$$t_{1/2} = \frac{\ln2}{k} = \frac{0.693}{k} \tag{9-2}$$

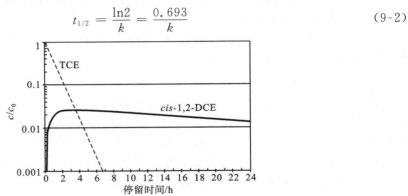

图 9-6　VOC 浓度与停留时间对数曲线

　　在选择不同介质时,通常选取半衰期最短的介质,价格、易获得性、缓冲效果和其他因素也应当考虑在内。

　　对于反应墙设计过程中需要的停留时间(t_w),可通过多种途径来获得。对于含氯挥发性有机化合物,可以用将浓度降解到最大容许浓度(MCLs)所需的半衰期个数来确定。例如,如果 TCE 初始浓度为 1 000 $\mu g/L$,降低到 5 $\mu g/L$ 需要 8 个半衰期。通过土柱实验测得的 TCE 半衰期为 2 h,则停留时间至少为 16 h。如果进水中有多种 VOC 成分需要去除,则应根据半衰期最长的组分来设计停留时间。同时,停留时间 t_w 也可以通过以下方程估算:

$$t_w = \frac{1}{k} \ln \frac{c_0}{c} \tag{9-3}$$

然而,这种估算并没有考虑将可能产生的副产物(DCE、VC)去除所需的停留时间。这些副产物可能同时被降解,但难以估算它们的反应速率。

　　下面介绍一种较为合理的停留时间确定方法。在一张图中同时列出所有含氯 VOC 的浓度(包括副产物)与停留时间的关系曲线,如图 9-7 所示。所需的停留时间是指将所有污染物降到其最大容许浓度所用的最长时间。在这个例子中,最长停留时间 t_3 是将 VC 降到其最大容许浓度所需的时间,因此应将反应墙的设计停留时间定为 t_3。

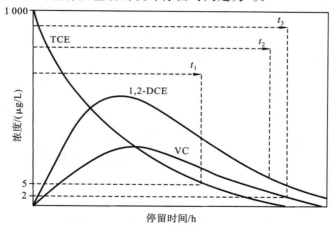

图 9-7　VOC 降解实验中浓度与停留时间的关系曲线

　　当模拟流速较高的地下水系统时,这种估算方法可能需要较长的土柱或一系列土柱串联,同时要测出出水中的阴、阳离子和碱度的变化,以便了解系统中所发生的地球化学行为。溶解态的钙或镁的减少,表明可能在反应单元中形成沉淀,而出水中溶解铁的增多,则表明反应单元中亚铁的损失。对实验中无机化学数据的分析有助于筛选反应介质和预测其寿命。

　　3. 安全系数

　　当把实验所获得的还原速率应用到实际工程中时,往往因为空间尺度的巨大差别,发生所谓的尺度效应,导致上述结果与实际不符。此时,应考虑许多修正因素。其中最需调整的就是温度。一般地下水温度(一般为 10～15 ℃)比实验室温度(一般为 20～25 ℃)低,停留时间应适当延长。例如,Senzaki 和 Kumangai(1988)发现,当温度从 20 ℃降到 10 ℃时,1,1,2,2-四氯乙烷的半衰期增加了 10%。Jeffers 等(1989)也提出用 Arrhenius 温度方程来调整温度对有机化合物降解速率的影响。

$$k \propto e^{-E_a/(RT)} \tag{9-4}$$

式中:E_a——反应活化能;

R——摩尔气体常数，$R=8.314\ 510\ \text{J}/(\text{mol}\cdot\text{K})$。

式(9-4)可转化为

$$\ln k = \ln A - \frac{E_a}{RT} \tag{9-5}$$

式中：k——一级反应速率常数；

A——反应频率因子；

T——绝对温度。

$\ln k$ 与 $1/T$ 的关系应为一直线，斜率是 $-E_a/R$。

ETI(1997)控制温度的土柱实验表明，现场温度为 15 ℃时 TCE 降解速率是实验温度为 23 ℃时的 0.42 倍，即半衰期增长了 1.4 倍，所以实验室测定的反应速率需要用一个 1.4 的温度系数修正。

因此，除了考虑关键数据的不确定性（如地下水流速和进水污染物浓度）外，要充分考虑一切其他影响因素的影响。

4. 反应单元的厚度

根据反应单元预期的地下水流速（v_x）和要求的滞留时间（t_w），反应单元的厚度（b）可以由下式确定：

$$b = v_x t_w \tag{9-6}$$

应该明确，反应单元中地下水的流速要大于含水层中地下水的流速，反应单元中地下水的流速可以用水文地质模型来确定。考虑到地下水流速的季节变化、铁的反应性逐渐减弱和野外的其他不确定因素，应该把安全系数耦合到厚度的计算中。

5. 加速和长期的土柱实验

最近，一些研究者试图使用加速的土柱实验来估计反应墙的寿命，主要的方法是加速反应介质的老化。首先，在反应单元设定的流速下测定土柱内污染物的降解速率，然后通过增加流量使铁产生"老化"，快流和慢流交替进行。在慢流阶段，只要达到稳定流，就要通过测量来估算反应速率、孔隙损失（用示踪实验）和反应产物。加速土柱实验的主要目的是研究有机污染物是否被去除，另一个目的就是确保所选介质长期保持其反应活性。实验表明，有些反应介质（如 Fe-Ni 双金属）开始时反应活性很强，但一段时间后反应速率则下降。

在应用快速实验结果时，实验过程中以 60 cm/d 的渗透速率注入 100 个孔隙体积的溶液，并不能等同于在现场以 6 cm/d 的渗透速率运行 100 个孔隙体积的溶液，因为室内短的滞留时间会使估计的反应过程中产生的沉淀量偏低，所以其结果不能外推到现场。该方法的优点是在短时间内使大量孔隙体积的水流过反应介质，加快反应介质的反应（消耗）速率，缩短实验的时间。在实验过程中，可以用现场的地下水长期运行，并模拟现场地下水流速条件进行低速-高速交替实验。即使如此，实验过程也往往需要几个月，甚至几年时间。

将室内实验结果外推到现场时，孔隙体积的数量可假设为一个比例因子。例如，将孔隙体积转化为年时，假定地下水以流速 30 cm/d 通过 1.2 m 厚的墙，182 个孔隙体积即相当于 2 年。研究表明，应该对土柱进行分段，并分别预测每一段的寿命，因为在进水端氧气的进入会加速沉淀的形成，并容易结垢。

6. 反应介质的渗透性评价

为了确定地下水流速和在反应单元的停留时间，需要测定反应介质的渗透系数（K）。对于松散反应介质的 K 值，可以在定水头条件下用传统的渗透仪测得，这种实验在实验室是容易进行的。定水头渗透仪包括一个进水管,进水水头维持在比出水口稍高的位置上。让水流经反应介质,直到达到水流稳定,在一定时间段测定流出水的体积,K 可通过达西定律求得,即

$$K = \frac{VL}{Ath} \tag{9-7}$$

式中:V——在 t 时间内流出水的体积;

　　L——反应介质的长度;

　　A——反应介质的横断面面积;

　　h——沿土柱产生的水头差。

一定要将土柱均匀压实,柱子内维持像现场那样的水力梯度,并且避免柱中进入空气。

9.4　反应墙系统的安装

在渗透性反应墙的位置、结构、尺寸确定之后,需要选择合适的安装技术。决定安装方法的因素包括安装深度、反应单元的渗透性、地形、工作场地的可接近程度和空间大小、岩性的限制、土壤(回填)特征、开挖出来的污染土石的处置和所需费用等。下面分别就反应单元和隔水墙的安装过程和技术进行介绍。

9.4.1　反应单元的安装

反应单元就是污染羽状体流过的、装填有反应介质的部分含水层,其常用的安装技术有传统沟槽式开挖(conventional trench excavation)、沉箱式安装(caisson installation)、芯轴式安装(mandrel-based installation)、连续式开挖安装(continuous excavation installation)。这4 种技术都曾用于现场反应单元的安装,其中传统沟槽式开挖应用最广。

考虑到地下水位波动和反应介质的固结程度,反应单元的上缘一般位于地下水位以上60 cm左右,而下部要嵌入隔水层至少 30 cm。在隔水漏斗-导水门系统中,漏斗壁部分一般要嵌入隔水层 1.5 m。如果隔水层是不连续的,土工织物和水泥板需要安装在反应单元底部,防止任何污染物通过地下绕过反应单元。在反应单元建设期间,监测井群可以安装在反应介质中或者上游和下游的细砾石中。

1. 传统沟槽式开挖

根据渗透性反应墙的设计,安装反应单元需要挖一条装填反应介质的沟槽。传统开挖沟槽最常用的设备是反铲挖土机(深度小于 24 m)和蚌壳式挖泥机(深度大于 24 m)。开挖前先沿着拟建反应单元的周围打入临时性的钢板桩,并用支撑加固,板桩也可以用于暂时隔离细砾石部分和反应介质。如果高水位时板桩不能阻止地下水进入反应单元,将需要用水沟进行排水。为保持反应单元安装期间沟壁的整体性,也可以在生物高聚物泥浆压力下进行开挖,这种生物高聚物泥浆由粉末状瓜尔胶构成。反应墙安装完之后,大部分瓜尔胶将降解成为水,对传统沟槽式反应墙的渗透性影响很小。安装现场如图 9-8 所示。

2. 沉箱式安装

沉箱是一种空的、可承受荷载的围栏,其形状和大小可根据需要而变化。为了安装反应单元,可暂时借助一个预制开口的钢制沉箱进行开挖。通常,直径为 2.4 m 或更小的沉箱可以夯入地下,其直径越小,越易驱入,并且能保持竖直状态。当直径大于 2.4 m 时,对反应单

图 9-8　传统沟槽式开挖现场图

元的安装来说是不经济的,反应单元内反应层厚度和停留时间都将受到限制,所以在污染羽状体较宽、浓度较高、水流速率较大的地方,可依靠多沉箱的隔水漏斗-导水门系统提供适当的停留时间。安装现场如图 9-9 所示。

图 9-9　沉箱式安装现场图

3. 芯轴式安装

该方法是用一个中空钢轴或芯轴来开辟一个垂直的空间,然后将反应介质填进去。在被打入地下以前,芯轴的下部安装一个有利于驱动的金属套头。一旦空间形成,使用一个漏斗管直接将介质倒入孔中,达到要求的深度后,把芯轴取出来,留下反应介质和金属套头。其优点是费用低,不产生泥和石头,减小了有害废物的暴露和处置量,而且可安放粒径为 2.5 cm 的反应材料。缺点是,反应单元的尺寸受到芯轴尺寸的限制,芯轴尺寸一般是 5 cm×13 cm,因此安装一个反应单元不可能一次成功。另外,用振动锤向下安装芯轴时,可能由于地下的障碍物使芯轴偏离方向,而且芯轴周围土壤被压实后渗透性将降低。

4. 连续式开挖安装

该方法受开挖深度限制,不如其他挖土机使用那样普遍,但连续式开挖机对深度为 10~12 m 的墙很适合。它能连续开挖一个 40~60 cm 的窄槽,同时放入防渗的高密度聚氯乙烯(HDPE)连续隔膜,并用反应介质回填。这种挖掘机开挖时,不需要对含水的沟槽排水,也不需要安装钢板桩暂时支护沟槽墙壁。因为开挖时吊杆几乎是垂直而没有坡度的,可以最大限度地减小开挖时产生的岩土量,而且开挖的效率也很高。安装现场如图 9-10 所示。

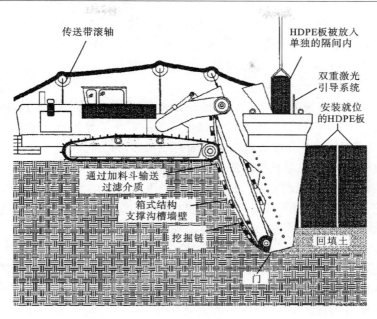

图 9-10　连续式开挖现场图

9.4.2　隔水墙的安装

反应单元的设计也包括引导或汇聚地下水向导水门的侧面隔水墙,最常用的是钢板桩隔水墙和泥浆隔水墙。如果含水层缺乏连续性或部分缺失,灌浆防渗底板可达到 36 m 深。

1. 钢板桩

钢板桩在岩土工程建设中是一种常用的技术,它通常在开挖过程中用作固定墙来防止沟槽的崩塌,并阻止地下水的流入。其优点是强度高,完整性好,并可以防止水力作用下的压裂现象(图 9-11)。

根据土壤中氧含量和污染物的腐蚀性,钢板桩的有效使用期在 7~40 年之间。一般板桩的长度为 12 m。如果需要更大的深度,可将其焊接在一块,即在放入地下之前,将它们在边缘的嵌连处连接起来。虽然在过去工程安装过程中,曾安装到地下 24 m 的深度,但在 18 m 左右就偏离了垂直方向。同时,钢板桩也存在明显的弱点,如在多砾石的土体中安装时,钢板桩常常被损坏或放不下去。另外,传统的钢板桩在连接的嵌连处存在较明显的渗漏,这使其在现场的应用受到很大的限制。

图 9-11　钢板桩安装现场图

为了解决这一问题,加拿大滑铁卢大学开发了一种无缝板桩,已经在几个污染场地用作隔离墙。无缝板桩的特点是渗透性低、安装速率快、扰动小。像一般的钢板桩一样,为了保证板桩的完整性,新型板桩的安装深度也应该限制在 18 m 以内。在多砾石的土壤或高度固结的沉积物中安装会损坏板桩,所以施工受到地质条件的限制。在板桩进入地下(特别是当深度很大)时,应考虑到其与周围土层的摩擦作用,可能导致接缝或接缝的边缘损坏;同时,个别板桩的形状不规则或嵌连弯曲可能给安装带来一定的困难。另外,一般挖泥机作业到不了板桩里面的褶皱空间,这就需要人员进入沟槽清除这些区域。

2. 泥浆墙

泥浆墙是改变污染水流方向最常用的地下隔水墙。首先在膨润土和水混合的泥浆压力下开挖一道壕沟,通过在沟壁上形成泥饼来保持沟的稳定性。壕沟被开挖后,迅速用水泥-膨润土或土壤-膨润土回填。应用最普遍的泥浆墙有土壤-膨润土泥浆墙和水泥-膨润土泥浆墙,而用得较少的有塑料-混凝土泥浆墙和复合泥浆墙。安装施工现场的地质特征决定了泥浆墙的类型。在安装之前,要先做实验,以确定泥浆材料跟地下水的类型是否相适应。通常用蚌壳式挖泥机开挖。由于泥浆墙和反应单元的密封容易解决,因此泥浆墙特别适合于沉箱式隔水漏斗-导水门系统。下面分别对上述类型的泥浆墙进行介绍。

1) 土壤-膨润土泥浆墙

到目前为止,土壤-膨润土泥浆墙在工程中应用最普遍。它安装费用较少,渗透性很低,能承受各种溶解性的污染物的化学侵蚀,墙的建造也非常简单。

开挖一开始就引入膨润土泥浆,挖出的土壤可与水和膨润土混合。当沟槽达到需要的深度和一定的长度时,混合的充填物就可进行回填。在回填时,要混合均匀,充填物从沟槽内的坡上流下,不要流过沟槽的边坡,以免影响开挖。如果充填物流动性不够大,就可能形成翻卷,并造成高渗透性的孔洞(图 9-12)。

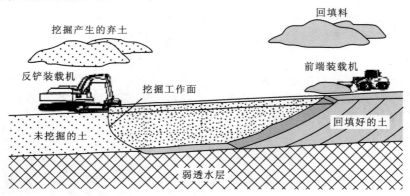

图 9-12　土壤-膨润土泥浆墙的开挖和回填操作

土壤-膨润土泥浆墙最大的问题是需要大的工作场地,用来放置挖出的泥土和岩石,并对回填物质充分混合。

2) 水泥-膨润土泥浆墙

有的现场可能工作区空间有限,没有足够的空地混合回填物,这时就可用水泥-膨润土泥浆墙。水泥-膨润土泥浆墙的建设需要在水、膨润土和水泥组成的泥浆压力下挖一条沟槽。不用回填混合的土壤,而像土壤-膨润土泥浆墙那样,将留下的泥浆慢慢凝固,和密实的土壤一起形成一道黏土墙。

水泥-膨润土泥浆墙具有以下缺点:填沟时需要大量的水泥,比其他的泥浆墙造价高;挖出的土壤不回填,需要额外的处置费用;墙体中大部分是水,而固体少,故渗透性较高,易被污染物渗透。因此,水泥-膨润土泥浆墙在环境中的应用受到限制。其优点是强度大、可在特殊的地质条件下进行安装。

3）塑料-混凝土泥浆墙

塑料-混凝土泥浆墙是由水、膨润土、水泥和聚合物组成，具有很大的抗剪切强度和韧性。塑料-混凝土泥浆墙是在膨润土泥浆的压力下分段建造的。当一端挖好后，就用导管灌入水泥浆替换膨润土泥浆，然后留下凝固。

塑料-混凝土泥浆墙用在对强度和抗变形要求高的地方。它有相对低的渗透性，能防止污染物的通过。

4）复合泥浆墙

复合泥浆墙由三层组成，每一层都增加对化学侵蚀的抵抗力，降低渗透性。最外一层是厚度为 3.175 mm 的膨润土层，中间层是 30~60 cm 厚的土壤-膨润土、水泥-膨润土或塑料-混凝土填充物，最里面是 100 mm 的高密度聚氯乙烯膜（HDPE）。HDPE 的渗透系数为 10^{-12} cm/s。复合泥浆墙的安装需要在膨润土或水泥浆的压力下开挖沟槽。由于泥浆能维持沟槽的稳定性，因此可挖至 30 m 深，但很难将 HDPE 衬垫放到这么深，并且安装费用很高，使得 HDPE 的利用限制在 15 m 左右。当放好 HDPE 后，就可在膜的两侧回填。在膜的里面放入排水系统，并设置取样点来监测系统的运行，见图 9-13。

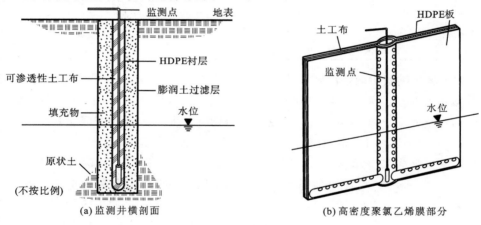

(a) 监测井横剖面　　　　　　　　　(b) 高密度聚氯乙烯膜部分

图 9-13　复合泥浆墙设计

该系统的优点包括低渗透性、高抗降解性、易于在膜内安装监测系统、不用除去地质膜就可以隔离和修理墙体部分。

9.5　渗透性反应墙的应用与管理

渗透性反应墙技术在许多欧美国家已经得到广泛研究和应用，并取得很好的治理效果。美国 EPA 2002 年 1 月的报告统计显示：在美国、加拿大和其他一些国家的 47 个渗透性反应墙中，以 Fe⁰ 为反应介质的有 29 个，以连续式和隔水漏斗-导水门式为最多。

对于渗透性反应墙，能否成功地达到项目特定的处理目标，依赖于化学处理和水力控制系统的成功运行，同时也依赖于对污染场地的全面勘查，并建立一个合理的现场概念模型。但是，由于反应墙体的大部分埋置于垂直于地下水流方向的含水层，因此，除了施工需要的工作量大之外，对于后期的运行与管理工作也应有较高的要求。

9.5.1　渗透性反应墙的应用实例

渗透性反应墙在世界上多个国家都有应用,其中以美国、加拿大和欧洲各国应用最多。下面列举几个成功应用的实例(表 9-1)。

表 9-1　渗透性反应墙应用实例

地 点	时间	反应墙类型	总费用/美元	反应介质	监测井位置
哥伦比亚州	1995 年	隔水漏斗-渗透门式	530 000	Fe^0	反应单元中
加利福尼亚州	1995 年	隔水漏斗-导水门式	770 000	Fe^0	反应单元中
纽约市	1996 年	连续式反应墙	250 000	Fe^0	下游砾石中
北卡罗来纳州	1996 年	连续式反应墙	521 000	Fe^0	上、下游处
堪萨斯州	1996 年	隔水漏斗-导水门式	350 000	Fe^0	反应单元中
雷克伍德	1996 年	隔水漏斗-渗透门式	1 000 000	Fe^0	上、下游处
塞舌尔(哥伦比亚共和国)	1997 年	连续式反应墙	400 000	Fe^0	反应单元中
哥本哈根	1998 年	连续式反应墙	235 000	Fe^0	反应单元中
西雅图	1999 年	隔水漏斗-渗透门式	350 000	Fe^0	反应单元中

美国北卡罗来纳州伊丽莎白城东南 5 km,地下水受到 Cr^{6+} 和 TCE 的严重污染,现场土层的 Cr^{6+} 浓度达到 14 500 mg/kg。1996 年 6 月安装了一个长度为 46 m,埋深为 7.3 m,厚度为 0.6 m 的连续式反应墙,使用了 450 t 铁屑作为反应介质,成功地修复了被污染的地下含水层。其中,Cr^{6+} 由上游的 10 mg/L 降为 0.01 mg/L,TCE 由 6 mg/L 降为 0.005 mg/L。

加拿大安大略省某空军基地,反应墙由 22% 铁屑和 78% 粗沙构成,埋深为 4 m,宽度为 2 m,厚度为 1 m。实验场的地下水被 TCE 和 PCE 污染,其浓度分别为 268 mg/L 和 58 mg/L。该反应墙建立后,在流经反应墙的地下水中有 90% 的 TCE 和 86% 的 PCE 被除去,而且在运行十多年后去除率没有明显降低,但在 TCE 和 PCE 的降解产物中有少量的致癌物质(VC)。

9.5.2　渗透性反应墙的运行管理

渗透性反应墙建成并投入运行后,主要从以下几个方面进行管理。

1. 上、下游的水质监测

对反应墙体上、下游的水质进行连续监测,该结果可直接反映渗透性反应墙的工作效率,同时也是更换老化的反应介质的主要判定依据。另外,也可以对反应过程中产生的有毒、有害物质进行监控。

2. 反应介质活性检测

对反应单元中的反应介质取样进行活性检测,以便确定其更换时间。由于其反应介质都具有很好的反应活性,并且能够连续反应很长时间,该监测主要在反应墙运行一定时间之后进行。

3. 墙体渗透性监测

由于经过一段反应时间后,反应生成物与水体中的杂质可能发生沉淀、吸附等作用,致使含水介质的过水断面面积减小,导致反应墙的渗透性发生变化,工作效率降低,因此应定期对墙体渗透性进行监测。

思 考 题

1. 简述渗透性反应墙的基本概念及其结构与类型。
2. 反应介质的选择应该遵循什么原则?
3. 以零价铁去除含氯有机化合物的反应为例,阐述反应墙的机理。
4. 土柱实验应如何设计? 数据分析与校正的常用方法有哪些?
5. 加速土柱实验的目的是什么? 有什么优点? 其结果应用该注意什么?
6. 反应单元的安装有哪些主要方法?
7. 渗透性反应墙的运行管理主要包括哪些内容?

主要参考文献

[1] 王焰新. 地下水污染与防治 [M]. 北京:高等教育出版社,2007.

[2] 束善治,袁勇. 污染地下水原位处理方法:可渗透反应墙[J]. 环境污染治理技术与设备,2002,3(1): 47-51.

[3] Vogan J L,Focht R M,Clark D K,et al. Performance evaluation of a permeable reactive barrier for remediation of dissolved chlorinated solvents in groundwater[J]. J. Hazard Mater. ,1999,68(1):97-108.

[4] Puls R W,Paul C J,Powell R M. The application of in situ permeable reactive (zero-valent iron) barrier technology for the remediation of chromate contaminated groundwater:a field test [J]. Appl. Geochem. , 1999,14(8):989-1000.

[5] Benner S G,Blowers D W,Gould W D,et al. Geochemistry of a permeable reactive barrier for metals and acid mine drainage[J]. Environ. Sci. Technol. ,1999,33(16):2793-2799.

[6] Smythh D J A,Shiakaze S G,Cheey J A. Hydraulic performance of permeable barriers for in situ treatment of contaminated groundwater [J]. Land Contamination and Reclamation,1997,5(3):131-137.

[7] 吕俊文,熊正为,杨勇. PRB 技术处理铀水冶尾矿酸性渗滤水的可行性研究[J]. 怀化学院学报,2007, 26(2):23-25.

[8] Reynolds G W,Hoff J T,Gillham R W. Sampling bias caused by materials used to monitor halocarbons in groundwater [J]. Environ. Sci. Technol. ,1990,4(1):135-142.

[9] Puls Robert W,Blowers David W,Gillham Robert W. Long-term performance monitoring for a permeable reactive barrier at the U. S. Coast Guard Support Center,Elizabeth City,North Carolina[J]. J. Hazard. Mater. ,1999,68(1):109-124.

[10] Ludwig Ralph D,McGregor Rick G,Blowes David W,et al. A permeable reactive barrier for treatment of heavy metals [J]. Ground Water,2002,40(1):59-66.

[11] Ebrary I. Alternatives for ground water cleanup [M]. Washington D. C. :Academy Press,1994.

[12] Harwell Jeffrey H,Sabatini David A,Knox R C. Surfactants for ground water remediation [J]. Colloids and Surfaces(A):Physicochemical and Engineering Aspects,1999,151:255-268.

[13] 郭华明,王焰新. 地下水有机污染治理技术现状及发展前景[J]. 地质科技情报,1999,18(2):69-72.

[14] 柏耀辉,张淑娟. 地下水污染修复技术:可渗透反应墙[J]. 云南环境科学,2005,24 (4):51-54.

[15] Gillham R W. Enhanced degradation of halo-genated aliphatics by zero-valent iron [J]. Ground Water, 1994,32(6):958-967.

[16] Lookman Richard,Bastiaens Leen,Borremans Brigitte,et al . Batch-test study on the dechlorination of 1, 1,1-trichloroethane in contaminated aquifer material by zero-valent iron [J]. Journal of Contaminant Hydrology,2004,74 (1-4):133-144.

[17] 何小娟,汤鸣皋,李旭东,等. 镍/铁和铜/铁双金属降解四氯乙烯的研究[J]. 环境化学,2003,22(4): 334-339.

[18] 程荣,王建龙,张伟贤. 纳米金属铁降解有机卤化物的研究进展[J]. 化学进展,2006,18(1):93-99.

[19] Duhamel M,Wehr S D,Yu L,et al. Comparison of anaerobic dechlorinating enrichment cultures maintained on tetrachloroethene, trichloroethene, cis-dichloroethene and vinyl chloride [J]. Water Research,2002,36 (17):4193-4202.

[20] Rekha Seshadri, Lorenz Adrian, Derrick E F, et al. Genome sequence of the PCE-dechlorinating bacterium dehalococcoides ethenogenes[J]. Science,2005,307(5706):105-108.

第 10 章　气相抽提技术

10.1　技术原理与适用条件

气相抽提（vapor extraction，VEC）技术是利用真空泵和井，在受污染区域诱导产生气流，将被吸附的、溶解状态的或者自由相的污染物转变为气相（气化），抽提到地面，然后再进行收集和处理。

典型的气相抽提系统如图 10-1 所示，包括抽提井、真空泵、气水分离器、气体收集管道、蒸气处理设备和附属设备等。

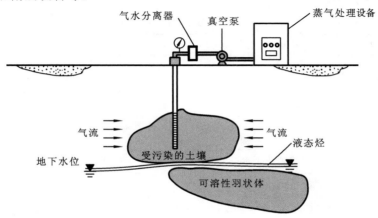

图 10-1　典型气相抽提系统组成

抽提技术的主要优点包括：①能够原位操作，比较简单，对周围的干扰能够限定在尽可能小的范围之内；②非常有效地去除挥发性有机物；③在可接受的成本范围之内能够尽可能多地处理受污染土壤；④系统容易安装和转移；⑤容易与其他技术组合使用。在美国，抽提技术几乎已经成为修复受加油站污染的土壤和地下水的"标准"技术。

抽提技术的气流可以是负压诱导产生的，也可以是正压形成的。抽提井可以是竖向结构，也可以是水平结构。

抽提技术的基础是土壤污染物的挥发特性。当空气在孔隙流动时，土壤中的污染物质不断挥发，形成的蒸气随着气流迁移至抽提井，集中收集抽提出来，再进行地面净化处理。因此，抽提技术可行与否，取决于污染物质的挥发特性和气流在土层中的渗透特性。

抽提技术适合应用在均匀性和渗透性比较高的不饱和带。

10.2　污染物特性与分配关系

污染物在地表以下的分布与污染物的物理化学性质（包括蒸气压、溶解度等）有关，也与土壤性质（包括孔隙度、含水量、场地特性等）有关。污染物在地下各相（孔隙水、空气、土壤）

中的分布,称为污染物的分配。

10.2.1　蒸气压

蒸气压表示一种化合物挥发转变为气相的趋势,其定义是:在特定温度下,化合物的气态与液态达到平衡时,其蒸气的压力。表 10-1 列出了一些常见的环境污染物的蒸气压。当化学物质以纯态存在时,污染物的蒸气压是影响抽提效率的重要因素之一。其蒸气压越高,越适合气相抽提;反之,污染物的蒸气压越低,它就越难于挥发。一般蒸气压大于 133.322 Pa(1.0 mmHg)的化合物(如苯、三氯乙烯(TCE))可以采用抽提技术有效地去除。对于混合性的污染物(如汽油),其蒸气压与各种组分的比例有关:

$$p_i = x_i \lambda_i p_i^{\circ} \tag{10-1}$$

式中:p_i——组分 i 的分压;

　　　x_i——组分 i 的摩尔分数;

　　　λ_i——组分 i 的活性系数;

　　　p_i°——组分 i 纯物质的饱和蒸气压。

表 10-1　污染物的蒸气压

序　号	污　染　组　分	蒸气压/mmHg
1	丙酮(acetone)	89(5 ℃)
2	苯(benzene)	76(20 ℃)
3	甲苯(toluene)	10(6.4 ℃)
4	氯乙烯(vinyl chloride)	240(−40 ℃)
5	邻二甲苯(o-xylene)	5(20 ℃)
6	乙苯(ethylbenzene)	7(20 ℃)
7	二氯甲烷(methylene chloride)	349(20 ℃)
8	甲乙酮(methyl ethyl ketone)	77.5(20 ℃)
9	三氯乙烯(trichloroethylene)	20(0 ℃)
10	四氯乙烯(tetrachloroethylene)	14(20 ℃)

注:1 mmHg＝133.322 Pa。

如果土壤中不存在 NAPL,蒸气压就不能很准确地反映出 VEC 的效率。此时,其他的因素(如土壤的吸附和含水量等)对系统的影响变得更为重要。但是,需要指出的是,即使在不存在 NAPL 的情况下,化合物也必须经历充分的挥发过程才能被 VEC 除去。气相抽提成功的先决条件是具有足够大的蒸气压。所谓足够大的蒸气压是由主观确定的,一般是以 1～2 mmHg 作为基准的,具有低蒸气压的化合物去除速率往往比较慢,它们更依赖于原位生物降解作用。

10.2.2　溶解度

溶解度表示化合物在水中溶解的程度,是影响污染物分离、迁移和最终修复效果的重要因素之一。溶解度的定义是:在特定温度下,某组分能最大限度地溶解于纯水中的量。溶解度小的化合物容易挥发,溶解度大的化合物可能随水渗透而迁移至更远的范围。对于混合性的污染物,某一组分的溶解度,其表达式与蒸气分压类似。

$$c_i^* = x_i \lambda_i c_i^\circ \tag{10-2}$$

式中：c_i^*——有机混合物中组分 i 的平衡浓度；

$\quad\quad x_i$——有机物中组分 i 的摩尔分数；

$\quad\quad \lambda_i$——有机物中组分 i 的活性系数；

$\quad\quad c_i^\circ$——组分 i 为纯化合物时的平衡溶解浓度。

在大多数气相抽提情况下，渗流区的土壤是相对较湿的（含水量为 10%～14%），污染物会溶解到土壤水中。污染物溶解后易于被生物吸收，会加强生物降解过程，所以溶解度是污染物进行生物通风处理的一个关键要素。通常，充分的生物通风处理需要土壤的含水率为 12% 左右。

10.2.3　污染物的分配关系

有机污染物在土壤中以不同的状态存在（图 10-2），包括：①吸附在土壤颗粒表面呈膜状的吸附相；②在土壤空隙中呈乳状的自由相（NAPL）；③在土壤空隙气相中呈蒸气状态的气相；④溶解于土壤水或地下水中的溶解相。

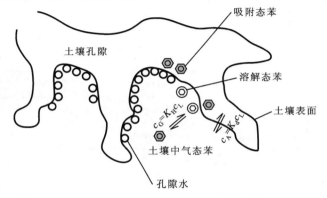

图 10-2　有机污染物在土壤中的存在形态

污染物在各相间的迁移能力与污染物和各相间的亲和力有关，这些亲和力可以用污染物在各相间的分配系数来衡量。在很大程度上，分配关系决定了污染物在各相间的迁移，然而有效的修复就是创造条件驱使相间的转移向着修复目标进行。对于抽提技术，就是向着污染物的蒸气相迁移，从而由该系统抽提到地面，再进行收集和处理。当有可挥发的 NAPL 存在于土壤中时，由气相抽提系统去除的大量污染物就来自 NAPL 的直接挥发。

污染物在地下的分配情况可以通过公式来定量计算，进而可以预测气相抽提的修复过程。在潮湿土壤的条件下，污染物在渗流区（没有 NAPL 存在）的分配可以由下式来表示：

$$c_T = \rho_b c_A + \theta_L c_L + \theta_G c_G \tag{10-3}$$

式中：c_T——总的污染物浓度；

$\quad\quad c_A$——单位质量土壤吸附的污染物质量；

$\quad\quad c_L$——水相中污染物的含量；

$\quad\quad c_G$——气相中污染物的浓度；

$\quad\quad \rho_b$——土壤密度；

$\quad\quad \theta_L$——土壤的体积含水量；

$\quad\quad \theta_G$——土壤中气体的含量。

污染物在气相中的浓度与其在水相中浓度的平衡关系可以用亨利定律表示：

$$c_G = K_H c_L \qquad (10\text{-}4)$$

式中：K_H——亨利常数；

$\quad\quad c_G$——化合物在气相中的平衡浓度；

$\quad\quad c_L$——化合物在水相中的浓度。

K_H 表示一个化合物在水相和气相中分配的程度。表 10-2 为不同化合物的亨利常数。在潮湿的土壤条件下，由气相抽提出蒸气类似于从水中去除可挥发性有机物，这种去除过程受化合物的亨利常数影响。

表 10-2　化合物在 25 ℃ 水中的亨利常数

序　号	物　　质	$K_H/[\mathrm{mol/(L \cdot Pa)}]$
1	氯苯（chlorobenzene）	2.90×10^{-6}
2	硝基苯（nitrobenzene）	4.55×10^{-6}
3	萘（naphthalene）	2.17×10^{-6}
4	蒽（anthracene）	1.16×10^{-6}
5	苯并芘（benzopyrene）	9.5×10^{-6}
6	苯酚（phenol）	2.5×10^{-6}
7	五氯苯酚（pentachlorophenol）	3.6×10^{-6}
8	硝基苯酚（nitrophenol）	2.9×10^{-6}
9	氯仿（chloroform）	2.3×10^{-6}
10	溴仿（bromoform）	2.0×10^{-6}

类似地，污染物在溶液中的浓度与土壤吸附浓度的平衡关系是

$$c_A = K_d c_L \qquad (10\text{-}5)$$

式中：K_d——污染物在土壤表面吸附的分配系数。

$$K_d = f_{oc} K_{oc}$$

式中：f_{oc}——土壤中含有机物的比例，一般为 $1\% \sim 8\%$，但沙子的 f_{oc} 小于 1%；

$\quad\quad K_{oc}$——该污染物在土壤相中的分配系数，可以由下式求得。

$$\lg K_{oc} = 0.999 \lg K_{ow} - 0.202 \qquad (10\text{-}6)$$

式中：K_{ow}——化合物的辛醇-水分配系数。

污染物的一些其他分子性质也会对气相抽提产生影响。虽然这些性质不像蒸气压、溶解度和亨利常数那么重要，但它们有时也是影响场地修复的限制因素。化合物的分子大小、相对分子质量、电负性和极性也会影响到它对土壤颗粒的吸附以及在土壤孔隙中的迁移速率。其中，越大、越复杂（带支链）的分子在土壤孔隙中的迁移速率越慢，并且易于被吸附到土壤表面。一旦大多数易去除的污染物被除去，最后的大分子去除速率则往往受到限制。极性与电负性会影响到化合物有效电荷以及化合物与土壤表面电荷之间的关系。

10.3　影　响　因　素

10.3.1　土壤密度和孔隙度

单位体积土壤的质量称为土壤的密度。土壤中孔隙体积与总体积的比值称为土壤的孔隙度,孔隙度的大小一定程度上反映了土壤渗透能力的大小。土壤的渗透性影响土壤中空气流速和气相运动,所以土壤渗透性的降低会减弱气相抽提的效果。同样,气流迁移路径的长度增加以及气流横断面面积的减少也会降低气相抽提的效果。渗透性较低的土壤需要高的真空度来维持相同的气流速率。同时,影响区域也会受到影响,此时需要更多的井来弥补。

10.3.2　土壤吸附

土壤吸附有机污染物有两种途径:一是通过土壤的有机质组分,二是通过它表面的矿物吸附点位。将污染物吸附到土壤的有机质或者矿物黏土的表面上,不但会增加土体中污染物的含量,而且会降低气相抽提的效率。因此,在旱田的条件下,土壤的吸附作用变得尤为重要。

黏土能吸收水分,且水分的输运性较差。土壤中孔隙水的存在会减少气体迁移的空间,并使气体迁移的路径变得更长,这些都会降低气相抽提的效率。黏土表面往往带有负电荷,在某些情况下它也会影响对一些化合物的吸附作用。对于带正电荷的分子(例如重金属)或者极性有机化合物来说,黏土是一种很好的吸附剂。

污染物吸附与土壤颗粒特性及所含有的有机物成分有关,有机成分可以用总有机碳来表示,或者用 f_{oc} 表示。当土壤中有机成分含量高时,f_{oc} 也会升高,使土壤的吸附量增加。

10.3.3　含水量

土壤含水量是影响气相抽提处理效果的重要参数。因为土壤含水量过高会占据大量的空隙,从而限制空气的流动路径,所以含水量高会降低扩散速率。挥发性有机物在气相中的迁移速率大于液相,所以降低土壤含水量可以提高去除挥发性有机物的速率。但是,土壤含水量降低会使污染物更易于吸附到土壤表面。有研究发现,当土壤吸附能力较强时,一定量的水分子可以逐出吸附在土壤表面的有机物,因此湿润的环境在一定程度上可以提高气相抽提的运行效果,如图 10-3 所示。如果土壤的吸附能力较弱,则在相对干燥的状况下进行气相抽提效果会更好。

对于一种给定的污染物,基于它的亨利常数和土壤吸附性,必然存在一个最佳的含水量,可以通过调节土壤含水量使气相抽提达到最佳效果。但由于对污染场地分配系数掌握的局限性,这一方法很少在实际中应用。事实上,实践中也很难实现对土壤含水量的控制,且费用昂贵。

10.3.4　场地地形

场地地形会对气相抽提的处理效果产生非常重要的影响。在理想状况下,场地表面应覆盖一层不具有渗透性的物质(如公路或混凝土),使空气在更大范围内扩散,使有限的空气通过更多的土体。覆盖层有两个作用:①可以使入渗到土壤中的雨水最少,从而可以在一定程

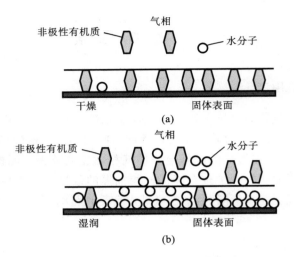

图 10-3 湿润土壤效应示意图

度上控制土壤的含水量;②可以避免抽提井发生垂直短路的可能性(图 10-4)。当发生垂直短路时,所抽提的气体主要来自抽提井的附近,而距井较远的区域则较少。

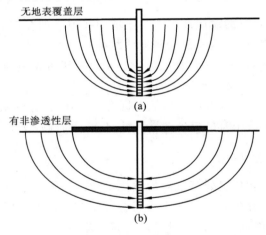

图 10-4 地表覆盖层影响示意图

气相抽提的设计前提就是要形成一股贯穿污染区的气流,而垂直短路违背了这一前提。如果气相抽提是在易于发生垂直短路的区域进行,就需要布置更多的抽提井,来产生更多的气流,这样必然增加气相处理设备成本。为了使垂直短路效应最小化,表面覆盖物的直径应不小于 1.5 m。如果表面密封不能实现,也可以用塑料膜代替,为了提高系统的处理效果,最好埋在地面 0.3 m 以下。

10.3.5 地下水埋深

当气相抽提井浸没在地下水中,进行抽真空时,井内的水位会在真空度的作用下上升,上升的水位将阻碍过滤器的正常使用,这种情况往往是由于水位太浅或井的设计不合理所造成的。当水位太浅时,为避免上述情况发生,可以使用水平井,以增加过滤器的长度;同时,减小抽提井的真空度,降低地下水位抬升。在进行该工艺设计时,气相抽提井的底部至少应距水面 1 m,这样就会阻止上述情况的发生。

10.3.6　介质均匀性

场地的均匀性是保证气流到达全部修复区域的重要因素。气流必须流经污染物并发生相态转移才能使污染物得到清除。土壤的结构和分层会影响气相在土壤基质中的流动程度及路径。特殊的地层结构(如夹层、裂隙的存在)会产生优先流,若不正确引导就会使修复效率大大降低。

设计中可以通过以下措施来减少场地不均匀性的影响:①在低渗透区增加抽提井,在高渗透区减少抽提井,以保证污染区域的气流运移;②高渗透区的井可以连接中等强度的引风机,而低渗透区的井连接到高真空液体循环泵;③如果有市政沟槽(通常由高渗透性材料构成)等高渗透性的气流通道存在,使气相抽提场地中出现垂直短路,可以加大过滤器深度和抽提井数目。

10.4　系统工艺设计

气相抽提系统的设计有两种方法:一是准确性较高的模型法,二是可信度较低的基于实验的经验法。本节重点介绍经验法。设计前最好进行中试,以获取工程现场第一手的设计资料和参数,因此也称为现场设计实验。中试主要内容包括土壤空气渗透率、气相抽提影响半径、抽提出来的气体的浓度和成分、所需要的空气流量、真空水平、真空泵功率、估计修复需要的时间和成本造价等。因此,中试系统应该包括气相抽提实验井、真空抽提泵、至少 3 个观测点、蒸气处理设备、流量计、皮托管、真空表、取样装置、分析仪器(如气相色谱仪)等。

10.4.1　系统工艺设计的目的

系统工艺设计的目的如下。

① 选择系统各个部分的规格,如真空泵、抽提井的个数和位置、井的结构(包括深度和过滤器的间隙)、抽提物的处理单元、空气-水分离器、管道管件以及检测和控制仪表等。

② 选择合适的操作条件,如抽提所需要的真空水平、空气流量、抽提影响半径、蒸气中污染物浓度等。

③ 估算修复程度和效率、所需要的时间、残余污染物浓度等。

④ 评估工程投资或者成本等。

10.4.2　井的设计

根据在现场中试过程中取得的结果,可以确定一定的空气流量或者真空水平所产生的有效抽提半径,进而确定修复整个受污染区域所需要的抽提井的个数。因此,在实验中需要测量抽提井周围的真空水平,并按距离画图,如图 10-5 所示($1 \, cmH_2O = 98 \, Pa$)。

依据所需要的真空水平(例如初始水平的 1% 或 10% 等),就可以确定有效半径。采用所确定的半径,在需要修复的区域内,绘出重叠的圆圈。根据圆圈的个数,就可以确定抽提井的个数和位置,如图 10-6 所示。

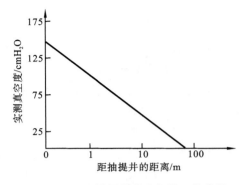

图 10-5　确定抽提影响半径的工作曲线

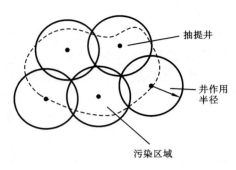

图 10-6　抽提井布置示意图

抽提井个数也可以根据下面的公式估算：

$$N = \frac{1.2A}{R_1^2} \tag{10-7}$$

式中：N——需要的抽提井的个数；

A——需要修复的污染区域面积；

R_1——单个抽提井的作用半径；

1.2——考虑抽提井之间相互部分重叠因素后的校正系数。

另一种方法是根据单个抽提井的能力和总修复要求进行估算：

$$R_A = \frac{M}{T} \tag{10-8}$$

$$N = \frac{R_A}{R} \tag{10-9}$$

式中：R_A——在希望或规定的修复时间 T 内所应该达到的抽提速率；

M——应去除的污染物的量；

R——单个抽提井实际去除污染物的速率；

N——需要的抽提井的数目。

实际的抽提井数目应该取以上两种方法得到的数目比较大的一个，并且考虑工程投资和成本。

10.4.3　空气流量

确定了抽提井的个数和位置，根据所需要的真空水平和待修复土壤的渗透系数，就可以根据图 10-7 确定所需要的空气流量。当不考虑污染物在土壤中迁移过程的限制时，空气流量与去污速率成正比。因为空气流量增加的同时会增加设备的功率和动力消耗，也会增加蒸气处理费用，所以空气流量并不是越高越好。因此，设计中通常以最小的地下气流量作为确定修复措施的依据。

根据空气流量，就可以选择真空泵等设备和仪表。

10.4.4　抽提速率

污染物的抽提速率可以根据空气流量和污染物浓度估算：

$$R_A = GQ \tag{10-10}$$

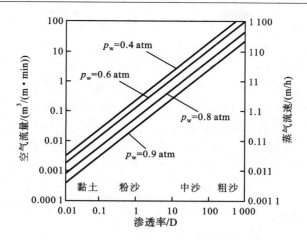

图 10-7　估算空气流量的工作曲线

式中：R_A——污染物抽提速率；

　　　G——污染物浓度；

　　　Q——空气流量。

10.4.5　修复时间

采用抽提技术完成修复所需要的时间，可以根据下面的公式估算：

$$T = \frac{M}{R_A} \tag{10-11}$$

$$M = (c_{in} - c_{cl})M_t = (c_{in} - c_{cl})V_t\rho_b \tag{10-12}$$

式中：T——修复需要的时间；

　　　M——需要修复去除的污染物的量；

　　　R_A——污染物抽提速率；

　　　c_{in}——污染物的初始浓度；

　　　c_{cl}——修复完成污染物的残留浓度；

　　　M_t——需要进行修复的土壤质量；

　　　V_t——需要进行修复的土壤总体积；

　　　ρ_b——土壤密度。

在修复过程中，污染物抽提去除速率随着时间的推移而逐渐下降。在这种情况下，可以将抽提过程划分为几个时间段。在每一个时间段，污染物的抽提去除速率可以视为常数，逐段进行计算，再加和得到完成修复所需要的总时间。

10.5　抽提系统的运行与监测

10.5.1　抽提系统的运行

抽提系统的运行过程一般分为几个阶段。在初期，土壤孔隙中空气含有的挥发性有机物处于平衡（或饱和）状态。当启动抽提系统时，呈饱和平衡状态的气相首先开始流动（抽出），呈液相状态的有机物转变为气相，并被抽出来，气流中有机物浓度相对比较稳定；当大部分自由相状态的有机物被抽出后,相间的平衡被破坏,气相移动的速率(或者说将污染物带出的速率)大于污染物从液相或者固相挥发转移的速率,此时黏附在土壤颗粒表面的有机物逐渐挥发;最后,水相中呈溶解状态的物质挥发,被吸附在土壤颗粒表面上的有机物脱附。

一旦气相抽提系统设计和安装完成,要建立起蒸气的稳态流需要系统运行几小时到几天,这取决于土壤结构和空气渗透性。许多研究显示,污染物的抽提速率开始很大,受挥发和扩散的限制,随时间增加抽提速率会逐渐减小。由于扩散速率小于流动速率,连续操作的污染物去除率会随时间而下降。为了增加抽提效果,也可以特别设置空气注入井,直接通入空气难以通过的污染区域。在使用真空泵抽提时,为了减少地下水上升所造成的影响,需要将抽提井的底部封住。

10.5.2　抽提系统的监测

在系统运行过程中必须进行现场监测,以保证系统有效运行,并确定关闭系统的合适时间。推荐测量和记录以下参数:测量日期及具体时间、每个抽提井及注射井的气体流动速率、每个抽提井及注射井的压力、抽提井的气相污染物浓度及组成分析结果、土壤及环境的温度、水位的变化、气象数据(气压、蒸发量、降雨量等)。

由于气相抽提技术在环境修复领域的优势,目前它已被发达国家广泛应用于土壤非饱和带污染修复领域的实际工程中,积累了大量经验。该技术与其他原位修复技术(生物通风、生物曝气、热强化、生物修复等)相结合,形成气相抽提的增强技术。该技术在国内还处于研究阶段,仅在我国台湾地区有过初步的尝试。

思 考 题

1. 试述气相抽提技术的原理及井的构造。
2. 抽提技术主要应用在不饱和带污染土壤的修复,为什么?
3. 抽提技术受哪些因素影响?
4. 抽提技术应用中,发生短路的原因有哪些? 如何处理?
5. 试述气相抽提工艺的设计内容。

主要参考文献

[1] 陈玉成. 污染环境生物修复工程[M]. 北京:化学工业出版社,2003.
[2] 钟佐燊. 地下水有机污染控制及就地恢复技术研究进展[J]. 水文地质工程地质,2001,3:1-3.
[3] U. S. Environmental Protection Agency. Analysis of selected enhancement for soil vapor extraction[R]. Washington,D. C. :Office of Solid Waste and Energy Response,U. S. EPA,1997.
[4] 张锡辉. 水环境修复工程学原理与应用[M]. 北京:化学工业出版社,2002.

第 11 章　生物通风技术

生物通风技术(bioventing,BV)是在气相抽提技术的基础上发展起来的,是气相抽提与生物修复相结合的产物。生物通风技术和气相抽提技术很相似,它们都是通过井和泵的作用使产生的气流经过包气带,通常包括挥发和生物降解过程。但在污染物运移-转化的机理和达到的主要目的方面又有所不同。气相抽提技术的目的是通过挥发使气相污染物尽快地从地下抽提出来,而生物通风技术则是提供充足的氧气来维持最活跃的微生物活动,试图使生物降解的速率达到最大。

在某些受污染土体中,有机污染物浓度过高,会降低土体中的 O_2 浓度,增加 CO_2 浓度,进而抑制污染物的进一步生物降解。因此,为了提高土壤中的污染物降解效率,需要排除土壤中的 CO_2 和补充 O_2,生物通风系统就是为改变土壤中气体成分而设计的。生物通风技术已成功地应用于各种土壤的生物修复,该工艺主要是通过真空泵或加压进行土壤曝气,使土壤中的气体成分发生变化。

11.1　技术原理与适用条件

11.1.1　技术原理

生物通风又称土壤曝气,是基于改变生物降解的环境条件而设计的。在受污染的土体中至少打两口井,安装鼓风机和真空泵,将新鲜空气强行输入土体中,然后再抽出来,土壤中的挥发性污染物也随之被去除。在通入空气时,有时加入一定量的 NH_3,以便为土壤中的降解菌提供氮元素营养,有时也可将营养物与水经通道分批供给,从而达到污染物降解的目的。

典型的生物通风系统包括一个或多个土壤非饱和带的抽提井、鼓风机或真空泵,通常还包括空气注入井或压力通风井。该技术的特点:①治理装置安装简便,操作方便有效;②对实施地产生的干扰小,可被用于不易到达的区域(如建筑物的下方);③所需处理的时间较短,通常为 6 个月到 2 年;④治理费用较低,每吨受污染土壤花费在 200~1000 元;⑤不需要进行尾气处理;⑥治理初期高浓度的污染组分会对微生物产生毒害,影响治理效果;⑦受地质条件限制,不适合于在低渗透率或高黏土含量的地区使用;⑧在运行过程中通常要加入营养物;⑨只被用于处理非饱和带土壤,不适用于饱水带和地下水中的污染治理。

11.1.2　适用条件

生物通风可以应用到有很高的气体渗透性的不饱和带。生物通风技术不适用于浅层地下水区,即地下水面与地表相距不超过 90 cm 的地区。对于地下水面与地表相距不超过 3 m 的地区,必须特殊考虑,这是因为在真空作用下,生物通风技术采用抽提井会出现地下水上涌,堵塞过滤器,使抽提的真空度降低或消失。

生物通风不仅能用于轻组分有机物(如汽油和柴油),还能用于重组分有机物,也可以用于其他挥发或半挥发组分。用生物通风对不同有机污染物进行修复的相对适合程度见表 11-1。

四氯乙烯在好氧时不降解,不适合生物通风;氯乙烯在好氧时容易降解,因其高挥发性,适用性中等;BTEX更适合生物通风处理,在好氧条件下容易降解,蒸气压也不高。生物通风还可以清除那些不适于进行气相抽提的黏稠的烃类。

表 11-1　典型有机污染物生物通风的适用性统计表

序　号	化　合　物	适用性评价	序　号	化　合　物	适用性评价
1	三氯乙烯	中	9	乙苯	好
2	甲苯	好	10	二甲苯	好
3	苯	好	11	二氯甲烷	中
4	聚乙烯醇缩丁醛	差	12	反-1,2-二氯乙烯	中
5	氯仿	中	13	氯乙烯	中
6	四氯乙烯	差	14	顺-1,2-二氯乙烯	中
7	酚	好	15	氯苯	中
8	1,1,1-三氯乙烯	中			

11.2　影响因素

11.2.1　土体

土体环境因素有土体的气体渗透率、含水率、氧气的含量、温度、pH 值、营养物的含量和电子受体类型。

(1) 气体渗透率。

土体的气体渗透率是影响生物通风最重要的因素,土体必须有足够的渗透性,使土体中的空气流动,从而为生物降解提供足够多的氧气。土体的渗透性与土壤结构、颗粒大小和湿度有关。随着土体中水分的增加,气体传导性下降。在含水率为 55% 时,气体渗透性降低近 80%。

(2) 含水率。

土体中微生物需要水以维持其基本的代谢活动。含水率低的土体,不但营养物质和污染物的迁移速率低,生物可利用性差,而且对依赖水流作用力进行迁移的单细胞微生物的活性也造成不利影响,但含水率过高又会妨碍氧的传递。一般认为,含水率达到 15%~20% 时生物修复的效果最好。

(3) 氧气的含量。

充足的氧气是最主要的微生物活性因子,是降解污染物的关键。在生物通风治理污染土体过程中,除了通过空气提供氧气外,还可用 H_2O_2 或纯氧作为氧源。

(4) 温度。

温度不但直接影响微生物的生长,而且可以改变污染物的物理化学性质从而影响整个生物降解过程。在土体中微生物降解的温度范围很有限,绝大多数生物修复是在中温条件 (20~40 ℃) 下进行的,最高不超过 40 ℃,该温度适宜于生物的代谢和繁殖;在低温条件下,微生物生长缓慢,代谢活性差,所以寒冷地区的土体温度成为主要的限制因素,通常需要采用覆盖塑料薄膜、热空气注射、蒸气注射等措施。

（5）pH 值。

微生物需要在一定的 pH 值范围生存,大多数微生物生存的 pH 值范围为 5～9,pH 值的变化会引起微生物活性的变化。通过调整土壤的 pH 值,可以明显提高生物降解的速率。常用的方法有添加酸碱缓冲剂或中性调节剂。在酸性土体污染治理中,价格低廉的石灰石常被用于提高 pH 值。

（6）营养物的含量。

适当添加营养物可以促进生物降解。营养物的添加需按一定的比例进行,这与微生物的特性有关。McMillen 等研究土体中泄漏原油的生物降解能力,当缓慢添加的营养物的比例为 $m_C：m_N：m_P=100：5：1.7$ 时,治理效果最佳。

（7）电子受体类型。

好氧微生物降解污染物要消耗氧气,而厌氧微生物在无氧情况下也可以降解污染物,但厌氧微生物降解的效率很低。在缺氧的条件下,投加硝酸盐或碳酸盐作为替代的电子受体,可有效地提高降解微生物的生物活性。此外,O_2、Fe^{3+} 也可作为生物降解污染物的受体。

11.2.2　污染物

（1）浓度。

污染物的浓度影响微生物对其的降解效果。适宜的污染物浓度有利于微生物的繁殖,浓度过高会抑制微生物的活性,浓度过低会降低相互作用的效率。

（2）特性。

结构简单、相对分子质量小的污染物容易被降解;挥发性强的污染物去除效果好;非水相污染物对微生物容易产生毒害作用;疏水性的物质容易被土壤吸附,被吸附的污染物通常难以被微生物降解。

11.2.3　微生物

土体中的微生物种类繁多、数量巨大,很多受污染地点本身就存在具有降解能力的微生物种群,或者在长时间与污染物接触后,土著微生物能够逐渐适应环境的改变,而进行选择性的遗传变异和富集,从而产生降解作用。土著微生物对当地环境适应性好,具有较大的降解潜力,目前已在大多数生物修复工程中得到应用。但是,土著微生物存在生长缓慢、代谢活性低的弱点,在一些受高浓度污染的场所或当地条件不适宜降解菌大量生长时,就需要接种高效菌。从污染场地的土壤中培养、驯化、分离和筛选高效率的降解菌,在最佳条件下培养、富集强化后,再接种到受污染土体中,这有利于迅速进行生物降解的过程。

11.3　系统工艺设计

11.3.1　系统工艺类型

生物通风系统的工艺有三种类型:①单注工艺是只向包气带注入空气,其优点是工艺简单、经济,但挥发性的有机气体可能污染附近建筑物的地下室或当地的空气;②注-抽工艺是先把空气注入包气带,然后从一定距离的污染土体中抽出,其优点是含有挥发性烃类气体的空气从注气井进入抽气井的过程中,发生好氧的生物降解,避免了污染气体直接进入大气;③抽-注工艺是先把污染土层中的污染气体抽出,然后再从一定距离的非污染区中注入,机理类似于第二种工艺。

11.3.2　系统工艺设计的内容

　　生物通风和其他生物修复一样,是根据现场生物修复的需氧量和供氧能力来设计的。需要估算供氧的影响半径,并在现场运行时进行监测。影响半径可以根据土体中气体压力、氧气浓度和气流量来确定,还可以根据气体渗透性实验来确定。在污染土壤区的通风井注气或抽气近 8 h,然后在多个点监测压力变化。推荐监测点的位置如表 11-2 所示。监测点可用直径为 0.64 cm 的尼龙或聚乙烯管道,每点的过滤器长度为 15 cm,直径为 1.3~2.5 cm。

表 11-2　推荐的监测点间隔

土壤类型	到通风井过滤器顶部的深度①/m	监测点间隔②/m	土壤类型	到通风井过滤器顶部的深度①/m	监测点间隔②/m
粗沙	1.5 3.0 >4.6	1.5-3-6.1 3-6.1-12.2 6.1-9.1-18.3	粉沙	1.5 3.0 >4.6	3-6.1-12.2 4.6-9.1-18.3 6.1-12.2-24.4
中沙	1.5 3.0 >4.6	3-6.1-9.1 4.6-7.6-12.2 6.1-12.2-18.3	黏土	1.5 3.0 >4.6	3-6.1-9.1 3-6.1-12.2 4.6-9.1-18.3
细沙	1.5 3.0 >4.6	3-6.1-12.2 4.6-9.1-18.3 6.1-12.2-24.4			

注:①假定通风井过滤器长 3 m。如果通风井过滤器更长,使用 4.6 m 的间隔。②监测点的间隔是根据单位时间每米过滤器的通气量(0.3 m²/min(黏土)到 0.9 m²/min(粗沙))而确定的。

　　通风井一般直径为 5~10 cm,用 1 mm 聚氯乙烯建造,典型的结构如图 11-1 所示。引风机根据其性能曲线和需要的气流选择。

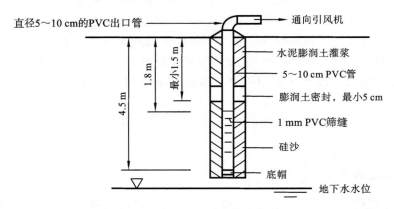

图 11-1　典型生物通风井结构示意图

　　在设计生物通风系统时,还应考虑以下问题:①水位的控制;②土壤气体组分的监测;

③为获得最佳生物修复和减少挥发量而进行的通气流速设计;④地表散失的处理;⑤水分和营养的补充。

11.4　模拟实验简介

为了评价污染物生物降解的潜力,通常要对污染场地土壤样品进行一系列的分析。评价的目的是确定各种土壤样品中是否含有能够利用污染物作为碳源的微生物种群,是不是可以通过强化种群来修复污染土体。

11.4.1　室内实验

实验室研究的目的有:①确定样品中是否含有好氧微生物;②确定这些微生物能否降解特定的有机污染物;③确定环境条件(pH 值、湿度、温度等)能否支持微生物生存;④确定在污染的生物修复过程中是否有足够的可溶无机营养盐(如氮和磷)。

利用平板计数法可以得到总好氧微生物种群数,同时可以确定各种好氧微生物是否可以降解特定的污染物,还可以采用呼吸计进行土壤呼吸作用测试。在一天中,可以阶段性地检测土壤中氧气和二氧化碳的浓度,然后用图表表示出来,也可以用呼吸速率表示。

土壤的 pH 值、湿度、可溶氮和正磷酸盐浓度都可以通过标准方法检测。为了确定污染物的降解量,土壤中污染物的浓度也可以通过相关方法进行分析。

当无法确定土壤中的污染物是否可进行生物降解,或者是否应该对系统参数(如土壤湿度、营养盐等)进行处理时,可以通过土柱实验进行较为准确的测试。土柱实验是利用土样中的微生物作用及土壤环境参数的改变(湿度、气流、营养盐等)来判断生物降解的程度。实验中要在不同位置对土柱中污染物成分、湿度、pH 值和营养盐水平等进行监测分析,并评价目标污染物的降解水平。这些测试分析的费用是很高的,通常不应用于已知可生物降解的化合物,或者具有较好营养盐、湿度条件的场地。

11.4.2　野外呼吸实验

野外呼吸实验包括向受污染地区通风(即氧气的输入)和通风结束后一段时间内(3～5天)对氧气的消耗量和二氧化碳的产生量的定期监测。监测的结果能大体反映出氧气消耗速率和生物降解速率,并以此为依据优化调节通入地下的空气流量。

典型的测试装置如图 11-2 所示。

野外呼吸实验已经在美国得到很好的验证。在受污染区域选取 1～5 个 3～6 m 深的有代表性的监测点,以 30 L/min 的风量(空气)通入这些监测点中,通风时间以 24 h 为一个周期,监测点的气体组成可在 2～4 天后被分析出来。这些监测点可以是一些简单的土壤气体检测探针(直径 0.2 m、长 2 m 的钢管),也可以是一个直径稍大的监测井(0.6 m)。

可以在空气中加入 1%～2% 的氦气作为示踪剂,氦气易被现场检测和追踪(灵敏度为0.01%),对氦气的追踪可以显示气样是否是原来被注入的气体,以及受到生物活动影响后气体组成(O_2、CO_2、污染物)的变化。当所测定的氦气的浓度相对稳定时,就可以认定所检测的气体样品即是通入地下的空气。

通入空气-氦气混合气体之后,定期监测该区域土壤气体的组成,检测频率应与氧气的消耗时间(2～12 h)保持一致。通常情况下,3～5 天之后氧气的浓度就会降到 5% 或更低,这时

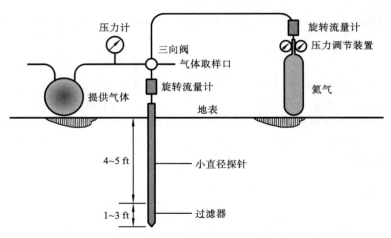

图 11-2　生物通风野外实验装置示意图

注:1 ft=0.304 8 m。

测定过程就可以结束了。以时间为横坐标,绘制氧气浓度随时间变化的曲线图。如果设定了一个零级速率,氧气的利用速率就可以由这条曲线的斜率得出,从而初步得出一个生物降解速率。氧气的利用速率和污染物的降解速率之间的化学计量关系可以用公式表示出来。

以苯的降解为例:

$$C_6H_6+15/2O_2 \longrightarrow 6CO_2+3H_2O$$

由氧气浓度随时间的变化曲线图可以得出氧气的消耗速率,进而苯的生物降解速率(用 mg/(kg·d)表示)可以由以下公式得出:

$$K_D=-K_RVD_OC \tag{11-1}$$

式中:K_D——生物降解速率,mg/(kg·d);

　　K_R——氧气的利用速率,mg/(kg·d);

　　V——每千克土壤中空气的体积,L/kg;

　　D_O——氧气的密度,kg/L,标准情况下为 1.330×10^{-3} kg/L;

　　C——降解所需要的苯和氧气的质量比。

一般情况下,当土壤孔隙度为 0.3,土壤密度为 1 440 kg/m³ 时,K_D 值大约是降解苯时测定的氧气利用速率值(K_R)的 0.89 倍。另一种生物降解速率的计算方法是根据 CO_2 的生成率来计算的,但是产生的 CO_2 可能参与生成碳酸盐的反应,而碳酸盐的生成量还因土壤的 pH 值和酸碱度的不同而发生变化,所以这种计算方法得出的结果不如氧气利用速率计算所得出的结果准确。

11.4.3　气体渗透性实验

渗透率是多孔材料的内在特性,用以表征外加压力梯度下流体通过多孔介质的难易程度。生物通风的气体渗透性测试步骤类似于气相抽提的中试测试步骤。影响范围的确定是根据从注气点开始到系统所能提供足够氧气输送的最远距离。与气相抽提相比,生物通风所需要的气流流量要小得多,因此根据真空影响范围对生物通风系统进行布井比气相抽提更加可行。

如果某点存在真空区域,那么其他地方的空气会流向该点。尽管原理很简单,但还是需要进行真空度或者负压值的计算,用以评价是否能够按要求输送氧气到指定的区域,以确保系统达到最佳效能。不过这种计算还必须将所得真空度或者负压值转换成通入该点的气体的流量值。

由于空气中氧气的含量占 20%，因此由空气的流量值就能够计算出氧气的流量。氧气的流量与其消耗的速率有关。由于在污染场地的某些区域得到的是含氧量不足的空气，因此氧气流量的计算要以这些点的最大需氧量作为计算的依据。需氧量还可以由影响区域的孔隙容积以及由真空度换算得出的氧气流量来确定。

例如，以一个孔隙容积为单位，通气 1 周，可以估算出该孔隙容积的氧气含量。据此，就可以估算出输送足够氧气以降解吸附相污染物所需要的气体流量。由于被利用的氧气只占输送氧气量的一部分，因此输送氧气量要大于计算的理论值。

11.5　运行与监测

现场监测必须设计为多目标：采集到的数据可以用于环境影响评价和整个过程控制水平的评价。通过监测来了解污染物的迁移情况时，要采集土壤和地下水样。

为了优化修复过程条件，必须根据生物的反应情况来控制必要的气体注入流量。因此，必须以一定的间隔来测定主要过程控制参数。在设计自动采样程序时，首先要确定过程控制参数，其次是选择分析仪器。

例如，需要评价受氯代脂肪烃污染的沙、砾石地层的生物修复过程，该过程通过共代谢降解氯乙烯、顺-1,2-二氯乙烯、反-1,2-二氯乙烯和三氯乙烯。处理的控制参数有：

主要基质——甲烷；

电子受体——溶解氧；

次要基质——氯代化合物；

环境因子——pH 值。

监测井的设置应有代表性，并应该有一定的覆盖面，通常 3～6 个为一组。为了防止化学成分的挥发和吸附，采样管的体积应尽量小。不锈钢管不仅可以做得很细以使容积很小，而且可以快速冲洗，监测井可使用 6 mm 的不锈钢管。

11.6　生物通风技术的强化

11.6.1　热通风

热通风可以增加微生物的活性，并提高污染物质的挥发度，对污染土壤修复中生物降解和物理脱附具有双重的强化效果。热通风通常是寒冷地区污染土壤修复的必要手段。热通风可以采用以下三种方式：热空气注射、蒸气注射和电加热。热空气注射对微生物的影响比较温和，但由于空气热容较小而使传热效率不高；蒸气注射潜在的热量大，但也容易杀伤土壤中的微生物，其应用受到很大的限制；电加热时通常在土壤中填埋电极，通入高频电流对介质进行均匀加热，这是一种有较好应用前景的强化技术。

11.6.2　提供氧源

对污染土壤的治理，除了采用注入空气来提供氧气外，还可以用 H_2O_2 作为氧源。H_2O_2

可提供 47.1% 的氧,来满足污染环境中已存在的降解菌生长的需要,以便使土壤中的降解菌能通过代谢将污染物彻底矿化为 CO_2 和 H_2O。

11.6.3　添加有效降解菌

　　土壤中污染物的生物降解与土壤中可降解该污染物的细菌含量有密切的关系。在土壤中加入有针对性的降解菌,能大大提高生物降解的速率。例如,白腐真菌对许多有机物污染都有很好的降解效果。

思　考　题

1. 简述生物通风与气相抽提技术的区别。
2. 影响生物通风技术的主要因素有哪些?
3. 为什么在应用生物通风技术修复污染土壤时要进行实验室、野外及气体渗透性实验?
4. 通过哪些技术可强化生物通风技术对污染土壤的修复效果?

主要参考文献

[1] 沈德中. 污染环境的生物修复[M]. 北京:化学工业出版社,2002.
[2] 李玮,陈家军,郑冰,等. 轻质油污染土壤及地下水的生物修复强化技术[J]. 安全与环境学报,2004,4(5):47-50.
[3] 钟佐燊. 地下水有机污染控制及就地恢复技术研究进展[J]. 水文地质工程地质,2001,3:1-3.
[4] 沈铁孟,黄国强,李凌,等. 石油污染土壤生物通风修复及其强化技术[J]. 环境污染治理技术与设备,2002,3(7):67-69.
[5] Sikdar S K, Irvine R L. Bioremediation:principles and practice-fundamentals and applications[M]. Pennsylvania:Technomic Publishing Company,Inc. ,1998.

第 12 章　原位曝气技术

地下水原位曝气（air sparging）是 20 世纪 90 年代发展起来的，与土壤气相抽提（soil vapor extraction，SVE）互补的一种原位修复技术，其目的是去除地下水位以下的有机污染物质，主要应用于处理可挥发性有机物（VOCs）造成的地下水污染。与其他修复技术相比，该项技术具有低成本、高效率和原位操作的显著优势。因此，虽然原位曝气技术的运用仅仅三十余年，它就一定程度上代替了抽出-处理技术，成为地下水有机污染处理技术的首选。在 1982—1999 年美国地下水污染"超级基金"治理项目中，应用原位曝气技术的项目所占的比例是 51%，已经超过了其他地下水原位修复技术。

该系统是通过垂直井或水平井，用气泵将空气注入水位以下，使污染物从地下水中挥发，并进入空气中（图 12-1）。在浮力的作用下含有污染物的空气不断上升，到达地下水位以上的非饱和带，再通过 SVE 系统进行处理，从而达到去除污染物的目的。在曝气过程中发生的质量迁移-转化机制比较复杂，常见的有吹脱、挥发、溶解、吸收-解吸和生物降解等作用，污染物的迁移过程包括对流、弥散（机械弥散）和扩散（分子扩散）等方式。曝气过程是一个动力学过程，在不同的修复阶段，控制修复速率和效率的机理也不同；同时，随着场所地质条件的变化，各种机理对曝气修复作用的贡献也不同；另外，注入的空气还能为饱和带中的好氧生物提供足够的氧气，促进污染物的生物降解。

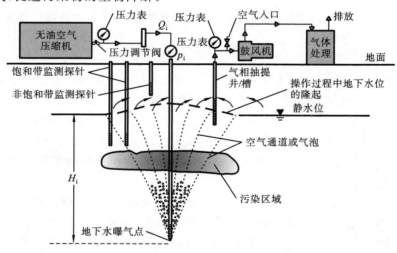

图 12-1　典型原位曝气过程示意图

H_i—注入深度；p_i—注入压力；Q_i—注入流量

目前，对于多相体系的曝气过程（在饱水条件下注入空气）进行模拟和监测都会遇到诸多困难，目前也产生一个较大的争议，即饱和带污染物的去除到底发生在哪个阶段？目前，该系统的工程设计在很大程度上还是依赖于经验，所以地下水曝气还是被看作一项正在不断完善的技术。地下水原位曝气依赖于复杂的物理、化学、微生物过程的相互作用，其中的一些作用还不太明确。

典型的地下水曝气系统在地下有一个或多个空气注入点，通过这些注入点将空气注入饱水带。这项技术刚问世时,一般认为注入的空气以气泡的形式向上运动,而实际情况是以连续空气通道的形式上升。主要空气通道的形成可能是含水层渗透性的细微变化所导致的,其中孔隙孔喉尺寸变小会导致更多通道的形成。注入空气的流动路径会受到注入空气的压力、流量和注入深度的影响。研究表明,由含水介质分层引起不同层间渗透率的细微差别也可以影响曝气的效果。

图 12-1 所示为最简单的地下水曝气法,本章还将讨论多种能够克服地质或水文地质局限性的改进技术。

12.1　技术原理与适用条件

12.1.1　技术原理

原位曝气过程可定义为在一定压力条件下,将一定体积的压缩空气注入含水层中,通过吹脱、挥发、溶解、吸附-解吸和生物降解等作用将污染物去除。在相对可渗透的条件下,当饱水带中同时存在挥发性有机污染物和可被好氧生物降解的有机污染物,或存在上述一种污染物时,可以应用原位曝气法对被污染水体进行修复治理。从机理上分析,地下水曝气过程中污染物去除机制包括三个主要方面:一是对可溶挥发性有机污染物的吹脱;二是加速存在于地下水位以下和毛细带边缘的残留态和吸附态有机污染物的挥发;三是氧气的注入使得溶解态和吸附态有机污染物发生好氧生物降解。石油烃污染区域进行的原位曝气实验表明,在系统运行前期(刚开始的几周或几个月里),吹脱和挥发作用去除石油烃的速率和总量远远大于生物降解作用;当原位曝气系统长期运行后(一年或几年后),生物降解的作用才会变得显著,并在后期逐渐占据主导地位。

1. 吹脱

在以上提到的三种污染物去除机制中,吹脱可能是去除挥发性污染物的主要机制。研究表明,吹脱去除挥发性污染物的能力可由亨利定律来判定(蒸气压/溶解度),是该污染物的亨利常数的函数。苯、甲苯、二甲苯、乙苯、三氯乙烯和四氯乙烯等化合物被认为是易被吹脱的。然而,在分析原位曝气的吹脱现象时,一个基本假设就是亨利定律适用于挥发性污染物,并且所有被污染地下水都与注入的空气密切接触,两相间污染物浓度达到平衡。这一假设的存在使得整个研究过程得到简化。

首先,只有当挥发性污染物在水-气界面上达到平衡时,亨利定律才成立。但是,空气注入后,气流在分散通道中运动,由于污染物的迁移速率大,并且运动的路径短,空气在水-气界面的滞留时间太短,无法与地下水充分接触,导致整个反应无法达到平衡状态。另外,假设水-气界面上的污染物浓度与水相中的相同,这也是与现实情况不符的。因为在整个吹脱过程中,空气通道及其周围很小范围内的污染物首先被去除,为了弥补空气通道周围水中溶质的损失,远离通道处地下水中的污染物会产生对流和弥散作用,所以更为可靠的假设是该范围内污染物浓度比远离通道处污染物浓度要低。因此,空气通道的数量和密集程度很可能在污染物的去除中起到重要作用。即空气通道越多,通道之间距离越近,则去除效率越高。此外,空气通道的密集程度还会影响整个传质界面的面积。研究表明,地下水曝气过程中主要形成大型通道和毛细通道,两类通道的形成都能增大空气通道的密集程度和相间传质界面的面积。

同时,原位曝气过程还可以增大地下水位以下吸附态污染物的分解率和最终吹脱率。这是由于曝气过程使得污染物与地下水的混合程度增加,并且增大了吸附相和溶解相之间的浓度梯度,从而提高了污染物的分解率和最终吹脱率。

2. 挥发

对饱和带中挥发性有机污染物进行抽出处理时,主要的去除机制是污染物向水相不断溶解,最终达到去除的目标。而原位曝气过程中,高速气流经过的区域内,由于局部负压的形成,大大增强了吸附态和残留态污染物的直接挥发作用。同时,由于挥发性有机物不必从水相迁移至水-气界面,而是直接与空气接触,因此在空气通道内可与纯粹的挥发性有机物相互交叉,从而导致直接挥发的发生。

挥发是污染物从液相到气相的一种传质过程,它是原位曝气前期去除污染物的最主要机理。大多数挥发性有机化合物都是易于通过挥发去除的,直接挥发受到其蒸气压和亨利常数的控制。如果某个污染物的蒸气压大于 5 mmHg,并且亨利常数大于 10^{-5} atm · m^3/mol,则认为它是可以通过挥发去除的,适用于原位曝气技术。

平衡条件下污染物气-液两相的分配是由亨利定律确定的,即

$$p_g = K_H c_L \tag{12-1}$$

式中:p_g——气相分压,Pa;

K_H——亨利常数,Pa · L/mol;

c_L——化合物在液相中的浓度,mol/L。

亨利常数越大,则污染物存在于气相的平衡浓度就越大。在原位曝气过程中,空气通过含水介质时气相中的污染物浓度会不断地增加,而且空气的对流也破坏了气-液相间原有的平衡,但亨利常数仍有助于判断该系统中上升空气中污染物可达到的最大浓度。污染物的亨利常数越大,它在上升的空气中的浓度就越大,在一定空气流量条件下,去除量也就越大,越适合于原位曝气去除。

在饱水带中存在大量挥发性有机污染物和 NAPL 污染物时,在有空气流动的地方气流可直接携带大量污染物,而且介质中的空气交换速率较快,导致这一过程能在相对较短的时间内去除大量污染物,因此污染物直接挥发可能是主要的去除机理。

3. 生物降解

生物降解是原位曝气过程中另一个重要的污染物去除机理。挥发只是将污染物转移出处理区,而生物降解则是将污染物转化为无害物质。在原位曝气过程后期,地下水和饱水介质中剩余污染物的挥发性和溶解性较差,此时生物降解成为主要的修复过程。研究表明,当溶解的污染物浓度小于 1 mg/L 时,生物降解成为原位曝气过程中主要的去除机理。在大多数自然情况下,饱和带中有机污染物的好氧生物降解速率受到含氧量的限制。在好氧条件下,有的挥发性有机污染物(如苯、甲苯、丙酮等)是易于生物降解的,有的(如三氯乙烯和四氯乙烯)则不易。因此,即使在好氧条件下,生物降解能力仍然受污染物化学结构、环境 pH 值和温度等因素的影响。

通常,未被污染的地下水中溶解氧(DO)浓度低于 4.0 mg/L。在污染物自然降解过程中,环境变为相对的厌氧条件,此时的溶解氧浓度往往低于 0.5 mg/L。室内实验与工程实践表明,在地下水曝气过程中,可将水-气平衡时的溶解氧浓度提高到 6.0~10.0 mg/L,从而大大加快饱水带中污染物的生物降解速率。由此可见,通过注入空气来提高溶解氧浓度是原位曝气法固有的优点。然而,在含水层中,空气中的氧向水相的转移受到扩散过程的制约,所以空气通道间的间距决定了输送氧气路径的长度。在通道间距大的地方,单靠扩散不足以将氧

气输送到含水层的所有区域,这就出现了一种强化的生物降解法。因此,地下水曝气过程中的水-气混合作用和毛细通道的形成是提高氧气输送速率的最主要途径,同时也是污染物生物好氧降解速率最重要的影响因素。

综上所述,要使地下水曝气法有效地治理地下水有机污染,挥发性有机污染物必须能够从地下水中迁移到注入的空气中(逸出),而空气中的氧气必须能够进入地下水中(生物降解)。表 12-1 给出地下水曝气技术对常见有机污染物可吹脱性、挥发性和好氧生物降解能力等特性的适用性。

实际上,如果某有机化合物的亨利常数大于 $1×10^{-5}$ atm · m^3/mol,则认为该化合物是可吹脱的;若其蒸气压高于 0.5 mmHg,那么它就容易挥发,但其挥发程度受空气流量的制约。表 12-1 中列出的半衰期是在没有采取任何措施条件下降解速率的估计值。

表 12-1 常见污染物对原位曝气法适用性统计表

污　染　物	可　吹　脱　性	挥　发　性	好氧生物降解能力
苯	高($K_H = 5.5×10^{-3}$)	高($p = 95.2$)	高($t_{1/2} = 240$)
甲苯	高($K_H = 6.6×10^{-3}$)	高($p = 28.4$)	高($t_{1/2} = 168$)
二甲苯	高($K_H = 5.1×10^{-3}$)	高($p = 6.6$)	高($t_{1/2} = 336$)
乙苯	高($K_H = 8.7×10^{-3}$)	高($p = 9.5$)	高($t_{1/2} = 144$)
三氯乙烯	高($K_H = 10.0×10^{-2}$)	高($p = 60$)	很低($t_{1/2} = 7\ 704$)
四氯乙烯	高($K_H = 8.3×10^{-3}$)	高($p = 14.3$)	很低($t_{1/2} = 8\ 640$)
汽油组分	高	高	高
燃料油组分	低	很低	中等

注:p 为 20 ℃时的蒸气压,mmHg;$t_{1/2}$ 为好氧生物降解的半衰期,h。应该注意的是半衰期可能与场地所处的地下环境条件密切相关。

较重的石油产品中含有许多有机化合物。例如 6 号燃料油,既不能被吹脱,也不易挥发(图 12-2)。因此,在修复受燃料油污染的区域时,主要的修复机制应该是好氧生物降解。在这种情况下,饱水带的氧气需求量成为决定空气注入流量的唯一因素。

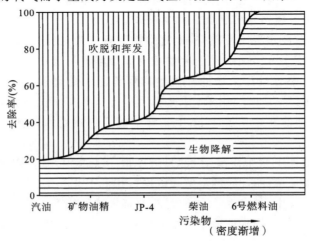

图 12-2 不同作用对石油污染物去除的贡献率

图 12-2 定性描述了野外条件下各种作用在石油污染物去除过程中所占的比例。因为很难将通过吹脱和挥发所去除的污染物量区分开,所以把两者合并在一起。然而,不论去除机制如何,研究的重点都应该放在污染物的去除总量上。

12.1.2　适用条件

由于原位曝气技术去除污染物的过程涉及多相传质过程,因而其影响因素很多。目前,人们普遍认为,原位曝气去除有机物的效率主要依赖于曝气所形成的影响区域的大小,而该区域形成和分布的影响因素主要有含水介质类型和粒径、含水介质非均匀性和各向异性、曝气压力和流量及地下水流动性。因此,原位曝气技术在实际应用中是否适用,必须综合考虑这些因素。

1. 含水介质的类型和粒径

研究表明,空气在高渗透性含水介质中是以气泡(bubbles)的方式流动的,而在低渗透率的含水介质中是以微通道(channels)的方式流动的。另外,注入的空气不能通过渗透率很低的含水介质层(如黏土层)。对于高渗透性含水介质(如沙砾层),曝气的影响区域太大,以至于不适合用曝气技术来处理。含水介质粒径对空气影响区域大小的判断是至关重要的。

沙箱模型研究表明,在较低的空气入射速率下,粉细沙质含水层(粒径在 0.075~2 mm 之间)和粗糙沙砾含水层(粒径在 2 mm 以上)中有空气通道形成。实验结果表明,前者形成了稳定的垂向空气通道,而后者的入射空气多以气泡的形式上升。当空气以较高的入射流速进入粉细沙质含水层时,在空气入射点周围可能发生沙土液化(土壤黏结力丧失)现象,进而导致入射空气失控。研究表明,原位曝气法不适用于饱水带渗透系数大于 10^{-3} cm/s 的场地。

2. 含水介质非均匀性和各向异性

天然土体一般含有大小不同的颗粒,具有非均匀性,而且在水平和垂直方向都存在不同的粒径分布和渗透性。因此,原位曝气过程中注入的空气可能沿阻力较小的区域流动,结果造成注入的空气根本就不经过渗透率较低的区域,从而影响污染物的去除。

对于均质含水介质,无论何种空气流动方式,其流动区域都是通过曝气点垂直轴对称的;在非均质介质中,空气流动不是轴对称的,这种非对称性是因介质渗透率的细微改变所致。因此,原位曝气技术对土壤的非均匀性是很敏感的。

对于层状含水层,注入的空气无法轻易到达位于低渗透层之上的区域。只有当曝气流量足够大时,空气才可能穿过低渗透率层。当注入空气遇到渗透率和孔隙度不相同的两个地层时,如果两者的渗透率之比大于 10,除非空气的入口压力足够大,否则气流一般不经过渗透率小的地层。如果两者的渗透率之比小于 10,空气从渗透率小的地层进入渗透率较大的土层时,其形成的影响区域变大,但空气的饱和度降低。

在实验室条件下,注入的空气在渗透性较低的地层下聚集,并沿水平方向运移。在野外应用中,这有可能扩大污染羽状体的分布范围。同时,渗透性高的地层也可能导致气流优先向侧向运移,这同样会造成羽状体范围的扩大。图 12-3 对上述两种情形下污染羽状体扩散的情形进行了描述。因此,均一的地层条件是确保原位曝气成功实施和安全实施的关键。

3. 曝气压力和流量

空气注入含水层需要一定的压力,压力的大小对曝气过程去除污染物的效率有一定程度的影响。一般来说,曝气压力越大,所形成的空气通道就越密,曝气过程的影响半径越大,曝

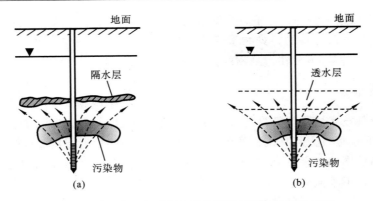

图 12-3　地下水曝气过程中污染羽状体侧向扩展的情形

气所需的最小空气注入压力为水的静压力与毛细压力之和。水的静压力由曝气点到地下水位的高度差决定,而介质的存在会产生一定的毛细压力。另外,为了避免在曝气点附近造成不必要的颗粒迁移,曝气压力不能超过原位有效压力,其包括垂直方向的有效压力和水平方向的有效压力。

空气流量的增加使空气通道的密度增加,同时空气的影响半径也有所增加,曝气流量的影响主要有两方面。一方面,空气流量的大小将直接影响含水层中水和空气的饱和度,改变气-液传质界面的面积,影响气-液两相间的传质,从而影响含水层中有机污染物的去除。另一方面,空气流量的大小决定了可向含水层提供的氧含量,决定了有机物的有氧生物降解过程。一般来说,空气流量的增加将有助于增加氧气的扩散梯度,有利于有机物的去除。

4. 地下水流动性

在渗透性较高的介质(如粗沙和沙砾)中,地下水的流速一般较大。如果溶解的有机污染物滞留在这样的介质中,地下水的流动将使污染物突破原来的污染区,从而扩大污染的范围。在曝气过程中,空气注入不仅使有机污染物挥发到气相,而且影响地下水的流动。另外,地下水的流动也影响空气的流动,从而影响空气通道的形状和大小。这两种迁移流体(空气和水)的相互作用可能对曝气过程造成不利的影响。一方面,流动的空气可能造成被污染地下水的迁移,从而增大污染的区域。另一方面,注入带有污染物的空气可能与以前未污染的水接触,扩大污染的范围。研究表明,当水力梯度在 0.011 以下时,地下水的流动对于空气影响区域的形状和大小的作用很小。然而,空气的流动降低了影响区域的水力传导率,减弱了地下水的流动,从而降低了污染物迁移的速度,所以曝气可有效地阻止污染物随地下水的迁移。

综上所述,虽然原位曝气表现为一个简单的过程,即将空气注入地下水位以下的污染含水层中,使挥发性有机污染物发生吹脱与挥发,同时为生物降解过程提供充足的氧气,以提高生物降解的速率,但这种方法并不适用于所有情况,下面给出不适合地下水曝气的 7 种情况。

① 在渗透性低的水文地质条件(渗透系数小于 10^{-3} cm/s)下,垂直的空气通道可能被堵塞,污染物侧向运移可能增大,这对污染物的去除有不利的影响。这时,对传统的地下水曝气方式需要进行非常谨慎的评估。

② 在非均质的水文地质条件(低渗透性层在高渗透性层之上)下,由于注入空气不能到达地下水位之下的含水层中,可能使已存在的污染羽状体范围扩大。

③ 污染物不可吹脱,并且不能生物降解。曝气过程仅仅对挥发起一定作用,使得污染物去除效果非常差。

④ 污染物可自由移动,且不能被移除或完全控制。空气注入可能加强污染物的移动性,而使其离开空气注入污染区域,导致污染区域增大。

(5) 地下水曝气系统不能和气相抽提结合起来,不能捕获气相抽提的污染物。在一些实际应用中,如果最佳条件能够达到,这种经气相抽提的污染物会在渗流区被生物降解,所以含水层较厚、注入速率低时适合用此方法。

(6) 因潜在的土壤液化和破碎,周围的地基及建筑物的稳定性会产生危险。

(7) 因气相污染物迁移无法有效控制,可能使其进入附近的建筑物或者管道中。

12.2　原位曝气系统设计

由于对原位曝气过程的机理尚处于不断探索和完善阶段,因此对于该系统在实验室和现场的设计仍存在许多困难。本节在充分了解原位曝气过程的基础上,对原位曝气系统设计进行较为完整的介绍。

12.2.1　原位曝气过程研究

1. 饱水介质中空气的注入

由于对注入饱水介质中气流运动模式的认识非常有限,以及实验数据缺乏普遍适用性,预测地下水曝气系统的运行和机理受到很大的限制。目前,研究者对于这种现象持有两种观点:第一种观点认为,注入的空气以分散的空气通道形式沿垂直方向向上运动;第二种观点认为,注入的空气以气泡的形式运动。通过大量的室内、外实验研究,大多数研究者倾向于第一种观点。

研究表明,当含水介质的粒径大于 4 mm 时,注入的空气以鼓泡的方式上升;当含水介质的粒径小于 0.75 mm 时,注入的空气以微通道的方式上升;当含水介质的粒径在 2 mm 左右时,注入空气的上升包括以上两种方式。二维实验室模拟研究发现,对于平均粒径在 1.1～1.3 mm 的含水介质,空气以分散弯曲通道的形式流动,颗粒直径微小的改变不影响空气分布区域的大小。在通过曝气点的垂直截面上,受空气影响的沉积物面积占总沉积物面积的最大比例为 19%。另外,随着时间的增加,影响区域的改变很小。而对于平均粒径为 1.84 mm、2.61 mm、4.38 mm 的含水介质,空气的流动是弥漫性的,在曝气点附近形成一个对称圆锥,空气影响区域的面积明显增加。对于粒径为 2.61 mm 的含水介质,空气影响区域面积占总沉积物面积的比例最大,接近 35%,几乎为分散弯曲通道流动形式的 2 倍。随着时间的改变,影响区域面积也发生改变,但因颗粒直径的不同,各自的变化幅度不同。颗粒直径为 2.61 mm 的含水介质变化幅度最大。因此,大多数研究者认为,对于曝气技术最有效的含水介质粒径应在 2～3 mm 之间。研究结果也表明,在此范围内,随着曝气平均粒径的增大,有机物的去除效率也增大;当介质的平均粒径从 0.168 mm 增加到 0.305 mm 时,经 168 h 的曝气操作后,苯的去除效率从 7.5% 增加到 16.2%。

2. 地下水位隆起

当空气在一定压力下注入饱水带后,必定导致地下水的运动。由此产生的地下水运动包括垂直和水平两部分。垂直部分是导致地下水位的局部上升,称为地下水位隆起。在地下水曝气技术发展初期,有的将地下水位隆起作为曝气井影响范围的指标。在设计曝气系统时,需要对地下水位隆起现象加以考虑,因为它代表地下水和溶解态污染物水平运动的驱动力,会导致污染空间的扩大。隆起的大小取决于现场条件及观察井和曝气井的相对位置。隆起可以小到忽略不计,也可以大到几米。

研究者用一个模拟石油和地热资源开采过程的多相-多组分模拟装置,来模拟地下水曝气井周围空气和水的流动状态。模拟实验选择两个典型阶段来进行分析。第一阶段模拟的是气流区域的扩展过程(图 12-4)。该阶段的特点是,空气注入饱水区的速率大于气流通过饱水区的速率,在这个瞬间地下水位隆起第一次达到最大值,且隆起从注入井附近逐渐扩展到饱水带空气流分布区域之外。当入射空气进入包气带时,饱水区的气流分布区域将开始缩小或消失(图 12-5)。在第二阶段模拟的是从入射点到包气带逐渐形成空气高渗透性通道的过程,该阶段空气进入包气带的速率与空气入射速率逐渐接近,并最终达到相等。在此期间饱水区的气流分布区域停止减小,但靠近曝气井的地下水位隆起开始消失。随着时间的推移,整个系统达到稳定状态后,隆起几乎不再存在。

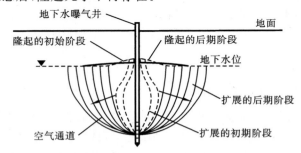

图 12-4　开始向饱和带注入空气后(第一阶段)地下水位变化

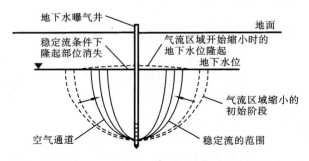

图 12-5　曝气过程中达到稳定状态前(第二阶段)地下水位变化

目前,上述实验室模拟的现象在野外已经被观测到,上述两个阶段发生的时间长短取决于饱和带的水文地质条件。在含水层岩性均一的情况下,入射点和包气带之间没有任何明显的低渗透性透镜体,入射空气可以相对较快地到达包气带(在几小时内),地下水位隆起产生的影响便可达到一个稳定状态。图 12-6 所描述的便是发生在美国 Hueneme 港的现场实验过程。相反,若在入射点和包气带之间存在一个较低渗透性的透镜体,则会导致更多水平向运动的入射空气优先到达包气带,从而延长了达到上述稳定状态所需的时间(一般要几天)。图 12-7 中描述的就是在美国 Hill 空军基地模拟实验观测到的现象。

在这两种情况下,地下水上升曲线反映的情况和曝气点处地下水位隆起的形成与消退表现相似。在大多数情况下,瞬时地下水位隆起对污染区域水平移动的风险具有重要的指示意义。由于连续的空气曝气,地下水位将趋近于曝气前的位置,因此空气入射所导致的地下水水平移动推力变得较小。

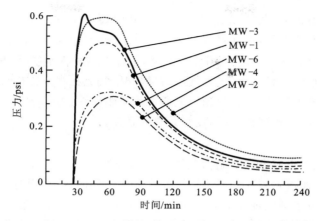

图 12-6　Hueneme 场地曝气实验过程中地下水位隆起和消退曲线

（曝气点到包气带渗透性均一）

注：1 psi＝6.894 757 kPa。

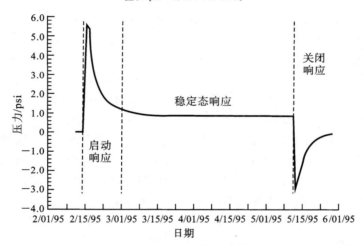

图 12-7　Hill 场地曝气实验过程中压力传感器的响应曲线

（低渗透层下曝气点空气发生侧向移动）

　　由于地下水位隆起的瞬间特性和在入射空气之前地下水位的可能变化，地下水位隆起并不能直接反映饱水带中空气的影响。因为一些隆起会发生在饱水带气流分布区域之上，而在气流运动被限制的地方也会发生无地下水位隆起的瞬间压力增大，所以地下水位在特定地点和时间的隆起可能与该点饱水带中空气的流动有关系，但也可能没有关系。

　　3. 气流路径分布

　　在曝气过程中，通常认为气流是在以顶点为曝气点的反向锥形体流动。当气流量比较小的时候，在具有各向同性的粗颗粒含水层中，这种理论更接近实际情况。例如，使用相同粒径均质介质的室内沙箱曝气实验中，可以观察到垂向对称的气流分布形态。在同样的尺度下，使用各向异性介质进行模拟实验，则会产生明显的不对称气流分布形态。研究表明，这种明显的不对称是由于孔隙渗透性的微小变化和非均匀毛细孔所产生的毛细阻力引起的。因此，鉴于天然条件下多孔介质普遍存在各向异性，一般不存在对称的气流分布。

　　相同的实验还证明，当更大体积的气体充满不断增加的空气通道时，通道密度和比表面积都随着气流量的增大而增大。假设气流通道是圆柱形的，并且通道数量和气流速率保持不变,空气通道的比表面积随$(Q_{最终}/Q_{初始})^{0.5}$而改变,其中 Q 表示气流量。

此外,有研究者实验发现,在低曝气压力条件下,当气流在垂直方向上运动 30 cm 时,就会在水平方向上运动 30~60 cm。值得注意的是,上述的这种对应关系在更多的实验过程中被观测到。同时,也有研究者指出,当曝气压力增加时,气流在水平方向上移动的幅度也会随之增加。但是,更多的观测结果表明,当气流通道位于距离注射点 3~12 m 范围内时,曝气压力(气流量)和深度之间是相互独立的,没有必然的联系。

4. 地下水混合

曝气过程中的地下水混合是限制污染物迁移出控制区域和氧气进入含水层中的重要机制。地下水混合过程在很大程度上减小了污染物扩散转移的程度,而且不会引起区域地下水流大的改变。目前,关于曝气过程中地下水混合的机制有许多解释,包括:①曝气作用产生的物理混合;②水-气之间的毛细作用;③气流的摩擦作用;④水流的蒸发消耗;⑤热对流;⑥颗粒迁移。

曝气过程中,气流通过含水层取代地下水分布空间,而且这个过程是在非稳定气流条件下发生的。此时,气流饱和度随时间变化,直到形成具有稳定空间组成的气流通道,而取代地下水的空间量和不稳定流的停留时间决定了这一物理替换程度的大小。由于空气取代水的量受含水层渗透性的限制,低渗透性含水介质对上述因素产生影响的持续时间要相对长一些,而且这个过程在小范围(几厘米到几十厘米)和大范围(几米到几十米)都会发生。研究表明,脉冲式曝气经常产生非稳定流,而这种非稳定状态的混合机制会在不同的时间引起反向流,大大提高了地下水的混合度,从而可以提高污染物的去除效率。

在曝气过程中,当饱水带的水被注入的气流取代,并受到在水、气之间的毛细作用,会导致地下水流发生改变,引起地下水混合。在非稳定流条件下,如果保持高曝气压力,则地下水混合过程将会更加显著。因此,脉冲式曝气可以通过延长曝气时间来增强混合作用的效果,提高污染物的去除效率。在非达西流条件下,空气流流动的剪切力会产生地下水间的摩擦力。入射气流会引起一部分水的蒸发消耗,导致地下水流入曝气区来维持孔隙压力平衡。该过程中蒸发消耗的热量使地下水冷却,导致向下的密度流,这种流动与气流上升引起的拖拽流刚好相反。空气饱和度、注入空气的相对湿度对上述过程的影响都非常明显。

细颗粒的迁移会堵塞多孔介质孔隙的孔喉,从而降低气体和液体在介质中的渗透性。实验室沙槽曝气和野外曝气对颗粒物的迁移影响研究表明,颗粒迁移所导致的气流的渗透性变化可能使气流路径产生变化,而改变方向后的气流路径可能导致地下水混合加剧。在稳定条件下,摩擦力、蒸发损失、热传导和颗粒迁移都会导致地下水的混合,但都远不及非稳定条件下的混合程度。

在地下水曝气过程中,地下水混合是非常重要的,它能够为污染物的好氧生物降解提供充足的溶解氧,提高去除速率。但是,只有在毛细区和饱和区同时发生地下水混合时,上述供氧过程才有意义,因为这一作用加速了饱和区内污染物向毛细区(生物降解带)的运移。同时,地下水混合能增强曝气过程中气流、水-气混合流和水流在含水介质中的扩散作用,因此能有效地防止小范围流动模式的形成。目前,在工程实践常用的脉冲式曝气过程中已经证实了地下水混合的存在。

12.2.2　原位曝气系统设计的主要参数

由于原位曝气的过程缺乏可靠的模型,因此只能根据经验方法对系统进行设计。在设计原位曝气系统时涉及的主要参数有注入气体的分布（影响区域）、空气注入的深度、注入空气的压力和流量、空气的注入方式（脉冲式和连续式）、注入井的构造、污染物的类型和分布。

1. 注入气体的分布（影响区域）

在设计空气曝气系统时，与抽出-处理或土壤生物通风方法一样，很难确定曝气影响半径的大小。同时，由于空气通道分布的不对称特性和空气通道密集程度的不确定性，确定注入气体的影响区域比确定影响半径更符合工程实际的要求。

与其他一些地下水修复技术类似，曝气技术的影响区域可定义为空气从曝气点向外扩散的范围（平均半径）。为了设计包括多个曝气点的区域生物曝气系统，有必要对曝气点的影响区域进行估算，而单个曝气点的影响区域又是设计工程师确定曝气点数量时的重要参数。

在具有中等或者高渗透性的均质含水介质中，可以认为一个曝气点的影响区域是一个倒置的圆锥体。应该注意的是，这种假设在实际的野外场地中很少见。曝气过程的数值模拟结果表明，在空气注入后，一般有三个变化阶段（图 10-4、图 10-5）：①气流在垂直和侧面边界瞬间的扩散阶段；②在侧面边界瞬间减小的阶段（消退阶段）；③稳定阶段。在稳定阶段，只要注入空气的压力、流量等参数不变，系统就会保持在一个稳定状态，而此时曝气点的影响区域大体上呈现为一个倒置的圆锥体。目前，许多曝气系统都是以上述倒圆锥体空气流动模型为基础，并根据野外实验测量的影响区域来设计的。

当修复区域内存在污染源区时，常常按网格方式来设计空气曝气系统，其设计范围应该包括整个修复区域。如果一个曝气网格设计过程中包含溶解污染物的迁移，此时应该按垂直于地下水流方向的重叠影响区域来设计，并在污染羽状体的最下端布置曝气点，建立防止其影响面积扩大的地下帷幕（图 12-8）。

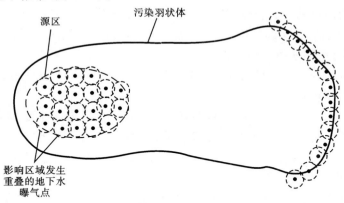

源区　　　　污染羽状体

影响区域发生
重叠的地下水
曝气点

图 12-8　污染源区和帷幕结构区空气曝气点分布

一个设计合理的系统往往能够提供很多有用的信息，但是受时间、资金和水文地质条件的限制，野外评估大多只能进行短期的单井测试。即使如此，目前测定影响区域内各项参数的技术也已有了很大进展（图 12-9），主要包括以下几个方面：①在邻近监测井中测量侧面地下水位隆起，并得出地下水侧向隆起只是空气取代水量的反映而与空气分布区没有关系的结论；②溶解氧浓度的增加和氧化-还原电位在曝气条件下的对比测量；③非饱和带气体压力的测量；④测定饱和带顶部压力的增加，以判断饱和带空气通道的分布；⑤非溶解性示踪气体的使用和探测，指示曝气过程中水流、水-气（如氦气、六氟化硫）混合流的路径和修复效率；⑥测量目标影响区域内含水量的变化；⑦空气注入引起水位的改变后，影响区域电阻率变化的测量；⑧测量地下水曝气时水位线下水体饱和度的变化；⑨曝气过程中污染物的减少量。

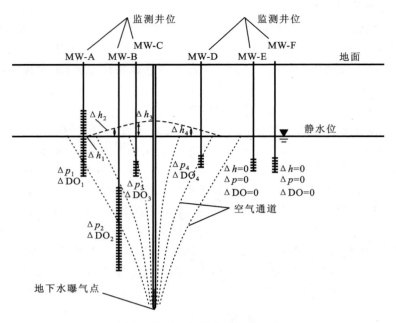

图 12-9　地下水曝气实验数据的测量

Δh—水位的变化量；Δp—压力的变化量；ΔDO—溶解氧水平的变化量

2. 空气注入的深度

在曝气系统所有的设计参数中，空气注入的深度是最容易确定的，因为该深度只需考虑污染物分布的影响即可确定。一般情况下，空气注入的深度要求为至少低于已知污染物分布的最深点 30 cm。但是，在实际应用过程中，因为要尽量避免空气注入不能渗透的或者渗透很好的层位以下，以避免加速污染物在横向和纵向上的扩散，所以空气注入深度的确定受地层性质和位置的直接影响。根据目前地下水曝气技术的设计经验，空气注入深度一般为地下水位以下 9～18 m 的范围内。

空气注入深度对注入压力和流量将会产生很大影响，因为注入点设置得越深，影响的区域就会越大。因此，为了达到空气饱和度的设计值，必须在影响区域内注入更大的空气量。

3. 注入空气的压力和流量

只有当空气压力超过水柱的静水压力与临界毛细管压力或空气入口压力之和时，注入的空气才能透过含水层。毛细管的阻力与颗粒的平均直径和孔隙度成反比。在设计时，原位曝气所必需的注入压力（p_i）应该大于以下几个阻力之和：注入点上水柱的静水压力（p_h），毛细管对置换孔隙水的阻力（p_a）（取决于含水介质的类型）和井、过滤器的阻力（p_d）。

因此，注入压力（p_i）可被定义为

$$p_i = p_h + p_a + p_d \tag{12-2}$$

式中：p_h——注入点上水柱的静水压力；

$\quad\quad p_a$——毛细管对置换孔隙水的阻力；

$\quad\quad p_d$——井、过滤器的阻力。

注入点上水柱的静水压力可以用下式描述：

$$p_h = \rho_w h_i \tag{12-3}$$

式中：p_h——注入点上水柱的静水压力；

　　　ρ_w——水的密度；

　　　h_i——静水头（从过滤器顶部到地下水位的距离）。

注入空气的入口压力也取决于多孔介质中孔隙水产生的毛细管压力。理想情况下，毛细管压力可以采用下式来定量表示：

$$p_c = \frac{2\sigma}{r} \tag{12-4}$$

式中：p_c——毛细管压力；

　　　σ——空气和水之间的表面张力；

　　　r——流体界面处的平均曲率半径。

这个公式表明，当 r 减小时，毛细管压力增加。一般来说，r 随着含水介质粒径的减小而减小，因此，毛细管压力随着含水介质粒径的减小而增加。

研究表明，井、过滤器及其包裹物对空气注入的阻力一般很小，可以忽略。

很多研究认为，压力和流量越大，曝气的效果越好，但是室内实验和工程实践证明，这一观点是错误的。因此，为得到更好的空气流动效果和更大面积的影响区域，增加空气注入流量时必须慎重。在曝气启动阶段尤其如此，因为初始阶段的空气饱和度较低，空气进入土体后会导致其渗透性相对降低。在确定注入压力时，也必须考虑由于空气压裂而引起土体结构变化所产生的次生渗透的危险。因此，在系统开始运行阶段要逐渐进行增压，以避免上述不利影响的产生。

研究表明，在大部分地点曝气注入压力有一个范围，过滤器顶部以上每 30 cm 土柱单位面积所承受的质量为 215～700 kg/ m²，且不超过所选用材料（例如管道）抗压强度的最低值。

4. 空气的注入方式

常见的空气注入模式有脉冲式和连续式两种。曝气过程中，空气通道的出现虽然会减小穿过曝气影响区域的水量，但不会终止水流的流动。但是，天然地下水在经过含水层的曝气区域时，空气通道的出现会改变水的饱和度和渗透性，并可造成水流的流速下降和流向改变，这在连续式空气注入模式下尤为明显。空气的脉冲式注入能尽可能克服这些负面因素的影响，而且可以把由于水饱和度的变化造成的渗透性的降低程度减到最小。同时，脉冲式注入还有其他一些优点，如使得曝气过程中空气通道周期性开通和关闭，从而大大提高了地下水的混合程度，为污染物去除提供了更好的条件。此外，在脉冲式注入过程中水会发生周期性的置换，有助于污染物质从水相向空气通道的扩散。如前文所述，曝气过程中的水位上升会产生更大的影响区域。因此，脉冲式注入模式还会引起影响区域的周期性膨胀和缩小，从而进一步提高曝气效率。

5. 注入井的构造

空气注入井的设计必须满足去除含水介质中污染物的气流分配要求。井的设计可以使用各种直径的聚氟乙烯管道和过滤器。在曝气深度较浅（少于 600 cm）和较深（大于 600 cm）的情况下，曝气井的常规设计分别如图 12-10 和图 12-11 所示。在这两种结构中，曝气点通过钻孔安装在井上，以保证有足够的密闭性，防止注入的空气在井孔的上部短流。在需要很多曝气井的大型场地，安装曝气点需要大量费用，这使曝气技术难以应用。

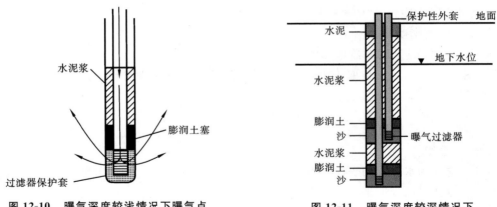

图 12-10　曝气深度较浅情况下曝气点
常规设计示意图

图 12-11　曝气深度较深情况下
嵌套式曝气井示意图

注入井的口径从 2.5 cm 到 10 cm 不等,但井的口径变化没有预期的那样影响运行效果。从经济上考虑,经常使用费用低廉的 2.5～5 cm 小管径井。然而,随着井的直径减小,气体通过管道时产生的压力损失随之增加,这一点在曝气深度较大时尤为明显。

在某些条件下,对于由铸铁制成的小管径曝气管,可不加额外的过滤器,以降低整个系统的成本(图 12-12)。但是,如果在曝气点周围含水介质以细粒物质为主,缺少沙质土,则可能导致曝气点的堵塞。上述堵塞情况在脉冲式注入模式下更为常见,这是因为在脉冲式注入过程中,曝气点周围含水介质会发生周期性膨胀和压缩,就像一个筛分的过程,使得大量泥沙沉积在曝气点的周围,并最终造成其阻塞。

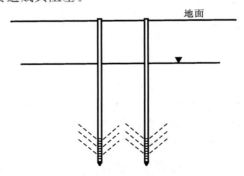

图 12-12　小直径曝气井构造

过滤器的位置和长度需要认真选择,以使通过污染区的空气流量最大。曝气设施中一般选用 10 个孔的聚氯乙烯过滤器。在典型注入流量下,大部分空气会通过过滤器上部 30 cm 的部位射出。

6. 污染物的类型和分布

曝气法不但可以有效地处理可吹脱的挥发性化合物,而且对不能挥发、能被好氧微生物降解的化合物也有很好的去除效果。这就意味着许多石油烃类和氯代溶剂类化合物可以通过曝气法来处理。即使难被空气抽提方法处理的化合物(丙酮和其他酮类等),也可以因曝气法过程中具有的生物降解作用得到处理。但是,对于可溶的、不可降解的化合物(如 1,4-二氧杂环乙烷)造成的地下水污染,曝气法是不能达到修复目的的。

曝气法对目标污染物的溶解度并没有什么要求。在整个曝气过程中,空气饱和度、空气通道的范围及密度等对污染物和氧的传质效率都有很大的影响;同时,经吹脱和挥发的污染

物的去除率和生物降解速率都受到水、气流动性质的限制。因此，为使曝气更加有效而单独
优化其中的某一项因素，效果并不明显，且难度也很大。

12.3　改进的曝气方式

受水文地质条件的影响，可以用传统曝气法进行修复的比例仅占 25％左右。但是，与目
前可用的其他修复方法相比，用空气做载体来去除污染物的理论仍具有广阔的应用前景，并
且可以大大节约治理成本。以下就介绍几种对传统曝气方式改进后的曝气方式。

12.3.1　水平槽式曝气

水平槽式曝气技术一般用于低渗透性、污染物的埋深小于 9 m 的浅层地下水污染修复。
虽然沟槽曝气适合在低渗透性的含水层中应用，但对渗透系数（在水平方向）小于 10^{-3} cm/s
的含水介质，直接把空气注入饱水带时往往效果不好。该技术的曝气过程主要包括以下几个
环节：①安装垂直于地下水流方向的单一或平行沟槽；②在沟槽底部通过水平、垂直或一定角
度的曝气管注入空气；③从地下水位以上沟槽中的侧管抽取空气。

图 12-13 所描述的就是一个典型的水平槽式曝气系统。这种改进的曝气方式关键是在
沟槽里创造一个人工的渗透环境，并可以控制注入空气在含水介质中的分配。当被污染的水
流经沟槽时，可吹脱的挥发性有机物将从地下水中去除，并被安置在地下水位以上的气相抽
提管捕获。

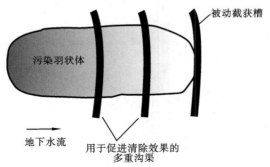

图 12-13　水平槽式曝气(平面图)

由于地下水流速非常小，导致地下水流在沟槽里要停留很长时间，可为污染物的充分去
除提供良好的条件，故这种技术非常实用。同时，由于水流停留时间长，与空气相互作用的时
间也长，故不需要空气的连续注入，而采用脉冲式注入模式即可。当可生物降解的污染物出
现时，沟槽可以作为原位固定生物膜反应器，并可以适时注入微生物生长的营养物质（如氮和
磷），以提高沟槽生物降解污染物的速率。经治理的地下水流出沟槽后，由于含有大量溶解氧
和营养物质，可进一步提高在沟槽中溶解和残留污染物的降解效率。当需要更快地对污染物
场地进行修复时，可以用复合沟槽来达到空气曝气的要求。

水平槽式曝气技术最大的局限是沟槽的深度。当污染物的位置超过 10 m 时，治理成本
急剧升高，并且需要处理大量被污染的含水介质，从而妨碍此技术的应用。如果曝气沟槽的
深度控制在 10 m 以内，向沟槽里注入空气时，可以由鼓风机代替空气压缩机来完成，以降低
成本。整个治理过程中，抽取的空气可以首先用气相抽提处理单元来处理，然后用图 12-14

所示的方式重新注入沟槽。这种结构的曝气过程中，不需要经常抽取空气样品。

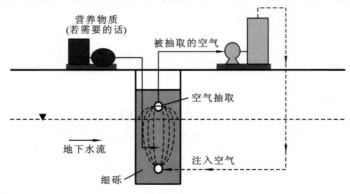

图 12-14　水平槽式曝气（剖面图）

12.3.2　井式曝气

　　将常规曝气改进为井式曝气的目的，是把注入的空气作为污染物的载体，并克服向不适宜地质构造中注入空气时所遇到的困难。图 12-15 所示的井式曝气方式，能有效地避免沟槽安装受深度和地质构造影响的不利情况。

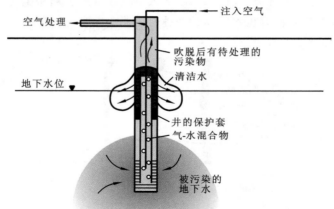

图 12-15　井式曝气

　　如图 12-15 所示，井式曝气的工作原理是：在一定压力下向井的内套管中注入空气，此时内套管内会发生气举效应，使得内套管里的水柱被向上提升，并溢出内套管的顶部（即内套管里的水被抽出）。伴随着这一过程，周围含水介质中被污染的地下水不断被抽到底部过滤器中，并不断被空气抬升，直到从内套管上部溢出。由于空气和被污染的水在上升过程中发生充分混合，当气-水混合物在内管中上升时，水中可吹脱的挥发性有机污染物将通过吹脱作用被去除，被气流捕获，将其抽出后进行后续处理。此时，溢出内套管的水便变成经过处理的相对清洁水，其将通过顶部过滤器被释放回流到周围环境中。

　　因此，井式曝气具有以下两个优点：①该方法完全避免了某些治理技术中将水抽出进行地面处理的过程；②处理后被重新注入含水层中的清洁水，溶解氧达到饱和状态，从而可增强饱水带中污染物的好氧生物降解效果。

12.3.3　生物曝气

前面讲过,在原位生物修复过程中,向饱水带中注入空气对微生物降解所需的氧气供给非常有利。生物曝气技术就是将空气以低速(每个注入点从 0.014 m^3/min 到 0.056 m^3/min)注入含水层中,从而为污染物的好氧生物降解提供充足的溶解氧,以提高生物降解速率的过程。此时,空气注入的主要目标是为微生物种群提供氧气,故注入空气时不再考虑吹脱和挥发作用所需空气量,可大大减少空气注入流量。同时,在这种情况下,对气流通道形成和分布的控制以及对吹脱污染物的捕获也变得不再重要。因此,这项技术适用于处理不可吹脱,但可生物降解的化合物(如修复丙酮羽状体)。

在生物曝气过程中,地质结构对修复技术的制约变得不再重要,因为气流通道能够沿阻力最小的路径形成。需要注意的是,溶解氧浓度升高所需要的时间取决于气流通道中的氧气扩散到其通道周围水中所需要的时间。国内外大量研究表明,在曝气过程中所注入的氧气只有约 0.5% 转变为溶解氧。因此,在生物曝气开始前,必须对溶解氧量的变化进行合理估计。一般情况下,以监测井中测得的溶解氧量的增加来代表整个影响区域内溶解氧量的变化。应当注意的是,气流通道可能被拦截,致使空气可能直接进入监测井,也是井中溶解氧增加的原因之一。

12.3.4　沟槽蒸气

沟槽蒸气修复(图 12-16)是比传统曝气法规模小的一种修复方法,它主要针对低渗透性含水层中被吹脱的蒸气。由于结构细密的含水介质会阻止气相抽提井对吹脱蒸气的提取,因此沟槽蒸气修复方式常用于对浅层地下水的治理。在沟槽蒸气修复过程中,饱和带中的传质机理、污染物去除速率和去除机理都与传统曝气法非常相似。但是,在毛细管边缘区,污染物常常被细密介质吸附,可能导致沟槽蒸气修复在曝气和去除污染物时失效。实验和工程实践表明,在处理溶解相污染物且污染物具体位置非常清楚时,应用沟槽蒸气修复系统最为有效。

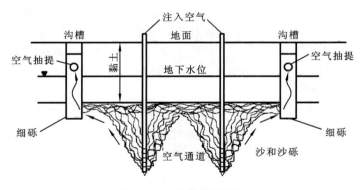

图 12-16　沟槽蒸气修复

12.3.5　气体致裂曝气

气体致裂曝气是通过原位曝气过程中的空气压裂法来提高修复能力,适用于含水层构造较为致密的情形。该方法可应用到水位以下深度较大、不利于安装沟槽的情况(图 12-17)。

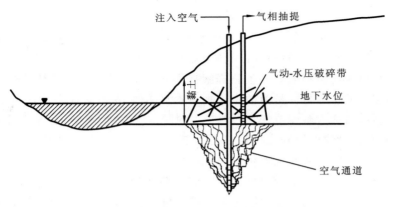

图 12-17　气体致裂曝气

气体致裂曝气法的原理是通过污染源上部多孔介质中形成的空气裂缝,加强地下水位以下一定深度的区域与包气带的水力联系,从而增加可被吹脱的污染物在水平方向上的扩散能力,提高污染物的去除速率。实践表明,应用气体致裂曝气法的关键是平衡空气的注入流速,以形成稳定的空气裂缝,而其在传质和修复方面的局限性与沟槽蒸气修复类似。同时,在地下水位线上部的含水介质中,空气裂缝之间会存在许多封闭的区域,导致污染物质的运移、吸附和去除过程受到一定限制。

12.4　监测与运行

12.4.1　中试

中试可以被更准确地定义为现场研究,因为中试的根本目的是获得特殊点的基本设计信息。通过中试,一方面可以证明治理方案的有效性,另一方面可以为实际工程的设计收集相关数据。由于原位曝气系统一般根据经验进行设计,因而有必要通过中试对其进行验证。然而,在中试过程中,由于对一些过程和机理还没有研究清楚,要慎重选择中试过程中得到的相关数据。这些收集来的数据可以用来作为重要的依据,对曝气技术应用的可行性进行论证。此外,由于原位曝气过程中往往附带气相抽提过程,因此中试过程中往往将两者结合进行。

大部分常规中试的持续时间不超过 24 h,短期中试在原位曝气系统的选择和设计中起着非常重要的作用。一般情况下,中试过程中要监测的参数包括:①水下密封压力计的压力变化过程;②溶解氧浓度;③井中水位;④土壤气体压力;⑤土壤气体中的污染物浓度;⑥示踪气体的出现和捕获。

上述参数是判断原位曝气系统可行性和运行效能的重要指标,而且可以直接应用于实际工程设计中。在中试过程中,要采集尽可能多的参数,并分别进行比较,以更好地对曝气修复过程中出现的特殊情况进行判断。此外,在设计中试之前,要对地质和水文地质条件进行初步评估,并要对污染程度和污染范围进行全面调查。表 12-2 列出了设计中试之前需要评价的场地参数和对实验的影响,可更好地指导数据的采集。

表 12-2　场地参数及其影响

场 地 参 数	有 利 条 件	影　响
含水层渗透性（水平方向）	渗透系数不小于 10^{-3} cm/s	适用性、流量与压力、污染物去除效率与迁移速率
地层和各向异性	均质的沙质、砾质介质	适用性、空气分布和流动模式
含水层类型	非承压的	注入空气的恢复
地下水位以下污染深度	小于 15 m	曝气深度（注入压力）
污染物类型	易挥发、易吹脱、易好氧降解	适用性、挥发性、可吹脱性、生物降解性
污染范围	无自由相的污染物	适用性、污染物去除效率（多数曝气点）
地下水位以上地质条件	包气带厚度大于 1.5 m	捕获经气相抽提吹脱的污染物的能力、气体流动途径

曝气中试所用的典型装置和设备与图 12-1 相似。中试过程中需要确定的参数主要包括以下几个。

（1）空气分布区（影响区域）。

对于任何一种地下水污染修复系统，这都是一个关键的设计参数，因为它将决定空气注入点的数量。实验过程中要求测量不同压力和水量的组合状态下的影响区域。

（2）空气注入压力。

这个参数受曝气深度和地质条件的影响非常大。实验过程中，空气注入的基本压力应等于或高于曝气所需的压力。同时，必须根据压力增加的幅度来严格评价压力增加对整个影响区域所造成的影响，因为过高的压力可能破坏注入点周围含水层的结构。

（3）空气注入流量。

空气注入流量必须能够保证空气分布区内的气体达到一定的饱和度。显然，曝气深度越大，所需要的空气注入流量也就越大。但是，空气注入流量主要取决于捕获可吹脱污染物的能力及渗流区内的有效压力梯度。空气注入流量至少应该能够提高污染物的有效挥发速率，并保持溶解氧浓度高于 2 mg/L。由于受地质类型和曝气深度的影响，每个注入点的空气注入流量一般为 $0.1\sim2$ m^3/min。

（4）污染物去除效率。

中试的另一个目的是验证原位曝气系统对污染物的去除效率。在实验过程中，去除效率可以通过测量气相抽提出的污染物净增长来确定。

为了评价气相抽提过程中的污染物净增长，中试分两个阶段进行。第一阶段是在稳定状态下进行空气抽提，并监测出气量，一般通过从非饱和区抽取 $1.5\sim2$ 个孔隙体积的气体来完成。在第二阶段开始曝气后，持续监测气相抽提系统空气流中污染物的含量，此时污染物含量的持续增加表明，短时间污染物的去除应归功于曝气过程（图 12-18）。第二阶段的时间应该持续到出气中污染物浓度开始下降或者有 $2\sim3$ 个孔隙体积的空气被注入受影响的饱和区域为止。非水溶性有机污染物含量和含水层的地质构造是影响污染物浓度在第二阶段降低程度的主要因素。如果要确定实际工程曝气所需总时间这一重要参数，就需要进行扩大规模的中试。在实验过程中，如果空气分布区溶解的污染物浓度很低，或者从含水介质中抽提的气体体积比注入气体的体积大得多，那么气相污染物的增长（尤其是在没有频繁采样的情况下）可被忽略。

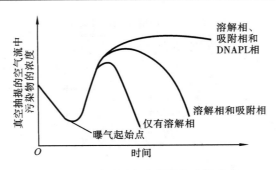

图 12-18　中试过程中污染物去除效率

通过测定运行过程中污染物去除量的增长情况,可以评估曝气技术应用的适用性。但是,对于曝气技术来说,无论如何都要避免污染物在含水介质中发生累积,因而持续去除进入包气带的污染物质是非常重要的。同时,为了使目标区域内一直保持负压,要控制空气注入和气相抽提速率。

12.4.2　现场监测

地下和地面上的监测数据可用来评估运行系统的性能,以确定是否有必要调节或扩充系统。表 12-3 列出了系统性能监测的各种参数。

在曝气过程中获得的参数常常有很大的变化。在注入空气时,从地下水监测井中获得的水质数据可靠度较低,这是因为空气通过井中时水会产生泡沫,而这一现象会影响数据的准确性。因此,在曝气技术运用过程中,地下水水样的采集应在空气注入结束且系统恢复平衡状态后进行。需要指出的是,在停止注入空气一段时间后进行采样,溶解氧、氧化-还原电位和二氧化碳含量等参数常常发生变化,所以最好在连续流状态下测量这几个参数。

表 12-3　原位曝气系统监测参数及其测量

参　　数	测　　量
地下水水质改进	停止曝气后在监测井中进行周期性取样监测
溶解氧、温度	停止曝气后用探针插入监测井测量
氧化-还原电位、pH 值	停止曝气后用探针插入监测井测量
生物降解副产物(如 CO_2)	用流通室获取地下水样
土体中气体浓度	FID、PID、沼气检定器、野外气相色谱仪或实验室空气样
土体中气体压力(负压)	压力(真空)测量器或负压计
地下水位	水位计
系统操作参数	测量
注入井压力	压力表或压力计
土体中气相抽提井负压	真空计或压力计
注入井流量	流量计
土体中蒸气抽取速率	流量计
提取蒸气浓度	FID、PID、沼气检定器、野外气相色谱仪或实验室空气样
O_2、CO_2、N_2、CH_4	实验分析
脉冲频率	计时器

12.4.3　处理效果

对于地下水曝气过程中污染物的去除速率,至今还没有一种完全准确可靠的评估方法。有学者开发了一种关于原位地下水曝气的污染物去除模型,该模型的基础是假定注入空气是以气泡的形式迁移,并将空气吹脱作为地下水曝气唯一的传质机制。但是,大量实践已经证明,在大部分场地内注入空气是以空气通道的形式进行迁移的,因此这种模型的可靠性值得怀疑。

在很多实例中,污染物去除时间从几个月到几年不等。一些采用地下水曝气方法的场地,经过不到一年的时间就达到地下水污染物去除的目标,而另有一些场地则运行了近四年。经分析发现,大部分污染物去除较快的场地,其去除目标大多为易生物降解的 BTEX(苯、甲苯、乙苯、二甲苯),其含量为 1 mg/L。

在空气通道中,传质速率可能是污染物从水相到气-水界面的转移速率,而且空气饱和度和空气分布区域的大小也对传质速率有很大的影响。实验与现场数据表明,为保证地下水曝气的有效性和成功率,空气饱和度必须大于 0.1%,并且空气通道的直径必须在 1 mm 左右。如果场地含水介质和包气带拥有良好的水文地质条件,以上要求就很容易得到满足。

通常情况下,一个场地所需的污染物去除时间取决于以下几个方面:①污染物的去除目标;②污染物分布的范围和状态(污染物出现在饱水带、溶解和吸附的污染物范围、重质非水相液体是否存在等);③污染物的可吹脱性、挥发性及可生物降解性;④污染物的溶解度及其分布;⑤水文地质条件(空气饱和度、空气通道的密度、空气通道的大小、含水层的均质性等)。

图 12-19 所示为地下水曝气系统与抽出-处理系统去除地下水中溶解性有机物效果的对比(这些数据来源于 40 组原位地下水曝气中试)。从图中可以看出,对于可生物降解污染物的去除,地下水曝气技术可以更快地达到标准要求;而对于不可生物降解的污染物,尤其是含氯的有机物,地下水曝气技术可使污染物浓度明显降低,并最终接近一条低浓度渐近线,且比抽出-处理系统用的时间要短很多。因此,地下水曝气技术对于各种有机污染物的去除都有相当不错的效果,是一项值得应用和推广的原位修复技术。

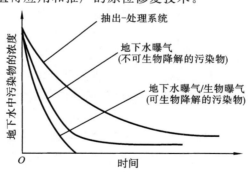

图 12-19　原位曝气与抽出-处理效果示意图

12.5　应　用　实　例

12.5.1　问题的提出

有一个生产场地被物料处理和存储产生的污染物污染。现场调查结果表明,大量碳氢化合物和少量氯代挥发性有机物进入土壤和地下水中,且浓度已超过水质标准上限,其中后者的影响较小。该场地表面长满野草,面积约6 000 m²,且地下水污染羽状体被限制在场地内,位于大约1/3面积的场地之下。地下水监测数据表明,地下水中的主要污染物质是苯、甲苯、乙苯和二甲苯,而四氯乙烯和三氯乙烯的含量和影响较小。含水层厚度约为 6 m,主要由细沙和中沙组成;包气带厚度约为 3 m,岩性和含水层相近。图 12-20 为场地分布示意图,显示了监测井的位置及受影响的地下水的大致范围。

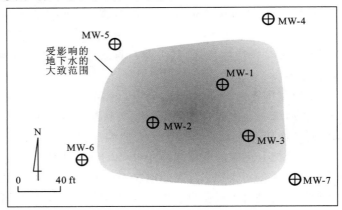

图 12-20　设计实例中场地分布

12.5.2　解决方法

首先判断地下水曝气是否适用于该地区。第一,确定地下水曝气对污染物的去除是否起作用。由于地下水中检测到的污染物或者可挥发,或者可生物降解,符合地下水曝气系统对污染物的要求。第二,确定场地水文地质条件是否适用于地下水曝气。在饱水带或包气带都没有粉土及黏土组成的低渗透性透镜体,含水层由细、中沙组成,符合曝气技术对地质条件的要求。因此,运用地下水曝气技术对该地的污染物进行去除是可行的。

12.5.3　中试计划

为评价地下水曝气的效果,并且获得整体设计所需要的现场数据,有必要首先进行中试。中试计划包括以下三个主要部分:①现场监测计划;②确定合适的空气注入流量范围;③预测最小空气注入压力。

现场监测计划主要包括监测地点的选择、监测参数及数据采集频率的确定等。对现有监测井和施工详图的分析表明,每个现有的地下水监测井都有延伸至水位以上的过滤器。为了获得更多可靠的压力梯度数据,要安装 4 个带有 3 m 长过滤器的压力计。为了使采集的数据更具有代表性,最大限度地降低场地不均匀性造成的潜在影响,以获得总体设计需要的数据,要将附加的监测点设置在以曝气点为中心、半径为 1.5 m 的范围内。同时,在渗透性低的区域也要进行地下水曝气实验,以尽可能获得具有代表性的数据。由于曝气技术通常和土壤气相抽提系统结合使用,因此中试过程中加入了土壤气相抽提井。图 12-21 描述了中试中曝气点、土壤气相抽提井及压力计的位置。

确定中试影响范围有很多种方法,其中最主要的一种是以水位、地层压力和溶解氧上升所产生的影响半径为基础来确定影响范围。监测点气泡的物理变化是地下水曝气系统产生

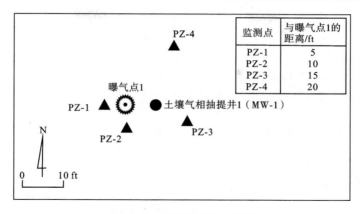

图 12-21　中试规划设计实例

积极影响的常规表现,该参数都可以用米尺作简单测量后得到。每种参数的监测频率因中试的长短而不同,通常在整个实验过程中每隔 30 min 进行一次取样,以保证收集到足够的数据。

第二部分是确定合适的空气注入流量范围。对于浅层地下水污染羽状体,典型的空气注入流量在 0.09～0.3 m³/min 之间,直到至少有 2 个孔隙体积的空气进入饱和带,中试才能停止。假定影响区域为圆锥形,注入深度为地下水位以下 3.6 m,细沙的孔隙度为 0.3,注入流量在 0.1～0.3 m³/min 之间,使得在实验初期的 1～2 h 内可提供 2～3 个孔隙体积的空气。

假定一个圆锥体影响区域的角度为 30°,孔隙体积(V_{pore})为

$$V_{pore} = \frac{D^2 hn}{12} \tag{12-5}$$

式中:D——圆锥体影响区域直径,当假定影响角度为 30°时,$D = 2h\tan 30°$,此例中为 4.2 m;

　　　h——圆锥体影响区域高度,此例中为 3.6 m;

　　　n——孔隙度,0.3。则

$$V_{pore} = \frac{4.2^2 \times 3.6 \times 0.3}{12} \text{ m}^3 = 1.58 \text{ m}^3$$

假定在 0.1 m³/min 的流速下注入 3 个孔隙体积的空气,所用时间为

$$t = 3\frac{V_{pore}}{Q} \tag{12-6}$$

$$= \frac{3 \times 1.58}{0.1} \text{ min} = 47.4 \text{ min}$$

第三部分是评估中试过程中的最小空气注入压力。正如前文所述,将空气分配到含水层时所需的最小空气注入压力是地下水位以上的静水压力和含水层介质的毛细管压力之和。在含水层中,实验要控制曝气影响范围的垂向距离在 3 m 之内,所以曝气点设置在距离其底部 0.6 m 以下或者距离地面 3.6 m 以下,即含水层的静水压力至少相当于 3.6 m 的水柱高度所产生的压力;毛细管压力可以通过含水层细沙来测量。最后,所需的最小空气注入压力简化为静水压力和曝气点毛细阻力之和。

地下水位产生的静水压力:

$$p_{静} = \rho_水 g H_水$$

所以　　　　　　　　　$p_{静} = 1\,000 \times 9.8 \times 3.6 \text{ Pa} = 35\,280 \text{ Pa}$

当含水层介质为细沙时,可以计算毛细上升高度 $h_{毛细}$(cm),以估计空气入口压力,其公

式为

$$h_{毛细} = \frac{0.153}{r}$$

式中：r——含水层介质的平均孔径,约为 0.02 cm。则

$$h_{毛细} = \frac{0.153}{0.02} \text{ cm} = 7.65 \text{ cm}$$

根据 1 atm (1.013 25×10⁵ Pa)相当于 1 033.23 cm 水柱压力,将毛细高度转化为压力值,则

$$p_{毛细} = \frac{1.013\ 25 \times 10^5 \times 7.65}{1\ 033.23} \text{ Pa} = 750.2 \text{ Pa}$$

中试预计的总空气注入压力通过下式计算：

$$p_{注入} = (35\ 280 + 750.2) \text{ Pa} = 36\ 030.2 \text{ Pa}$$

实验过程中取 36.0 kPa。

为了防止因含水层土体结构破坏而产生不利的优势流动路径,需要对注入压力和土体的破裂压力进行比较。前文提到,表层土体的破裂压力大约为每 30 cm 深度增加 5.17 kPa,而曝气点的过滤器设置在地表以下 3.6 m 的深度,这种情况下土体破裂需要的压力约为 62.04 kPa,这比上述计算得到的注入压力要大得多。因此,中试的注入压力不会造成土体结构的破坏。

前面计算曝气点处的最小注入压力时忽略了气流通过管道和过滤器时的摩擦阻力。对于本实验来说,由于管道的长度较短,这些压力损失可以被忽略。下面通过计算来验证一下是否合理。

假定最大注入流量为 0.27 m³/min,最大注入压力为 62.04 kPa,曝气点管道直径为 30 cm,过滤器孔径为 0.03 cm,以此来确定管道内的压力损失。

研究表明,每 30 cm 管道上,在气流流量为 0.54 m³/min、管道压力为 56.4 kPa 时,每 30 m管道上产生的压力损失约 2.6 kPa。对于中试中深度 3.6 m 的井来说,空气注入过程中其压力损失约为

$$p_{管道} = \frac{2.6 \times 3.6}{30} \text{ kPa} = 0.31 \text{ kPa}$$

通过由过滤器制造商提供的压力损失计算方法可得,经过长度为 30 cm、孔径尺寸为 0.03 cm 的过滤器时,产生的压力损失少于6.89 Pa。

因此,本实验气流通过曝气井管道和过滤器所产生的压力损失之和约为0.317 kPa,可以忽略不计。但是,在实际工程设计时,由于管道长度较大,管道损失不能被忽略,而经过过滤器时产生的损失仍可被忽略。

12.5.4　中试操作

在实验过程中,要用到一台空气压缩机,要求其压力为 41.5 kPa 的情况下,保障至少 0.27 m³/min的空气注入流量。注入压力要保持在 62.04 kPa 以下,以防止含水层结构的破裂。实验的周期至少为 6 h,在一个周期内空气注入流量以 2 h 间隔递增,从 0.16 m³/min 到 0.22 m³/min,再到 0.27 m³/min。除了基本的监测之外,对于重要的参数,每隔 30 min 要进行加密监测,至少为实验的每个阶段提供 4 个数据点。

12.5.5　数据评估

中试的数据表明,初始空气注入流量为 0.16 m³/min 时,可观测到地下水环境在发生变

化；当空气注入流量为 0.22 m³/min 和 0.27 m³/min 时，在地下水中出现明显的影响范围。下面讨论该实验过程中，随着空气注入流量增长，所记录的现场测量数据以及观察资料。

1. 地下水位隆起

图 12-22 对不同空气注入流量下曝气过程中地下水位的隆起随时间的变化进行了描述。由图中可以看出，当注入流量从 0.22 m³/min 增加到 0.27 m³/min 时，地下水位迅速上升。注入流量为 0.22 m³/min 时，经 90 min 后地下水位开始减退；当流量增大到 0.27 m³/min 时，地下水位又开始上升。在距离曝气点 6 m 处的 PZ-4 点可以观测到较明显的地下水位隆起现象。

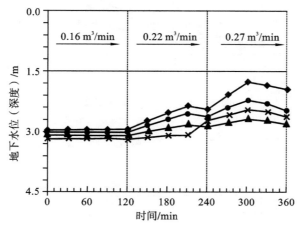

图 12-22 地下水位隆起随时间的变化
◆— PZ-1—距曝气点 1.5 m；●— PZ-2—距曝气点 3.0 m；
▲— PZ-3—距曝气点 4.5 m；✕— PZ-4—距曝气点 6.0 m

2. 溶解氧浓度升高

对曝气过程中地下水溶解氧的监测结果如图 12-23 所示。从图中可以看出，在中试过程中溶解氧含量连续增长，在实验结束时达到渐近线水平。距监测井距离较近的压力计 PZ-1 和 PZ-2 监测到溶解氧浓度的急剧增长过程，距曝气点 4.5 m 处的 PZ-3 监测到较小的增长量，而距曝气点 6 m 处的 PZ-4 未监测到溶解氧浓度明显的变化。

3. 水头压力上升

如图 12-24 所示，位于曝气点周围 4.5 m 范围内的 3 个压力计记录了水头压力明显增加的过程。随着空气注入流量的增加，水头压力从 9 cmH₂O 增加到 90 cmH₂O。其中，注入流量增加到 0.27 m³/min 时，经 30 min 后可观测到明显的压力上升现象。在中试结束前约 60 min 时，内部压力计 PZ-1 观测到水头压力达到最大值，然后开始降低。水头压力降低可能是因为含水介质内部产生了优势流动路径。

4. 其他观测资料

在地下水位相对较浅的地方，曝气井中会出现稳定的气泡，从而可以指示实际曝气的影响。本场地的中试过程中，当空气注入流量为 0.22 m³/min 和 0.27 m³/min 时，压力计 PZ-1 和 PZ-2 可观测到稳定的气泡，PZ-3 可观测到中等大小的间歇性气泡，而 PZ-4 则观测不到气泡。在监测气泡时，还可以闻到有机气体和碳氢化合物的气味。观察数据表明，在距离曝气点 4.5 m 的范围内，有相当含量的污染物会随着注入空气一起挥发出来。

中试过程中影响范围的监测结果表明，对于设置于地下水位以下 3.6 m 深的曝气点，当

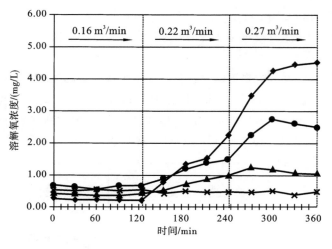

图 12-23　溶解氧随时间的变化

━━◆━━ PZ-1—距曝气点 1.5 m；　━━●━━ PZ-2—距曝气点 3.0 m；

━━▲━━ PZ-3—距曝气点 4.5 m；　━━✕━━ PZ-4—距曝气点 6.0 m

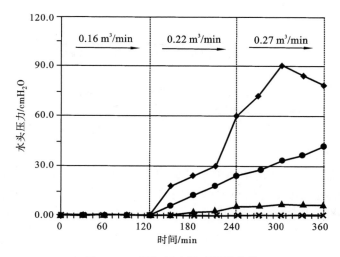

图 12-24　曝气压力随时间的变化

━━◆━━ PZ-1—距曝气点 1.5 m；　━━●━━ PZ-2—距曝气点 3.0 m；

━━▲━━ PZ-3—距曝气点 4.5 m；　━━✕━━ PZ-4—距曝气点 6.0 m

空气注入流量为 0.22 m³/min 时,得到的影响范围最大,其影响半径约为 4.5 m。而流量增加到 0.27 m³/min 后,曝气影响范围并没有相应地增大。因此,在本中试过程中,将设计注入流量确定为 0.22 m³/min,再根据其影响范围设计曝气井的数量和位置。最终,在本实验场地内共布置了 34 口曝气井(图 12-25)。

　　为了减少治理费用,曝气在三个区域内运行,其中两个区域各有 11 个曝气点,第三个区域有 12 个曝气点,这样就降低了系统运行对曝气设备的要求,同时增大了供气系统的可选择性。此时,可以选择旋转叶片式压缩机、高压再生鼓风机等。虽然小的空气压缩设备投资费用少,但其能量利用率较低。脉冲控制系统能更有效地去除污染物,而且安装和运行花费较低,但是在给定的时间内注入各个区域的空气量较少,导致整个治理时间大大增加。因此,在工程实际应用过程中,必须综合考虑各种因素,并经过合理论证,以选择更合适的运行方式。

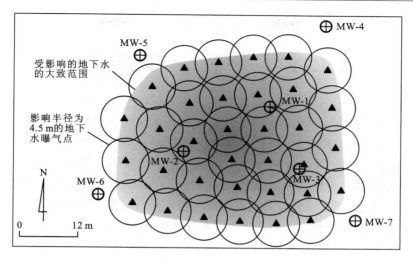

图 12-25　曝气井规划设计实例

思　考　题

1. 原位曝气技术的原理与适用条件是什么？
2. 空气注入饱水介质后是以何种方式上升的？
3. 地下水位隆起的概念和意义是什么？
4. 地下水混合有何特点和意义？
5. 原位曝气系统设计包括哪些主要内容？
6. 简单叙述几种常规曝气方式的工作原理。
7. 中试中采集的常用数据有哪些？
8. 实例设计主要包括哪些内容？

主要参考文献

［1］郑西来,王秉忱,佘宗莲,等. 土壤-地下水系统石油污染原理与应用研究［M］. 北京:地质出版社,2004.

［2］王战强. 地下水曝气(AS)与生物曝气(BS)处理有机污染物的研究［D］. 天津:天津大学,2005.

［3］王玉梅,党俊芳. 油气田地区的地下水污染分析［J］. 地质灾害与环境保护,2000,11(3):271-273.

［4］毛伟兵,符连中. 淄博地下水污染因素及治理措施［J］. 地下水,1997,19(1):34-39.

［5］陆文华. 美国超级环保基金的成就与不足［J］. 全球科技经济瞭望,2000,1:64.

［6］Johnson P C, Johnson R L, Brucc C L, et al. Advances in in-situ air sparging/biosparging［J］. Bioremediation Journal,2001,(4):221-266.

［7］Adams J A. System effects on the remediation of contaminated saturated soils and groundwater using air sparging［D］. Chicago:University of Illinois,1999.

［8］McCray J E. Mathematical modeling of air sparging for subsurface remediation:state of the art［J］. Journal of Hazardous Materials,2000,72:237-263.

［9］Semer R, Reddy K R. Mechanisms controlling toluene removal from saturated soils during in situ air sparging［J］. Journal of Hazardous Materials,1998,7:209-230.

第 13 章　海水入侵防治技术

当前常用的防治海水入侵的方法主要包括水力帷幕和地下截渗工程。此外,也包括一些滨海地下水海水入侵的调控方法:降低地下水抽水量使地下水位得以抬升,从而保持地下水向海的高水力梯度;重新布置抽水井,旨在将抽水井进一步向内陆移动,防止地下水开采导致滨海地区地下水位降低;自然回灌,即采用大气降水、地面径流等地表水补给含水层;人工回灌,用以提高地下水位,对非承压含水层可采用地表入渗的方式,对承压含水层可采用回灌井的方式;抽取咸水,意在通过从含水层抽取咸水并将其排入大海,来直接减小入侵咸水的体积;抽咸和注淡相结合,可以减小地下咸水体积,同时增加地下淡水资源的储量。

13.1　海水入侵的概念与原理

13.1.1　基本概念

海(咸)水入侵是指在自然或人为因素影响下,滨海地下含水层的水动力条件发生改变,破坏了淡水与海水或古咸水之间的平衡状态,导致海水或古咸水沿含水层向内陆方向侵入的过程与现象,以下简称海水入侵。海水入侵最常见的原因是过度抽取地下水引起的内陆地下水位下降和气候变暖导致的海平面上升。当过度开采地下水或海平面上升导致向海的水力梯度降低(甚至形成向陆的水力梯度)时,咸水楔会不断侵入内陆含水层,从而导致海水入侵。海水入侵可分为两种类型(图 13-1):①被动型海水入侵,指目前的地下水位低于天然的地下水位,但仍高于海平面,存在向海的水力梯度,地下淡水向海洋排泄,这时含水层下部海水向内陆有所移动;②主动型海水入侵,即目前的地下水位显著低于天然的地下水位,完全低于海平面,形成一个整体向陆的水力梯度,发生明显的海水向内陆移动现象。

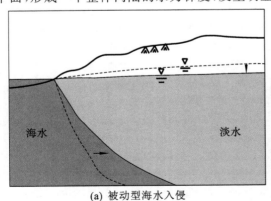
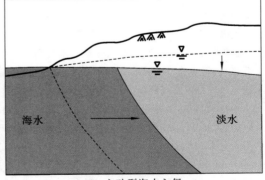

(a) 被动型海水入侵　　　　　　　　　　　　　　　(b) 主动型海水入侵

图 13-1　海水入侵

目前,海水入侵已成为沿海地区的一种重大灾害现象,成为制约沿海地区社会经济发展的重要因素。海水入侵的直接后果是地下淡水受到污染、水质恶化,严重影响沿海地区的工农业用水；海水入侵后，地下淡水咸化，使土壤发生不同程度的盐渍化，农产品产量下降；同时，也影响工业发展，有的企业由于淡水供应不足而被迫停产或搬迁。可见，海水入侵不仅给工农业生产和居民生活造成严重的影响，也成为沿海地区社会、经济可持续发展的重要制约因素。

13.1.2　海水入侵的指标及监测方法

海水一般呈楔形体侵入地下淡水含水层，但要查清楔形体的形状和范围是十分困难的。根据国内外的研究，海水入侵导致地下含水层水质恶化，最明显的变化是水中 Cl^- 浓度增高，所以通常以 Cl^- 浓度为指标来判断海水入侵的范围和程度。一般情况下，如果没有人为污染（生活污水、工业废水等）造成 Cl^- 浓度的异常，将地下水中 Cl^- 浓度超过 250 mg/L 作为海水入侵的标准。由于过渡带的形状很复杂，因此一般要建立三维地下水动态监测网进行定期监测。除监测 Cl^- 浓度外，还可以同时监测地下水的水位。监测网一般要垂直于海岸带布设若干剖面，每个剖面至少要布置 3 个监测孔组（海水入侵区一组，过渡带一组，未入侵区一组），每组监测孔在含水层的不同深度要布置监测段，监测段长度以 0.5～1 m 为宜。只有这样的监测网才能获得过渡带的可靠信息，从而很好地监测海水入侵的分布、运移和发展。在现场监测（特别是室内外研究）中，根据生活饮用水和农业灌溉水标准，将地下水盐度 1000 mg/L 也作为海水入侵标准。通过建立盐度和电导率关系曲线，测量方法简单、快捷。另外，电阻率法、同位素示踪法等对界定海水入侵有所帮助，可以多种方法配合使用，相互验证。

13.1.3　海水入侵的成因

由上述海水入侵的概念可知，形成海水入侵的基本条件有两个：一是水动力条件；二是水文地质条件。当这两个条件同时具备，就必然发生海水入侵。

① 水动力条件。受重力作用，水总是由较高水位向较低水位方向流动。在天然条件下，地下淡水位高于海水位，地下淡水向海水方向流动，不会发生海水入侵现象。在开采地下淡水的条件下（尤其当开采量超过允许开采量时），地下淡水位就会持续下降，改变了原来的地下淡水与海水的平衡状态，从而具备了海水向淡水流动的动力条件，导致海水入侵发生。

② 水文地质条件。形成海水入侵，必须具备联系海水与地下淡水的"通道"。该"通道"是指具备一定透水性能的第四系松散层、基岩断裂破碎带或岩溶溶隙、溶洞等，这些"通道"都受水文地质条件控制。许多研究确定的海水入侵区都具备了这个条件。在一些泥质海岸带，泥质地层的透水性很差，阻断了海水与地下淡水之间的水力联系，因此不发生海水入侵或海水入侵很弱。

国内外已经发生海水入侵的地区，其入侵"通道"可以归纳为两种类型：一种是以地层相变带、不整合面、风化壳、古河道、断裂破碎带、溶蚀洞穴等为代表的自然形成的通道；另一种是以结构不完善或损坏的水井、未填塞的钻孔、引水建筑物、海岸采矿活动的洞穴等为代表的人为作用造成的通道。不管是单一类型的通道还是复合类型的通道，都直接决定海水入侵的方式，因此对其研究成为研究海水入侵的重要问题之一。1990 年，通过对莱州市滨海平原海水入侵的研究，得出 6 种海水入侵途径，即沿海第四系沙层中的面状入侵、沿古河道形成的带状入侵、沿基岩断裂带形成的脉状入侵、沿溶洞溶隙形成的管状入侵、沿基岩风化层和半风化层形成的片状入侵、沿井孔上升形成的垂直入侵。

13.1.4　海水入侵的影响因素

海水入侵的影响因素包括气象、地质、构造、含水层渗透性、含水层补给条件和含水层延伸方向等。这些因素对海水入侵的方式、途径、地点和速度起一定的控制作用。

第四系沉积物组成的泥质、沙质海岸与坚硬基岩组成的海岸具有不同的入侵方式和速度,含水层的非均质性也对入侵方式和速度起控制作用。对于第四系含水层,如果含水层上覆盖低渗透性的沉积物(弱透水层或隔水层),那么会严重妨碍海水与含水层(特别是承压含水层)之间的联系,可以大大减少海水入侵的危害,甚至可以完全使海水不能入侵;对于基岩含水层,如果基岩裂隙发育,就会为海水入侵提供有利的条件;对于岩溶含水层,溶孔或溶洞往往是海水入侵的有利条件。以龙口、莱州地区为例,在海岸线附近,透水性良好的细沙、粗沙和细砾覆盖于冲洪积物和泻湖相沉积物之上,所以海水和海岸带含水层间水力联系密切,给这个地区发生大面积的海水入侵提供了有利条件;河口附近海底表层沉积物比较粗,呈舌状向外延伸,在陆上还有中粗沙组成的古河道,也为海水入侵提供了有利条件。

大气降水也是影响海水入侵的一个重要因素。如果大气降水能够及时补给地下含水层,那么地下水位大幅度下降的现象会减少,甚至可以出现开采和补给持平的情况。相反,如果大气降水对含水层的补给量减少,势必加剧海水入侵程度。例如,莱州市在20世纪70年代早期以前,降水相对偏丰,地下水开采少,基本没有海水入侵;1981—1984年年均降水量仅344 mm,比正常年份减少47.8%,地下水开采迅速增加,出现大面积地下水位低于海平面的负值区,海水入侵面积年均增加11.1 km²;1986—1989年降水量又持续偏少,开采量继续增加,导致负值区进一步扩大,海水入侵面积年均增加31.0 km²。

13.2　滨海含水层中的咸淡水界面

在天然条件下,海岸带含水层中的淡水和咸水维持着一种平衡,它们之间有一个界面,界面以上的淡水流向海洋(图13-2)。抽取淡水后,会引起潜水位(或测压水头)的下降。如果淡水抽出量超过了它的补给量,使得海岸附近的潜水位(或测压水头)低于内陆的地下水位,该界面就要向陆地推进,直至形成新的平衡,这种现象即为海水入侵。因此,海岸带含水层中咸淡水界面的研究具有重要的科学意义和应用价值。

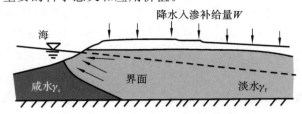

图 13-2　海岸带无压含水层中咸淡水界面示意图

淡水和咸水很容易混合,它们之间的接触带由于水动力弥散常形成一个由淡水、低矿化水逐渐变为高矿化水、咸水的过渡带。如这个过渡带较宽,就需要作为水动力弥散问题加以研究。然而,在不少情况下,这个带的宽度相对来说(和含水层厚度相比)较窄,可以近似地把它看成两种液体之间不相混溶的突变界面来研究。

13.2.1　作突变界面处理——静止界面的近似解

19 世纪末 20 世纪初，Ghyben 和 Herzberg 曾假设淡水和海水处于一种静平衡状态，对相对静止的海水来说，淡水区的压力可认为是按静水压力分布（图 13-3）的。故在深度（h_s）的界面上，有

$$\gamma_f(h_s + h_f) = \gamma_s h_s \tag{13-1}$$

式中：γ_f、γ_s——淡水和海水的容重；

h_f、h_s——界面上某一点处淡水高出海面的高度和该点位于海面以下的深度。

$$h_s = \frac{\gamma_f}{\gamma_s - \gamma_f} h_f = \delta h_f, \quad \delta = \frac{\gamma_f}{\gamma_s - \gamma_f} \tag{13-2}$$

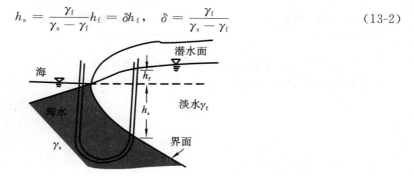

图 13-3　Ghyben-Herzberg 的咸淡水界面模型

如海水的密度为 1.025 g/cm³，淡水的密度为 1.000 g/cm³，则 $\gamma_s = 10045$ N/m³，$\gamma_f = 9800$ N/m³，$\delta = 40$，$h_s = 40h_f$，即在离海岸任一距离上，稳定界面在海面以下的深度为该处淡水高出海面的高度的 40 倍。

这种假设有缺陷。因为靠近海，水流垂直方向的分速度较大，不应加以忽略。其次，图 13-2 中左边没有淡水流向海洋的出口。事实上，不仅有出口（图 13-4），而且潜水流在海面上还有渗出面。界面的实际深度（图 13-4 中 A 点）大于按式（13-2）算出的值。但这种方法对于确定厚度固定的承压含水层中界面坡脚的深度（图 13-5(a)G 点），效果还是比较好的，误差小于 5%。

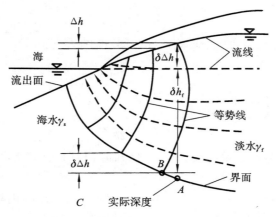

图 13-4　海岸附近地下水的实际流网

要确定界面的形状及海水入侵范围与淡水流向的关系，一种比较简易的近似方法是把 Dupuit 假设应用于上述模型。现介绍如下。

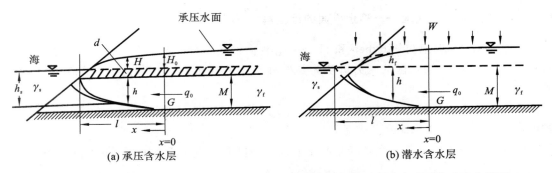

图 13-5 **基于 Dupuit-Ghyben-Herzberg 法确定的承压含水层和潜水含水层中咸淡水界面**
(据 J. Bear,1979)

首先研究厚度固定的承压含水层中的界面问题(图 13-5)。假设水流为稳定流。设原点位于咸水楔顶点(坡脚,G 点)。该点流向海的淡水流的单宽流量为 q_0,渗透系数为 K,应用 Dupuit 假设,并令

$$q_0 = -K_f h(x) \frac{\mathrm{d}H}{\mathrm{d}x} = 常数, \quad K = K_f = \frac{k\gamma_f}{\mu_f} \tag{13-3}$$

式中:k ——含水层渗透率;

$\quad K_f$ ——该含水层对淡水的渗透系数;

$\quad \mu_f$ ——该淡水的黏滞系数;

$\quad h$ ——界面在隔水顶板以下的深度。

当 $x=l$ 和 $x=0$ 时,由式(13-2)得

$$h_s = d + h = \delta H, \quad d + M = \delta H_0 \tag{13-4}$$

式中:d ——隔水顶板到海平面(平均值)的垂直距离;

$\quad M$——承压含水层厚度;

$\quad H_0$ —— $x=0$ 断面上高出海平面的水头值。

由式(13-4)式(13-3)得

$$q_0 = -\frac{Kh}{\delta}\frac{\mathrm{d}h}{\mathrm{d}x} \tag{13-5}$$

使用分离变量法,首先将积分变量整理到方程两侧,得到

$$q_0 \mathrm{d}x = -\frac{Kh}{\delta}\mathrm{d}h(x) \tag{13-6}$$

当 $x=0$ 时,$h=M$,对上式积分,得

$$q_0 x = \frac{K(M^2 - h^2)}{2\delta} \tag{13-8}$$

这表明界面的形状是一条抛物线。当 q_0 已知时,利用式(13-8)可计算不同 x 值时的 h 值,确定界面的位置。

在 $x=l$ 处,取 $h=0$,$d+h=d=\delta H$,因 $d+M=\delta H_0$,则有

$$q_0 l = \frac{KH_0}{2}(\delta H_0 - 2d) + \frac{Kd^2}{2\delta} = \frac{K}{2\delta}M^2 \tag{13-9}$$

式(13-9)清楚地表示出海水入侵深度(l)与流向海的淡水流量和界面坡脚以上测压水头(H_0)之间的关系。

接着研究潜水含水层中的界面问题(图 13-5(b))。含水层上部有均匀入渗补给。假设含水层中的水流是稳定流,而且基本上是水平流动,$h = \delta h_f$,故有

$$q_0 + Wx = -K(h + h_f)\frac{\partial h_f}{\partial x} = -K(1+\delta)h_f\frac{\partial h_f}{\partial x} \qquad (13-10)$$

式中:h——界面上某点在平均海平面以下的深度;

W——单位时间、单位面积上的入渗补给量。

分离变量,积分,并考虑当 $x = 0$ 时,$h_f = H_0$,得

$$H_0^2 - h_f^2 = \frac{2q_0 x + Wx^2}{K(1+\delta)} \qquad (13-11)$$

当 q_0 已知时,给定任一个 x 值,可以确定相应的 h_f 值,由公式 $h = \delta h_f$,可以确定对应的 h 值,确定咸淡水界面的位置。

使用分离变量法,首先将积分变量整理到方程两侧,得到

$$\frac{1}{-K(1+\delta)}(q_0 + Wx)\mathrm{d}x = h_f \mathrm{d}h_f \qquad (13-12)$$

当 $x = 0$ 时,$h_f = H_0$;当 $x = l$ 时,$h_f = 0$。将其分别作为两侧积分的上、下限,得到

$$\int_0^l \frac{1}{-K(1+\delta)}(q_0 + Wx)\mathrm{d}x = \int_{H_0}^0 h_f \mathrm{d}h_f \qquad (13-13)$$

积分求解,可得

$$H_0^2 = \frac{2q_0 l + Wl^2}{K(1+\delta)} \qquad (13-14)$$

从式(13-11)可以看出,界面的形状为一条抛物线。图 13-5(b)中虚线描述的就是按 Dupuit 假设得到的曲线。式(13-14)表示出 q_0 和 l 的关系。通过控制 q_0(用人工补给)可以控制海水入侵的距离。如在距海岸 x_w 处有抽水流量(Q),当 Q 不太大时,海岸带附近水流状态如图 13-6 所示,抽水井截取了流向海洋的部分稳定淡水流。在界面顶点 G 处,潜水面的标高 $H_0 = M/\delta$。S 为驻点,分水线通过该点,该点流速为零。S 点右侧的水流向井,左侧的水流向海洋。在平面图上,G 点和 S 点的投影中间相隔某一距离。随着抽水流量的增加,界面逐渐向陆地推进,两点在平面上的投影逐渐靠近,最终重合在一起,即出现水头 $H_0 = M/\delta$ 的驻点。界面也将向陆地推进到此点,这是一种不稳定的临界状态。以后,即使稍微增加一点开采量(Q),都会造成潜水面的进一步下降,导致界面向陆地急速推进(图 13-7),直至达到新的平衡。

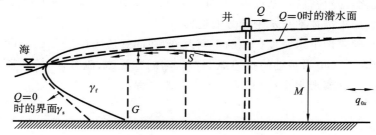

图 13-6 海岸带单井抽水时的界面位置

(据 J. Bear,1979)

这种情况对不完整井会引起升锥。在某些条件下,在升锥界面到达抽水井以前可以形成新的平衡;在另一些条件下,上升的界面最后将到达抽水井中,井内出现咸水。对完整井来

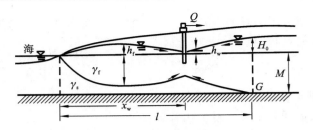

图 13-7　海岸含水层中在界面上抽水的井

(据 J. Bear,1979)

说,临界状态的破坏必然造成界面向陆地推进,到达抽水井,导致井内出现咸水。因此,作为一种安全和稳定的情况,就是在抽水井和海岸带之间保持一个潜水面高于 M/δ 的地带(如图 13-6 所示),起到防止海水进一步入侵的屏障作用。为了维持这一屏障,除了控制抽水量外,进行人工补给是个好办法。

Strack(1976)计算了界面坡脚 G 和驻点 S 在平面上一致时,即不稳定的临界状态出现时的临界抽水流量(Q),应满足以下条件:

$$\lambda = 2 \left(1 - \frac{\mu}{\pi} \right)^{1/2} + \frac{\mu}{\pi} \ln \frac{1 - \left(1 - \dfrac{\mu}{\pi} \right)^{1/2}}{1 + \left(1 - \dfrac{\mu}{\pi} \right)^{1/2}} \tag{13-15}$$

式中的 λ 、μ 为无量纲常数,表达式为

$$\lambda = \frac{KM^2}{q_{0x} x_w} \frac{1+\delta}{\delta^2}, \quad \mu = \frac{Q}{q_{0x} x_w} \tag{13-16}$$

式中: q_{0x} ——单位海岸宽度上流入海洋的流量。

因为 q_{0x} 、Q 、x_w 都是正的,又必须满足式(13-15),所以 μ 必然满足 $0 \leqslant \mu \leqslant \pi$ 。

13.2.2　考虑过渡带的解法

当过渡带比较宽时(如山东莱州湾沿岸咸淡水过渡带宽达 $1.5 \sim 6.0$ km),海水入侵问题必须作为水动力弥散问题来研究,未知变量是地下水中溶解盐分(如 Cl^-)的浓度。确定了盐分浓度的分布,过渡带的位置和界面特征及其移动规律也就迎刃而解了。

严格说来,考虑过渡带的海水入侵问题,必须用两个方程来描述。第一个方程用来描述溶液浓度不断变化,导致密度不断改变,从而影响水头变化的液体(淡水和海水的混合物)的流动;第二个方程用来描述地下水中盐分的运移。

在过渡带中,随着地下水密度(ρ)的不断改变,在同一压力(p)下的实际水头(H)会有不同的值,这给建立以 H 为基础的描述地下水运动的方程(水流方程)带来很大困难。为此,改用以等效淡水水头(参考水头)为基础来建立水流方程:

$$h = \frac{p}{\rho_0 g} + z \tag{13-17}$$

式中: ρ_0 ——淡水密度。

此时,方程有下列形式(坐标轴与各向异性介质的主方向一致):

$$\frac{\partial}{\partial x} \left(K_{xx} \frac{\partial h}{\partial x} \right) + \frac{\partial}{\partial y} \left(K_{yy} \frac{\partial h}{\partial y} \right) + \frac{\partial}{\partial z} \left[K_{zz} \left(\frac{\partial h}{\partial z} + \eta c \right) \right] = S_s \frac{\partial h}{\partial t} + n\eta \frac{\partial c}{\partial t} - \frac{\rho}{\rho_0} q \tag{13-18}$$

式中: n ——孔隙度;

$\eta = \dfrac{\varepsilon}{c_s}$ ——密度耦合系数，$\varepsilon = \dfrac{\rho_s - \rho_0}{\rho_0}$ 为密度差率，c_s 为与最大密度（ρ_s）对应的浓度；

c ——溶液浓度；

S_s ——贮水率；

q ——单位体积多孔介质源（或汇）的流量。

　　上式是在假设液体动力黏滞系数变化很小，并等于淡水黏滞系数，忽略液体压力对密度的影响，并假设密度随浓度线性变化的基础上导出的，表示浓度随时间变化所引起的质量变化。由式（13-18）配以相应的定解条件，即构成描述海水入侵含水层中水头分布的数学模型。

　　描述盐分的运移，采用下列对流-弥散方程（当 x 轴与平均流速方向一致时）：

$$\frac{\partial}{\partial x}\left(D_{xx}\frac{\partial c}{\partial x}\right)+\frac{\partial}{\partial y}\left(D_{yy}\frac{\partial c}{\partial y}\right)+\frac{\partial}{\partial z}\left(D_{zz}\frac{\partial c}{\partial z}\right)-u_x\frac{\partial c}{\partial x}-u_y\frac{\partial c}{\partial y}-u_z\frac{\partial c}{\partial z}=\frac{\partial c}{\partial t}+\frac{q}{n}(c-c^*)$$

$$(13\text{-}19)$$

式中：c^* ——注入水（或抽出水）中盐分的浓度。求解时，还要给出相应的定解条件，具体如下：

$$c(x,y,z,0)=c_0(x,y,z) \tag{13-20}$$

$$c(x,y,z,t)\big|_{\Gamma_1}=\bar{c}(x,y,z,t) \tag{13-21}$$

$$D_{xx}\frac{\partial c}{\partial x}n_x+D_y\frac{\partial c}{\partial y}n_y+D_z\frac{\partial c}{\partial z}n_z\bigg|_{\Gamma_2}=0 \tag{13-22}$$

式中：Γ_1、Γ_2 ——浓度给定的第一类边界和隔水边界；

c_0 ——浓度初值；

$\bar{c}$ ——Γ_1 上给定的浓度；

n_x、n_y、n_z 为隔水边界 Γ_2 上外法线方向单位矢量在各坐标轴上的投影。

　　方程（13-18）和方程（13-19）通过运动方程（坐标轴与主方向一致）耦合起来：

$$u_x=-\frac{K_{xx(0)}}{n}\frac{\partial h}{\partial x},\quad u_y=-\frac{K_{yy(0)}}{n}\frac{\partial h}{\partial y},\quad u_x=-\frac{K_{zz(0)}}{n}\left(\frac{\partial h}{\partial z}+\eta c\right) \tag{13-23}$$

式中：$K_{xx(0)}$、$K_{yy(0)}$、$K_{zz(0)}$ ——淡水条件下 x、y、z 方向的渗透系数。

　　方程（13-18）、方程（13-19）和相应的初始条件、边界条件以及式（13-23）构成描述海水入侵的完整的数学模型。式（13-18）含有浓度（c），式（13-19）的求解又离不开通过水头（H）来求得的实际流速（u）。因此，式（13-18）与式（13-19）不能分开求解，必须合在一起用迭代法才能解出不同时刻的浓度分布。

13.3　水　力　帷　幕

　　造成海水入侵的根本原因是地下水超采等人为因素引起的地下水位降低，从而使得海水回倒灌入地下含水层。因此，升高地下水位形成水力帷幕可以阻止海水的入侵。升高地下水位的方法有很多，许多研究者对此进行了研究。这里介绍注水井水力帷幕这一阻止海水入侵的方法，即通过水井注水升高地下水位，通过调节注水井的注水量及注水井的间距形成水力帷幕，达到阻止海水入侵的目的；通过计算分析确认这一方法的可行性与有效性，并提出这种帷幕形式的初步优化设计方法。

13.3.1　水力帷幕阻止海水入侵的原理

　　由于海水与淡水是可混溶的，因此两者间的交界面实际上是一个过渡带。当过渡带范围较窄,或为了计算方便,过渡带可以近似看作突变界面。所以研究海水入侵常用的概化模型可以分为突变界面模型与过渡带模型两种。突变界面模型是一种理想化的模型,由它所得的结果是一种近似解;而过渡带模型是渗流过程与溶质运移过程的耦合,由一个偏微分方程组来描述,因此很难得到解析解,只能利用数值方法得到解。早期,研究人员采用突变界面模型对海水入侵的机理与发展进行了大量的研究。这里采用注水井水力帷幕的简单化模型,研究它阻止海水入侵的可行性、有效性及设计方法,并通过突变界面模型给出模型的近似解。

利用注水井向地层中注水会引起地下水位的升高,每隔一定距离设置注水井,调节井间距及注水量,在注水井沿线可以形成一个完整的水力帷幕。基于突变界面模型,注水井水力帷幕阻止海水入侵的原理可以用图 13-8 来描述。图 13-8 中,L 为注水井间距;a 为注水井到海岸等效边界的距离;h 为淡水面在海平面之上的高度;Z 为突变界面在海平面之下的高度。根据突变界面模型,只要 h 升高到一定的程度,就可以阻止海水的继续入侵。如果继续使 h 升高,那么海水将会在淡水的驱使下向海洋后退,所以海水的前锋刚好位于注水井沿线是阻止海水入侵的临界状态。为了研究这一临界状态,考虑一种比较理想的状态,假设一均质地层,不透水底板为水平面,每个注水井到海岸等效边界的距离 a 都是相等的,注水井的间距及单井的注水量也是相等的,那么注水井沿线的水位变化可以用图 13-9 来描述。

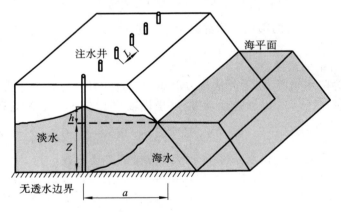

图 13-8 注水井水力帷幕阻止海水入侵原理图

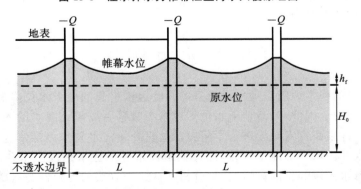

图 13-9 等间距注水井水力帷幕形成前、后的地下水位变化

在图 13-9 中,H_0 为水力帷幕设置前的地下水位;h_f 为两注水井间距中点位置在水力帷幕设置后的水位升高。可以看出,帷幕中注水井处的水位最高,两注水井间中点处水位最低。

为保证帷幕阻止海水入侵的有效性,需求两注水井间中点处具有阻止海水入侵的能力,并以此处阻止海水入侵的临界状态作为整个帷幕有效的临界状态。根据突变界面模型,H_0 与 h_f 之间的关系可以表示为

$$H_0 = \frac{\gamma_f}{\gamma_s - \gamma_f} h_f \qquad (13\text{-}24)$$

式中:γ_f——淡水容重;

　　γ_s——海水容重。

如果取 $\gamma_s = 1.025 \text{ N/cm}^3$, $\gamma_f = 1.000 \text{ N/cm}^3$,那么 $h_f = \frac{1}{40} H_0$。也就是说,只要保证两注水井间中点处的水位升高大于 H_0,就能保证帷幕的有效性,达到阻止海水入侵的目的。

13.3.2　注水井水力帷幕的设计

对于上述的帷幕形式,只要保证两注水井间中点处的水位升高大于 $\frac{1}{40} H_0$,就能达到阻止海水入侵的目的。因此,可设计一条阻止海水入侵的注水井水力帷幕,合理选择该帷幕的各参数,从而保证帷幕有效、经济适用。

1. 注水井水力帷幕参数间的关系

对于某一特定的地层,在确定水力帷幕设置的位置之后,决定帷幕形式的参数只有 2 个:单井注水量以及注水井间距。注水量越小越经济,扩大注水井间距(节省注水井个数)也可以降低成本,而注水井个数同样影响着总的注水量的大小,所以 2 个参数之间是相关的。

注水井作用下的地下水渗流场可以用水头势函数来描述。根据陈建生(2000),对于单个注水井影响下的渗流场势函数可以利用镜像法及叠加原理来表示(图 13-10)。

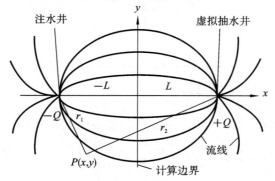

图 13-10　单注水井作用下渗流场分布

渗流场中任一点的水头势函数可以表示为

$$\varphi = \frac{Q}{2\pi} \ln \frac{r_2}{r_1} + C \qquad (13\text{-}25)$$

式中:Q——单井注水量;

　　r_1——点 P 到注水井的距离;

　　r_2——点 P 到虚拟抽水井的距离;

　　C——常数,其值可以根据边界条件确定。

由无穷多个注水井组成的水力帷幕影响下的渗流场,可以看作单注水井作用下的叠加(图 13-11)。

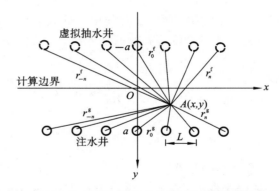

图 13-11　镜像法计算注水井水力帷幕渗流场势函数示意图

渗流场中某点 $A(x,y)$ 的势函数可以表示为

$$\varphi = \frac{Q}{2\pi}\left(\ln\frac{r_0^{\mathrm{f}}}{r_0^{\mathrm{g}}} + \lim_{N\to\infty}\sum_{n=1}^{N}\ln\frac{r_n^{\mathrm{f}}r_{-n}^{\mathrm{f}}}{r_n^{\mathrm{g}}r_{-n}^{\mathrm{g}}}\right) + C \tag{13-26}$$

式中：r_0^{g} —— $(0,a)$ 处注水井到点 A 的距离，$r_0^{\mathrm{g}} = \sqrt{x^2 + (y+a)^2}$；

$\qquad r_0^{\mathrm{f}}$ —— $(0,-a)$ 处虚拟抽水井到点 A 的距离，$r_0^{\mathrm{f}} = \sqrt{x^2 + (y-a)^2}$；

$\qquad r_n^{\mathrm{g}}$、r_{-n}^{g} —— 编号 $\pm n$ 的注水井到点 A 的距离，$r_n^{\mathrm{g}} = \sqrt{(x-nL)^2 + (y-a)^2}$，

$\qquad\qquad r_{-n}^{\mathrm{g}} = \sqrt{(x+nL)^2 + (y-a)^2}$；

$\qquad r_n^{\mathrm{f}}$、r_{-n}^{f} —— 编号 $\pm n$ 的虚拟抽水井到点 A 的距离，$r_n^{\mathrm{f}} = \sqrt{(x-nL)^2 + (y+a)^2}$，

$\qquad\qquad r_{-n}^{\mathrm{f}} = \sqrt{(x+nL)^2 + (y+a)^2}$。

将各参数代入式(13-26)，得

$$\varphi = \frac{Q}{4\pi}\left(\ln\frac{x^2 + (y+a)^2}{x^2 + (y-a)^2} + \lim_{N\to\infty}\sum_{n=1}^{N}\ln\frac{\left[(x-nL)^2 + (y+a)^2\right]\left[(x-nL)^2 + (y-a)^2\right]}{\left[(x+nL)^2 + (y+a)^2\right]\left[(x+nL)^2 + (y-a)^2\right]}\right) + C \tag{13-27}$$

根据复函数性质 $x^2 + y^2 = (x+y\mathrm{i})(x-y\mathrm{i})$ 可以将式(13-27)化简为

$$\varphi = \frac{Q}{4\pi}\ln\frac{\left[x + (y+a)\mathrm{i}\right]\left[x - (y+a)\mathrm{i}\right]}{\left[x + (y-a)\mathrm{i}\right]\left[x - (y-a)\mathrm{i}\right]}$$

$$\times \prod_{n=1}^{\infty}\frac{\left\{1 - \dfrac{\left[x + (y+a)\mathrm{i}\right]^2}{n^2L^2}\right\}\left\{1 - \dfrac{\left[x - (y+a)\mathrm{i}\right]^2}{n^2L^2}\right\}}{\left\{1 - \dfrac{\left[x + (y-a)\mathrm{i}\right]^2}{n^2L^2}\right\}\left\{1 - \dfrac{\left[x - (y-a)\mathrm{i}\right]^2}{n^2L^2}\right\}} + C \tag{13-28}$$

其中 $\mathrm{i} = \sqrt{-1}$。为消去常数 C，利用边界条件，在边界 $y=0$ 上的水头势为

$$\varphi_{\mathrm{k}} = C \tag{13-29}$$

将式(13-28)减去式(13-29)，得到

$$\varphi - \varphi_{\mathrm{k}} = \frac{Q}{4\pi}\ln\frac{\left[x + (y+a)\mathrm{i}\right]\left[x - (y+a)\mathrm{i}\right]}{\left[x + (y-a)\mathrm{i}\right]\left[x - (y-a)\mathrm{i}\right]}$$

$$\times \prod_{n=1}^{\infty}\frac{\left\{1 - \dfrac{\left[x + (y+a)\mathrm{i}\right]^2}{n^2L^2}\right\}\left\{1 - \dfrac{\left[x - (y+a)\mathrm{i}\right]^2}{n^2L^2}\right\}}{\left\{1 - \dfrac{\left[x + (y-a)\mathrm{i}\right]^2}{n^2L^2}\right\}\left\{1 - \dfrac{\left[x - (y-a)\mathrm{i}\right]^2}{n^2L^2}\right\}} \tag{13-30}$$

利用正弦函数与无穷乘积间的恒等关系 $\sin x = x\prod_{n=1}^{\infty}\left(1 - \dfrac{x^2}{n^2\pi^2}\right)$ 及三角函数与双曲函数

间的关系 $\cos(\mathrm{i}x) = \cosh(x)$，可以将式（13-30）继续化简，得到

$$\varphi - \varphi_{\mathrm{k}} = \frac{Q}{4\pi}\ln\frac{\cosh\dfrac{2\pi(y+a)}{L} - \cos\dfrac{2\pi x}{L}}{\cosh\dfrac{2\pi(y-a)}{L} - \cos\dfrac{2\pi x}{L}} \tag{13-31}$$

其中

$$\cosh(x) = \frac{\mathrm{e}^x + \mathrm{e}^{-x}}{2}$$

考察两注水井间中点处的最低水头势，即在 $x = nL/2$，$y = a$ 处，有

$$(\varphi - \varphi_{\mathrm{k}})\Big|_{x=nL/2,y=a} = \frac{Q}{4\pi}\ln\frac{\mathrm{e}^{\frac{4\pi a}{L}} + \mathrm{e}^{-\frac{4\pi a}{L}} + 2}{4} \tag{13-32}$$

对于在潜水层中的注水井，有

$$\varphi - \varphi_{\mathrm{k}} = \frac{K}{2}(2H_0 - h_{\mathrm{f}})h_{\mathrm{f}} \tag{13-33}$$

式中，K——地层的渗透系数。

如前所述，要保证帷幕有效，只要保证在两注水井间中点处 $h_{\mathrm{f}} = \dfrac{1}{40}H_0$，代入式（13-33），在两注水井的水头势为

$$(\varphi - \varphi_{\mathrm{k}})\Big|_{x=nL/2,y=a} = \frac{79KH_0^2}{3200} \tag{13-34}$$

将式（13-34）代入式（13-32），保证帷幕有效性时的单井注水量为

$$Q = \frac{79\pi KH_0^2}{800\big[\ln(\mathrm{e}^{\frac{4\pi a}{L}} + \mathrm{e}^{-\frac{4\pi a}{L}} + 2) - 1.386\big]} \tag{13-35}$$

式（13-35）是在无限长水力帷幕情况下得到的单井注水量。对于足够长的水力帷幕，也可以用式（13-35）计算注水量。设水力帷幕的长度为 D（D 足够长，$D \gg L$），那么整个帷幕所需注水井的个数

$$N = \frac{D}{L} \tag{13-36}$$

整个水力帷幕所需的注水量

$$Q_{\mathrm{T}} = NQ = \frac{79\pi DKH_0^2}{800L\big[\ln(\mathrm{e}^{\frac{4\pi a}{L}} + \mathrm{e}^{-\frac{4\pi a}{L}} + 2) - 1.386\big]} \tag{13-37}$$

2. 注水井水力帷幕的优化设计

如果将本帷幕的成本简单地归结为帷幕所需要的注水量与帷幕建设维护成本两部分，由式（13-36）及式（13-37）可知，这两部分都可以表示成注水井间距 L 的函数。帷幕每年总成本可以表示为

$$M_{\mathrm{T}} = fQ_{\mathrm{T}} + gN \tag{13-38}$$

式中：M_{T}——每年总成本；

　　f——每年注水量成本系数；

　　g——注水井及注水设备每年建设维护成本系数。

要确定注水井间距 L 的最优值，只需对式（13-38）求极小值，得到 M_{T} 取得极小值时对应的注水井间距。假设一条长 50 km 的海岸线遭受海水入侵，利用注水井水力帷幕对海水入侵进行防治。以每年的总成本确定帷幕的优化设计方案。根据材料价格及施工费用，可以得到每年每井注水量成本系数 f 以及注水设备每年建设维护成本系数 g。本例中涉及的参数见表 13-1。

表 13-1　水力帷幕优化参数表

参数	帷幕长度 D /km	原始水位 H_0 /m	渗透系数 K /(m/d)
取值	50	20	2
参数	计算边界 距离 a /m	注水量成本 系数 f /[万元/(a·m³)]	建设维护成本 系数 g/(万元/a)
取值	330	0.1	0.05

将表 13-1 中的数据代入式(13-37)，得到每年总成本的表达式：

$$M_T = \frac{4.53 \times 10^8}{L\left[\ln\left(e^{\frac{4187}{L}} + e^{-\frac{4187}{L}} + 2\right) - 1.386\right]} + \frac{2500}{L} \tag{13-39}$$

年成本与注水井间距的关系如图 13-12 所示。

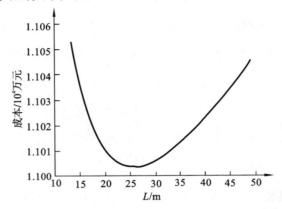

图 13-12　年成本与注水井间距的关系曲线

由图 13-12 可以看出，年成本随着注水井间距的增加先减小再增大。在本例所涉及的注水井水力帷幕中，注水井间距为 26.2 m 时所需的年成本最小。将 L 的值代入式(13-35)可以得到单井的注水量 Q 为 0.16 m³/d；将 L 的值代入式(13-37)得到总注水量 Q_T 为 305.3 m³/d，注水井总数为 $N = 50000/26.2$ 个 ≈ 1908 个。

13.4　地下截渗工程

地下截渗工程(也称地下截渗墙)可以有效防治海水入侵，同时可以拦截地下径流并储存地下水资源，地下截渗墙与整个地下水源地的天然地质、水文边界共同构成地下水库。地下水库可以将地下水储存在含水层的孔隙中以便可持续开采与利用。与地表水库不同，建造地下水库不需要淹没土地以储存水，也没有自然灾害或人为灾害造成破坏的危险。尽管地下截渗墙的初始建造成本和材料成本很高，但建成后不需要维护费用。长期来看，地下截渗墙使用寿命长，而且可以节省维护费用，是防治海水入侵的主要方法之一。

13.4.1　地下截渗墙的类型

当前地下截渗墙主要分为下沉式地下截渗墙、上悬式地下截渗墙和组合式地下截渗墙(图 13-13)。

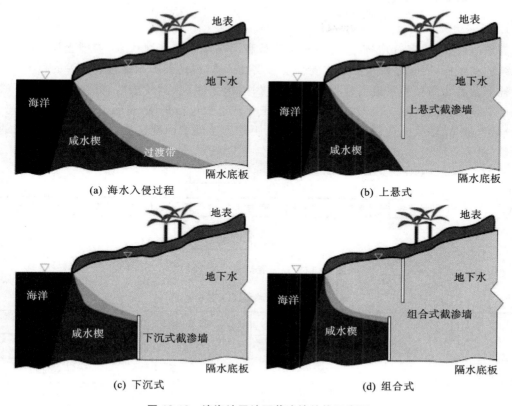

(a) 海水入侵过程　　　　　　　　　　　　　(b) 上悬式

(c) 下沉式　　　　　　　　　　　　　(d) 组合式

图 13-13　滨海地区地下截渗墙结构示意图

1. 下沉式地下截渗墙

这是当前应用最广泛的地下截渗墙类型。下沉式地下截渗墙主要设置在含水层底部,向下与隔水底板相接,通过墙体的物理阻挡来拦截咸水楔向陆地推进的路径,在含水层上部留有开口,使上游地下水越过墙体向海排泄。影响下沉式地下截渗墙防治海水入侵效率的主要因素是截渗墙高度和位置,而这两个主要影响因素之间又是相互关联的,即不同位置处下沉式地下截渗墙的最低有效高度不同。

2. 上悬式地下截渗墙

上悬式地下截渗墙将不透水墙体设置在含水层上部,而在含水层底部留有一定高度的开口,允许上游地下水从墙体的下部排泄。其防治海水入侵的效率可能低于常用的下沉式截渗墙。影响上悬式地下截渗墙防治海水入侵效率的主要因素是截渗墙的深度、位置和渗透性。其中,深度和位置之间也是相互关联的,在不同位置同一深度的上悬式地下截渗墙防治海水入侵的效率不同。

3. 组合式地下截渗墙

这是将下沉式地下截渗墙与上悬式地下截渗墙组合起来进行海水入侵防治的一种方法。该方法结合了下沉式地下截渗墙墙体阻隔咸水楔的作用和上悬式地下截渗墙加快地下水流速的作用,可以达到更高的海水入侵防治效率。

13.4.2 截渗墙施工工艺

1. 高压喷射灌浆法

高压喷射(简称高喷)灌浆法的基本原理是利用高压射流作用切割、掺搅土层,改变原地层的结构和组成,同时注入水泥浆或混合浆形成凝结体,以达到加固地基和防渗的目的。

地下截渗墙高喷灌浆施工分为 7 个基本工序:灌浆实验、测量放线、灌浆孔定位、下喷射管、灌浆、终喷、封孔(图 13-14)。高喷灌浆施工工艺参数包括浆量、浆压、气量、气压、提速、转速与摆速、摆角、轴线夹角、浆液密度和灌浆孔距等。经现场围墙实验,确定施工中采用的工艺参数(见表 13-2)。

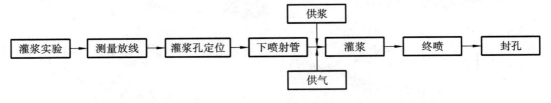

图 13-14 高喷灌浆施工工艺流程

表 13-2 高喷灌浆施工工艺参数值

工 艺 参 数	喷 射 形 式		
	定 喷	摆 喷	旋 喷
浆量/(L/min)	≥90	≥90	≥90
浆压/MPa	38～40	38～40	38～40
气量/(m³/min)	1.5	1.5	1.5
气压/MPa	0.7	0.7	0.7
提速/(cm/min)	14	10	10
转速/(r/min)	—	—	10
摆速/(r/min)	—	10	—
摆角/(°)	—	15	—
轴线夹角/(°)	20	20	
浆液密度/(g/cm³)	1.5	1.5	1.5
灌浆孔距/m	1.4～1.6	1.4～1.6	1.4～1.6

2. 振动沉模法

振动沉模法的基本原理是利用振动桩机的强力高频振锤将空腹模板沉入地下,然后向模板内注入浆液,振拔后成墙。采用边缘呈工字形的模板施工,以便于板和板之间的良好衔接。

振动沉模构筑地下防渗板墙,包括 4 个施工工序:开挖导槽、振冲机就位、振动沉模和注浆提模(图 13-15)。振动沉模施工工艺参数包括振动力、振频、提模速度、注浆压力和注浆流量等。经现场工艺实验,确定施工中采用的工艺参数(表 13-3)。

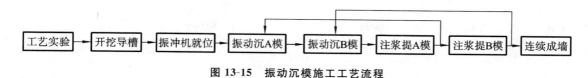

图 13-15　振动沉模施工工艺流程

表 13-3　振动沉模施工工艺参数值

工艺参数	振动力 /kN	振频 /(r/min)	提模速度 /(cm/min)	注浆压力 /MPa	注浆流量 /(L/min)
参数值	570	1050	1～2	4	200～500

3. 射水法

使用可在轨道上行走的射水造墙机及其配套浇筑机,造孔机成型器内设有高压喷嘴,两侧设有侧向喷嘴,成型器底刃采用高强合金钢制成。射水造墙机的工作原理是:利用泥浆泵及成型器中的射流喷嘴形成高速泥浆流切割破碎地层。成型器作上下冲击运动,进一步破坏地层,并修整孔壁,槽孔由泥浆固壁,用反循环沙石泵抽吸出孔内渣浆,以取得进尺。渣浆混合物经沉淀后,泥浆回收利用。槽孔成型后,采用直升导管法浇筑水下混凝土,采用平接技术建成混凝土连续墙。

射水造墙施工工艺分为成槽工艺和混凝土浇筑工艺两部分。成槽工艺机组由在同一轨道上电动行走的造孔机、混凝土浇筑机和混凝土搅拌机组成,设备总功率为 150～180 kW。混凝土浇筑工艺用混凝土浇筑机完成,采用导管法水下混凝土浇筑建成混凝土单槽板或钢筋混凝土单槽板,并在施工中采用平接技术建成地下混凝土连续墙。

4. 液压抓斗法

液压抓斗法是指在坚硬的土壤与沙砾石透水地基中,依靠双颚板的开和关,开挖出一定尺寸的槽口,并在槽中填筑塑性混凝土或其他材料的方法。通过高压胶管将液压压力传送至抓斗,从而更好地完成张合与开闭。通过成槽、清孔、换浆等工序能够更好地开展施工,同时能够使工程达到施工技术标准。

在实际施工过程中,液压抓斗法的施工主要包括凿孔开槽、导槽、成槽、护壁泥浆施工、混凝土防渗墙与槽段浇筑等。

5. 套井回填法

套井回填法的基本原理是:利用冲抓式打井机具,在土墙或堤防渗漏地段沿墙、堤轴线或在墙、堤轴线上游 1 m 防渗范围内造井,单排或双排布孔,用黏性土料分层回填夯实,形成一道连续的套接黏土防渗墙,截断渗流通道,起到防渗的目的;同时在夯击时,夯锤对井壁的土层进行挤压,使其周围土体密实,提高墙体质量,从而达到防渗和加固大墙的目的。此项技术的特点是:套孔回填黏土经压实后,干容重增大,渗透系数减小,防渗效果好,并可下孔检查,保证质量。同时,也具有施工方法简单、操作方便、功效高、投资少、回填料易就地获取等优点。尽管该技术在水上施工中表现出色,但它对水下或浸润线以下施工环境则较为困难。

套井回填法的工艺流程为布孔、造孔、开挖土、检查记录、回填、夯实、取样实验、回填完毕、清场。

13.4.3　工程质量检测

山东某地地下截渗墙的施工质量设计标准为:地下截渗墙的渗透系数 $K \leqslant 3 \times 10^{-6}$ cm/s，抗压强度 $R_z \geqslant 5$ MPa。在现场沿主墙轴线布置围井若干眼，进行板墙试件物理学性能测试和围井注水实验，测试结果见表 13-4。板墙试件室内实验与现场围井注水实验检测结果表明，地下截渗墙的渗透系数与抗压强度两项主要指标均达到设计要求。

表 13-4　地下截渗墙施工质量检测成果表

围井编号	围井桩号位置	板墙试件测试		围井注水实验中测得的墙件渗透系数/(cm/s)
		渗透系数/(cm/s)	抗压强度/MPa	
1	西墙:1+083	7.4 ×10⁻⁸	10.9	2.20 ×10⁻⁷
2	西墙:1+691	6.30 ×10⁻⁸	9.2	1.56 ×10⁻⁷
3	西墙:3+210	2.65 ×10⁻⁸	16.4	5.17 ×10⁻⁸
4	西墙:4+832	2.59 ×10⁻⁸	17.5	1.05 ×10⁻⁷
5	西墙:5+680	1.45 ×10⁻⁸	19.1	1.96 ×10⁻⁷
6	西墙:6+085			3.21 ×10⁻⁷
7	北墙:0+843	2.09 ×10⁻⁸	16.3	4.01 ×10⁻⁷
8	北墙:1+793	2.40 ×10⁻⁸	15.7	2.99 ×10⁻⁶
9	北墙:2+628	1.75 ×10⁻⁸	18.3	2.10 ×10⁻⁷
10	北墙:2+914	4.49 ×10⁻⁸	6.2	1.11 ×10⁻⁶
11	北墙:3+618	6.12 ×10⁻⁸	5.4	3.00 ×10⁻⁶
12	北墙:4+137	6.72 ×10⁻⁸	6.3	2.18 ×10⁻⁶
13	北墙:4+835	3.07 ×10⁻⁸	5.6	1.06 ×10⁻⁶

思　考　题

1. 海水入侵的定义是什么?
2. 被动海水入侵和主动海水入侵的区别是什么?
3. 简述海水入侵的两个基本条件。
4. Ghyben-Herzberg 公式的假设、表达式及其存在缺陷是什么?
5. 给出潜水含水层咸淡水界面的计算公式，并说明各项的含义。
6. 给出水力帷幕所需总的注水量计算公式，并说明各项的含义。
7. 试用图表示不同类型的截渗墙，并说明它们之间的区别。
8. 说明高压喷射灌浆法的原理和主要工艺。

主要参考文献

[1] 薛禹群，吴吉春. 地下水动力学[M].3 版.北京:地质出版社,2010.

［2］陈建生，李兴文，赵维炳. 堤防管涌产生集中渗漏通道机理与探测方法研究［J］. 水利学报，2000，(9)：48-54.

［3］Strack O D L. A single-potential solution for regional interface problems in coastal aquifers［J］. Water Resources Research，1976，12(6)：1165-1174.

［4］Werner A D，Bakker M，Post V E A，et al. Seawater intrusion processes，investigation and management：recent advances and future challenges［J］. Advances in Water Resources，2013，51：3-26.

［5］Zheng T，Gao M，Chang Q，et al. Dynamic desalination of intruding seawater after construction of cut-off walls in a coastal unconfined aquifer［J］. Frontiers in Marine Science，2022，9：857807.

［6］Zheng T，Zheng X，Chang Q，et al. Timescale and effectiveness of residual saltwater desalinization behind subsurface dams in an unconfined aquifer［J］. Water Resources Research，2021，57（2）：e2020WR028493.